高等院校计算机**基础课程**新形态系列

张平◎编著

Python
程序设计
基础与案例实战
慕课版

U0390222

人民邮电出版社
北 京

图书在版编目（ＣＩＰ）数据

Python程序设计基础与案例实战：慕课版 / 张平编
著. -- 北京：人民邮电出版社，2024.6
高等院校计算机基础课程新形态系列
ISBN 978-7-115-63674-4

Ⅰ.①P… Ⅱ.①张… Ⅲ.①软件工具－程序设计－
高等学校－教材 Ⅳ.①TP311.561

中国国家版本馆CIP数据核字(2024)第023490号

内 容 提 要

本书全面介绍了 Python 程序设计语言的语法基础及其在数据分析、可视化、人工智能等场景中的
应用。本书强调立德树人，将中国优秀传统文化、党的二十大精神等德育元素融入 Python 程序设计课
程。全书分为 3 篇：基础篇、进阶篇、应用篇，主要内容包括 Python 概述、基本数据类型、程序控制
结构、容器数据类型、函数与模块化编程基础、文件、Numpy 科学计算库、数据分析与 pandas、数据
可视化与 Matplotlib、人工智能与 Sklearn 等。

本书以应用型本科学生为主要读者对象，同时上下辐射其他类型的研究生、本科生、专科生等读者
对象。本书可作为计算机、软件工程、统计学、大数据、人工智能等相关专业的程序设计课程教材，也
可以作为信息技术领域从业人员的参考用书。

◆ 编 著 张 平
责任编辑 王 宣
责任印制 陈 犇

◆ 人民邮电出版社出版发行 北京市丰台区成寿寺路 11 号
邮编 100164 电子邮件 315@ptpress.com.cn
网址 https://www.ptpress.com.cn
大厂回族自治县聚鑫印刷有限责任公司印刷

◆ 开本：787×1092 1/16
印张：18.25 2024 年 6 月第 1 版
字数：437 千字 2024 年 8 月河北第 2 次印刷

定价：69.80 元

读者服务热线：(010)81055256 印装质量热线：(010)81055316
反盗版热线：(010)81055315
广告经营许可证：京东市监广登字 20170147 号

前言
Preface

■ **本书背景**

党的十八大以来，德育建设在高校广泛展开，各大高校迫切需要开展德育模式创新。实行"课证融合"是党中央、国务院适应社会主义市场经济要求、推动教育改革的重要举措。案例式教学模式能够激发学生的学习兴趣和积极性，培养学生的批判性思维和解决问题的能力。随着人工智能时代的来临，Python强势崛起，在众多前沿应用领域均有亮眼表现。教材问题是制约"课证融合""案例式教学"等实施效果的一个重要瓶颈。尽管目前市面上的Python教材较多，但是这些教材大都在人文教育、课证融合、案例式教学、应用前沿性等方面存在较大的缺陷。

■ **编写初衷**

编者长期从事Python等相关课程的教学和教研科研工作，主持各类精品课程、教研教改课题多项，编著教材多部，具有较为丰富的教学教研实践经验。本书将结合编者主持的湖南省教改项目"中华优秀传统文化融入'Python程序设计'课程教学全过程研究（编号：HNJG-20230792）"，对本课程相关教研教改成果、教学实践经验进行系统性总结，以便与广大同行探讨交流。

■ **本书特色**

【德育创新】本书创新了德育模式，将枯燥的编程课程升华成优秀古典文化体验盛宴，从古籍精品中精选大量具有人文教育价值的语句片段，深度嵌入本书正文及案例中。与此同时，本书还融入了党的二十大精神、社会主义核心价值观、依法纳税、中国古代科技成就等种类丰富的素材，力求做到润物无声，化物无形。

【前沿导向】本书紧跟科技前沿发展趋势，详细介绍了Python在数据分析、可视化、人工智能等前沿场景中的应用。

【案例丰富】本书以应用为导向，采用案例式教学，多层次、全方位地展示了 Python 实战技巧，既包括面向各个知识点的实例、面向章节知识内容的综合案例，还包含了专门的应用篇章。

【课证融合】本书以课证融合为导向，全面覆盖教育部教育考试院举办的全国计算机等级考试（Python）大纲。

【配套多元】本书提供了慕课视频、教学大纲、教案、题库、习题答案、考试资料和融入德育元素的 PPT 等丰富资源，助力院校教师开展线上线下混合式教学。

■ 学时建议

编者针对本书给出了 4 种较为常见的学时模式，供院校授课教师参考。授课教师可以按照模块化结构组织教学，根据具体学时和专业情况对部分章节进行灵活取舍。

表 1　学时建议表

教学内容	16 学时	32 学时	48 学时	64 学时
第 1 部分　基础篇	8 课时	12 课时	16 课时	18 课时
第 1 章　Python 概述	2	2	4	4
第 2 章　基本数据类型	3	5	6	7
第 3 章　程序控制结构	3	5	6	7
第 2 部分　进阶篇	8 课时	16 课时	20 课时	26 课时
第 4 章　容器数据类型	4	6	6	7
第 5 章　函数与模块化编程基础	4	5	5	7
第 6 章　文件	0	5	5	6
第 7 章　Numpy 科学计算库	0	0	4	6
第 3 部分　应用篇	0 课时	4 课时	12 课时	20 课时
第 8 章　数据分析与 pandas	自学	3 选 1	3 选 2	3 选 3
第 9 章　数据可视化与 Matplotlib				
第 10 章　人工智能与 Sklearn				

■ 配套资源

为了更好地服务院校教师教学，助力 Python 程序设计领域实战型人才的培养，编者特意为本书配套打造了多种教辅资源，如 PPT、教案、教学大纲、慕课视频、习题答案、源代码、各类软件地址或者安装方法等。选用本书的教师可以到人邮教育社区（www.ryjiaoyu.com）下载文本类资源，读者也可以登录学银在线官网，搜索编者姓名"张平"获取本课程的慕课资源。此外，为了实时服务院校教师教学，方便大家更加便利地交流教学心得，分享教学方法，获取教学素材，编者与人民邮电出版社一起建立了与本书配套的教师服务与交流群，欢迎 Python 程序设计相关课程的各位教师加入。

由于编者水平有限，书中难免存在疏漏之处，因此编者以诚挚的心情期望广大师生、Python 程序设计爱好者和业界资深人士对本书提出完善意见和建议，使我们能够更好地开展 Python 程序设计教学，并为促进我国软件产业的发展贡献力量。

编　者
2024 年初夏于长沙

目录
Contents

第 1 部分 基础篇

第 2 章

基本数据类型

第 2 部分　进阶篇

第 5 章

函数与模块化
编程基础

第 6 章

文件

第 7 章

NumPy
科学计算库

第 3 部分　应用篇

第 8 章

数据分析与 pandas

第 9 章

数据可视化与 Matplotlib

第 10 章

人工智能与 Sklearn

第 1 部分　基础篇

本篇从 Python 概述、基本数据类型、程序控制结构 3 个方面展开介绍，以帮助读者快速入门。通过本篇的学习，读者可以了解 Python 的发展历史、语言特点和书写规范，掌握 Python 常见开发环境的安装和使用以及基本数据类型、运算符、表达式、程序控制结构、常见函数和模块的使用等基础知识，并且能够编写一些较为简单的 Python 程序。

第 1 章 Python 概述

本章主要介绍 Python 的发展历史、具有代表性的 Python 开发环境的配置方法、Python 代码的书写规范、输入/输出语句、具有代表性的 Python 程序开发方法等内容。通过本章内容的学习，读者可以了解 Python 的发展状况、Python 代码的书写规范，掌握开发环境的配置方法、输入/输出语句的基本使用方法。

1.1 Python 语言简介

1.1.1 Python 的诞生和发展

Python 是一门高级程序设计语言，是为了实现人与计算机之间的有效交流沟通而诞生的计算机程序设计语言。计算机程序设计语言简称计算机语言，主要包括机器语言、汇编语言和高级语言 3 大类。机器语言是计算机能直接运行的语言，是二进制语言，可移植性差，属于低级语言。汇编语言是面向机器的、较为低级的语言，是一种用助记符来表示各种基本操作的程序设计语言，不能被机器直接识别，需要编译。高级语言是从人类的逻辑思维角度出发设计的计算机语言。这 3 类语言各有优势。低级语言的执行效率高，高级语言的编程效率高，汇编语言介于上述两者之间。高级程序设计语言种类繁多，代表性的包括 Python、C、C++、Java、C#等。

Python 的创始人为荷兰计算机程序员吉多·范罗苏姆（Guido van Rossum）。Python 的名字取自英国电视喜剧《蒙提·派森的飞行马戏团》（Monty Python's Flying Circus）。1989 年圣诞节期间，吉多为了打发无聊的圣诞节，决心开发一个新的脚本解释程序，作为对 ABC 语言的一种继承。ABC 是吉多参与设计的一种教学语言。ABC 语言非常优美和强大，是专门为非专业程序员设计的，但是并没有开发成功。吉多认为这是该语言的非开放性造成的，决定让 Python 不再重蹈覆辙。Python 中也增加了许多在 ABC 中未曾实现的东西。1991 年，第 1 个 Python 版本——Python 0.9 版——公开发布了。1994 年、2000 年和 2008 年，Python 1、Python 2 和 Python 3 等多个版本相继发布。

Python 目前主要还有 Python 2 和 Python 3 两个系列的版本。Python 3 与 Python 2 并不完全兼容。Python 2 之所以仍然存在，更多是受历史遗留因素的影响。初学者应当直接学习 Python 3。Python 2 于 2000 年 10 月 16 日发布，最新稳定版本是 Python 2.7。2018 年 3 月，Python 官方宣布于 2020 年 1 月 1 日终止对 Python 2.7 的支持。Python 3 于 2008 年 12 月 3 日发布。2023 年 10 月，Python 3.12 版发布。

1.1.2 Python 的特点和优势

Python 是一门解释型语言，具有简洁、易读、可扩展等特点，易于学习，功能强大。Python 不仅提供了高效的高级数据结构，还能简单有效地面向对象编程。Python 优雅的语法和动态类型以及解释型语言的本质，使它成为使用者在多数平台上编写脚本和快速开发应用的理想语言。Python 易于扩展，可以使用 C 或 C++等语言扩展新的功能和数据类型。Python 支持目前主流的操作系统，跨平台性能好。Python 提供了丰富的标准库。Python 生态系统中存在大量的扩展库，众多开源的科学计算软件都提供了 Python 的调用接口，如数值计算库 NumPy、科学计算库 SciPy、绘图库 Matplotlib、计算机视觉库 OpenCV、三维可视化库 VTK（Visualization Toolkit，可视化工具包）、医学图像处理库 ITK（Insight Segmentation and Registration Toolkit，医学图像处理软件包）、机器学习库 Sklearn、深度学习库 TensorFlow 等。

Python 发展迅猛，并且在深度学习等许多前沿应用领域对其他程序设计语言形成了绝对碾压之势，长期占据多个程序设计语言排行榜（如 IEEE Spectrum 程序设计语言排行榜、TIOBE 指数排行榜）首位。Python 能够迅速崛起，并跃居不同排行榜首位，与其自身的诸多优势和特点是分不开的。但是初学者，特别是没有其他程序设计语言使用经验的读者，并不能很好理解这些特点和优势，因此编者并不打算过多展开。感兴趣的读者可以自行搜索了解。

1.2 综合案例：Python 开发环境配置

1.2.1 案例概述

Python 支持 Windows、Linux/UNIX、macOS 等常见的操作系统。许多常见操作系统的最新版本（如 Ubuntu Linux 等）都已经内置了 Python 基础开发环境。

本案例将以 Windows 操作系统为例，详细介绍 Python 开发环境的配置。代表性的 Python 开发环境安装方式主要有 2 种：其一，使用 Python 官方提供的安装包进行安装；其二，使用 Anaconda 进行安装。如果使用第 1 种安装方式，用户后续学习过程中还需要自行安装所需要的软件包，对初学者而言，存在一定挑战。

本书推荐使用第 2 种安装方式。Anaconda 中包括了许多常用的包，使用起来更为方便。使用第 2 种方式完成环境安装后，可以直接运行本书绝大多数案例。

Anaconda 是一个开源的 Python 发行版本，包含了 conda、Python、NumPy、pandas 等上百个科学包及其依赖项。因为包含了大量的科学包，Anaconda 的下载文件比较大（目前面向 Windows 操作系统的最新版本已经超过 900 MB）。如果需要节省带宽或存储空间，也可以使用 Miniconda 这个较小的发行版，但是后期还需要自行增加其他所需要的包，对初学者而言，存在一定的挑战。建议初学者直接下载 Anaconda。

1.2.2 案例详解

1. Anaconda 的选择和下载

读者可以搜索 Anaconda，进入 Anaconda 官网。Anaconda 官网页面和下载链接的入口地址经常变化，并且出现了许多收费服务相关内容，读者可以不用理会，直接在 Anaconda

官网主页上找"download"或者"free download"字样的链接（一般靠近主页的上方）即可。读者如果在下载时遇到困难，可以到本课程慕课平台留言寻求帮助。Anaconda 官网下载速度可能较慢。国内许多大型机构或企业也提供了 Anaconda 镜像源，读者可以通过搜索引擎选择国内源进行下载，速度更快。

本书注重兼容性，书中所有代码均已经在最近几年发布的多个不同版本的 Anaconda 中测试通过。Anaconda 提供了 Windows、macOS、Linux 3 个常见类型操作系统的安装包。读者应该选择与自己操作系统相适应的版本。对于 Windows 操作系统，Anaconda 提供了 64 位和 32 位两个版本。尽管 Python 3.12 final 以及 3.13 alpha 已经发布，但截至 2024 年 4 月 10 日，当前最新 Anaconda 版对应的仍然是 Python 3.11。本案例将以此为基础演示安装过程。

2．Anaconda 的安装

Anaconda 的安装较为简单，双击安装包（如 Anaconda3-2024.02-1-Windows-x86_64.exe）即可开始安装。安装过程中，一般直接使用默认参数或选项，然后单击"Next""I Agree"等按钮即可。当出现图 1-1 所示页面时，注意一定要勾选第 2 个选项"Add Anaconda3 to my PATH environment variable"。其他所有安装选项都采用默认值，读者只需要直接单击窗口右下方的"Next""I Agree"或"Install"按钮，不再需要更改其他选项，直到完成安装。安装过程主要界面如图 1-2 所示。

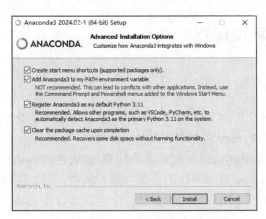

图 1-1　Anaconda 环境变量设置

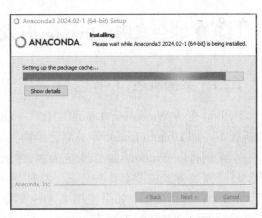

图 1-2　Anaconda 安装过程

安装完成时的界面如图 1-3 所示，此时读者可以取消勾选对话框中的两个选项。如果没取消勾选这两个选项，而直接单击"Finish"按钮，将弹出两个纯英文页面。读者直接关掉即可，并不会影响后续学习。

3．Anaconda 的卸载

读者后续学习中还需要用到 Anaconda，因此不需要卸载 Anaconda，可以跳过此部分内容。以 Windows 10 为例，单击屏幕左下角的"开始"菜单图标，选择"设置"，然后在弹出的"Windows 设置"界面中选择"应用"，打

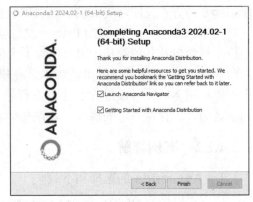

图 1-3　Anaconda 安装完成

开"应用与功能"界面；在该界面右侧的搜索框内输入"Anaconda"，可以搜索到一个应用；单击应用图标，选择"卸载"，按照提示信息操作即可。

1.3 Python 程序的书写规范

Python 程序的书写规范本身是 Python 学习的一部分。之所以安排在此处介绍，目的在于给读者形成一个宏观印象。目前阶段，初学者并不一定能很好理解规范的各类细节。学习本身就是一个渐进的过程。初学者遇到理解起来较为困难的地方，也不用担心。后续章节中，编者还会提供各类机会，帮助读者加深对程序书写规范的理解。本节主要对语句的格式、注释、语句块与缩进等方面内容进行简单介绍。

建议读者遵循 PEP8 规范。PEP 是 Python Enhancement Proposal 的缩写，通常翻译为 Python 增强提案。每个 PEP 都是一份为 Python 社区提供的、指导 Python 往更好方向发展的技术文档，其中的第 8 号增强提案（PEP8：Style Guide for Python Code）是针对 Python 语言编订的代码风格指南。尽管我们可以在保证语法没有问题的前提下随意书写 Python 代码，但是在实际开发中，采用一致的风格书写出可读性强的代码是每个专业的程序员应该做到的事情，也是每个公司的编程规范中会提出的要求，这些要求在多人协作开发一个项目（团队开发）的时候显得尤为重要。

1.3.1 语句

Python 通常是一行书写一条语句。建议读者每行只写一条语句，并且语句结束时不写分号。为了节省页面空间，对于连续几行相邻的简单代码，通常可以将多条语句放在同一行。如果一行内书写多条语句，语句间应使用分号分隔。如果一条语句过长，可以使用字符"\"分割成多行书写。

【实例 1-1】短语句书写示例。

本实例中，以"#"开始的是注释，并不会被执行。在本书描述过程中，我们约定，所提及的第 n 行代码，均不计入这些单独成行的注释所在的行。本实例中，x、y、z 是 3 个变量名。在工程实践中，我们一般应当让变量名有一定含义，如 age、fileName 等，以方便阅读。注意：与其他大多数语言不同的是，我们并没有为这些变量声明类型信息。Python 变量的类型取决于为其所赋值的类型。通过 type() 可以查看变量的类型。print() 是输出函数，这在第 1.5 节中还会详细介绍。

本实例分别给出了每行一条语句（前 4 行代码）和每行多条语句（第 5 行代码，即最后一行）的书写示例。通过对变量重新赋不同类型的值，变量的类型也由原来的整型（int）变成了后来的浮点型（float）。

```
# 每行一条语句
x=6
y=7
z=8
print(x,y,z,type(x))
# 每行多条语句，用分号分隔
x=6.1; y=7.2; z=8.3; print(x,y,z,type(x))
```

本实例的输出结果如下：

```
6 7 8 <class 'int'>
6.1 7.2 8.3 <class 'float'>
```

【实例 1-2】长语句书写示例。

如果语句过长，我们可以将其书写成多行。第 1～3 行最后的 "\" 用于实现将一个长语句分开书写在相邻的 4 行中。

```
a=1+2+3\
    +4+5+6\
    +7+8\
    +9
print(a)
```

本实例计算并输出 1～9 的累加值，输出结果为 45。本实例旨在展示长语句多行书写。现实中，对于这种有规律的运算，我们一般使用循环结构，这在第 3 章中会详细介绍。

1.3.2 注释

注释用于描述程序或语句的功能，其目的是增强程序的可读性。Python 允许在程序中添加注释，但在执行程序时会忽略所有注释。

Python 的注释分单行注释和多行注释两种。单行注释以 "#" 开头，多条单行注释可以构成多行注释。此外，还有一种称为文档注释的多行注释，它使用 3 对引号（单引号或双引号）作为注释的开始和结束标记。文档注释一般出现在模板、类、函数等头部位置。不建议在普通的多行注释场景中使用文档注释，尽管这样并不属于语法错误。许多知名 IT（Information Technology，信息技术）企业的内部规范中甚至对这类行为进行了明确禁止。

> **注意：**Python 本身用到的引号、括号、并号等字符都需要在半角状态下输入。后文中，我们的许多案例都引入了中文字符串，会频繁用到引号。初学者在全角状态下输入中文字符之后，经常会忘记全角/半角切换，而习惯性地输入全角状态的引号或者其他符号，这会导致出错。

【实例 1-3】常见的注释样式。

本实例依次展示了普通的多行注释、文档注释和单行注释的用法。

```
# Authors: ZP
# Date: 2024-05-05
"""
《勤学》
宋·汪洙
学向勤中得，萤窗万卷书。
三冬今足用，谁笑腹空虚。
"""
print("丈夫志四海，万里犹比邻。") # 这是单行注释
```

本实例的前 2 行文字以 "#" 开头，为普通的多行注释，也可以认为是两个单行注释；第 3～8 行文字用三引号（此处由 3 对双引号构成）标示，为文档注释；第 9 行文字的前半部分为代码，后面有 "#" 开头的部分是该行的注释。本实例只有最后一行被执行，输出结果如下：

```
丈夫志四海，万里犹比邻。
```

1.3.3　语句块与缩进

语句块是指多个语句构成的复合语句，它是程序中完成相对复杂、相对逻辑独立的语句组合体。Python 程序中的语句块必须使用缩进方式来表示。

关于代码的缩进，需要注意以下 3 点。

① 缩进是分级的，同一级别的缩进必须对齐。即同一级别必须包含相同的缩进空格数，否则会导致语法错误。

② 语句块相对上级语句应缩进。

③ 建议用空格实现缩进，禁止 Tab 键和空格混用。

【实例 1-4】用 Python 语言实现九九乘法表。

```
i = 1
while i <= 9:
    j=1
    while j<=i:
        print('%d*%d=%2d' % (j, i, i*j) ,end='\t')
        j+=1
    print()
    i+=1
```

本实例中涉及两层 while 循环，外层循环（第 2～8 行）负责控制九九乘法表中行数的增加，内层循环（第 4～6 行）负责输出九九乘法表中同一行的各列。第 1 行和第 3 行代码分别将 *i* 和 *j* 初始化为 1；第 6 行和第 8 行代码用于控制 *i* 和 *j* 分别进行加 1 操作；第 3～8 行代码是第①个 while 语句的语句块，统一相对第 1 个 while 语句（第 2 行）缩进 4 个字符；第 5～6 行代码是第②个 while 语句的语句块，统一相对第②个 while 语句（第 4 行）缩进 4 个字符。本实例第 5 行代码的 print()函数的用法比之前实例中出现的更为复杂。print()函数中(j, i, i*j)这 3 个变量的值将依次填入前面的%d（或%2d）中；end='\t'用于在各列之间添加一个【Tab】字符作为分隔标志。第 7 行代码的 print()函数输出默认的回车换行符"\n"。关于 print()函数更为详细的介绍，读者可以参看本书第 1.5 节。本实例的输出结果如图 1-4 所示。

```
1*1= 1
1*2= 2    2*2= 4
1*3= 3    2*3= 6    3*3= 9
1*4= 4    2*4= 8    3*4=12    4*4=16
1*5= 5    2*5=10    3*5=15    4*5=20    5*5=25
1*6= 6    2*6=12    3*6=18    4*6=24    5*6=30    6*6=36
1*7= 7    2*7=14    3*7=21    4*7=28    5*7=35    6*7=42    7*7=49
1*8= 8    2*8=16    3*8=24    4*8=32    5*8=40    6*8=48    7*8=56    8*8=64
1*9= 9    2*9=18    3*9=27    4*9=36    5*9=45    6*9=54    7*9=63    8*9=72    9*9=81
```

图 1-4　九九乘法表

1.4　综合案例：4 种具有代表性的 Python 程序开发和运行方式

1.4.1　案例概述

Python 程序的开发和运行方式有很多，下面介绍 4 类常见的开发和运行方式。不同类型的开发和运行方式有各自的优势和适用场景。对于每一类方法，本书又给出了多个不同的实例，且所有代码并未限定所采用的开发和运行方式，读者可以根据自己的喜好和环境配置情况自由选择，不需要全部掌握。此外，读者还可以访问本课程慕课平台获取更多的方法。

1.4.2　案例详解

1．交互式

Python 是一种解释型语言，可以直接采用交互式方式运行。读者输入一行命令，系统将及时反馈执行结果。交互式运行方式非常适合初学者。读者通过交互式的过程编写和代码运行能够很好地理解每一行代码的含义和执行效果，并及时发现各类问题，加强学习效果。

本节介绍了多种不同的交互式运行方式实例，它们之间具有相互替代性。读者并不需要掌握所有的实例方法，可以根据自己的喜好自行选择。

【实例 1-5】使用 Windows 命令行终端进行交互式开发。

按照前述方法使用 Python 官方安装包完成 Python 安装后，Python 所在的路径已经添加到 path 环境变量中。此时可以直接在命令行终端中输入"python"进入交互式开发环境。对于 Windows 用户来说，可以直接使用快捷组合键"Winkey+r"打开"运行"对话框，输入"cmd"后按下回车键，打开命令提示符窗口。"Winkey"键位于键盘左下角，"Ctrl"键和"Alt"键之间，键上标有"Windows"图标。

命令提示符窗口默认显示为黑底白字。为便于出版印刷，编者已经将其修改成白底黑字的样式（有兴趣的读者可以右击标题栏，在"属性"对话框中自行修改外观样式）。命令提示符窗口中最后一行文字的末尾位置若有光标在闪动，表示可以接受读者输入命令。在命令行里输入"python"，然后按回车键，将进入 Python 交互界面。如果进入失败，通常是因为环境变量设置未正确完成，可以卸载重装，也可以手动设置环境变量。

此时，界面上将显示当前 Python 版本等提示信息，提示符样式将变成"＞＞＞"。读者可以在该提示符后输入 Python 代码，回车执行。执行效果如图 1-5 所示。

本实例中，编者在"＞＞＞"提示符后输入如下代码：

```
print("Hello, zp!")
```

此行代码中的 print() 是 Python 内置函数，表示要求系统输出双引号中的字符串。注意：代码中的括号和引号都应该在英文半角状态下输入。回车后，系统将返回执行结果，即在接下来一行显示"Hello, zp!"信息。注意：此行内容之前没有提示符"＞＞＞"，因为它并不是用户输入的 Python 代码。与此同时，界面的最后一行将出现新的提示符"＞＞＞"，并有光标在该提示符后闪烁，表示系统可以继续接收用户输入的 Python 代码，如图 1-5 所示。

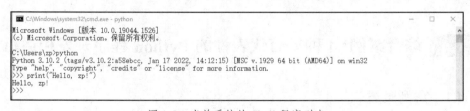

图 1-5　当前系统的 Shell 程序列表

【实例 1-6】使用 Anaconda 进行交互式开发。

如果读者使用 Anaconda 进行 Python 安装，那么 Anaconda 默认会提供两个命令行提示符入口，分别为"开始菜单 → Anaconda3 (64-bit) → Anaconda Powershell Prompt"菜单项和"开始菜单→ Anaconda3 (64-bit) → Anaconda Prompt"菜单项。对于初学者而言，两者差别不大，选择这两个入口中的任何一个，在命令行里输入"Python"，然后回车，都将进入 Python 交互界面。在提示符">>>"后输入如下代码：

```
print("Hello, zp!")
```

执行效果如图 1-6 所示。本实例所进入的 Python 交互界面，与之前【实例 1-5】使用命令行提示符进入 Python 交互界面的界面效果较为类似。

图 1-6　使用 Anaconda 进行交互式开发

【实例 1-7】 退出交互界面。

无论使用上述哪一种方式进入 Python 交互界面，都可以在提示符">>>"后输入如下代码退出该界面：

```
exit()
```

执行效果如图 1-7 所示。读者也可以使用更为简单粗暴的退出方式，即直接关闭该窗口。

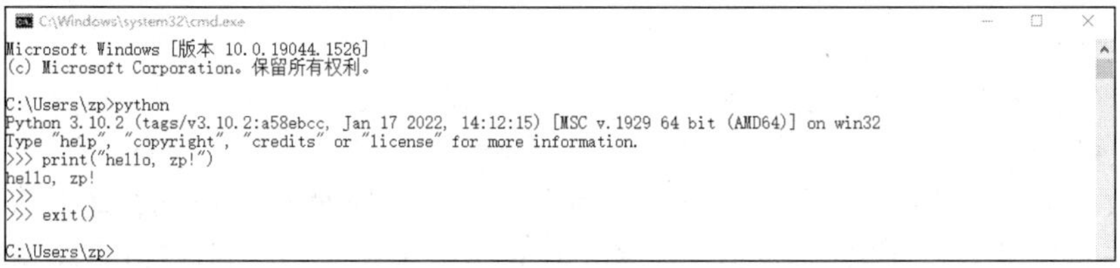

图 1-7　退出交互界面

2．脚本式

交互式模式下的程序代码默认不保存，因此执行完毕后代码很容易丢失，导致难以再次运行。我们可以将编写的 Python 程序代码保存在以".py"作为扩展名的文件中，以便多次运行。此类 Python 文件中包含了一系列预先编写好的代码片段，通常称为 Python 脚本、Python 源代码或者模块。读者可以引入 Python 解释器，在任何需要的时候重新执行 Python 脚本。

本小节介绍了多种不同的脚本式运行方式实例，它们之间具有相互替代性。读者并不需要掌握所有的实例方法，可以根据自己的喜好和 Python 软件安装情况掌握其中一两种方法。

【实例 1-8】 使用命令行提示符运行 Python 脚本。

Python 脚本本质上只是一个文本文件。读者可以用任何文件编辑器将其打开并进行编辑，例如 Windows 自带的 notepad、程序开发人员常用的 notepad++或者 Linux 系统中常用的 vi/vim、gedit 等。

在打开的文本编辑器中，输入如下代码：

```
a=10
b=20
print("a is ", a, "b is ", b)
print("the result of a+b is ", a+b) # English version
print("a+b 的运行结果是", a+b)          # 中文版本
```

将该文件保存成 a.py，结果如图 1-8 所示。注意：许多文本编辑器（如 notepad）的默认格式是"文本文档(.txt)"，需要将保存类型修改为"所有文件"，否则得到的文件可能会变成 a.py.txt。

图 1-8　编写 Python 脚本程序

最后两行代码中，"#"后面的内容为注释，目的是帮助程序员理解代码内容。在实际代码执行过程中，Python 解释程序会忽略注释部分的内容。

最后一行代码中，编者故意使用了中文。读者务必注意的是，所有代码中，除了中文汉字本身外，其他所有字符都应当在英文半角状态下输入，这也是初学者最容易犯错误的地方。读者可以将上述代码中的某些字符（如括号、引号、逗号、字母等）在全角状态下输入，然后重新运行代码，观察可能出现的错误提示。

在 Windows 10 的命令提示符（打开方式见【实例 1-5】）中，输入如下命令可以执行【实例 1-8】中保存的文件名为 a.py 的脚本（如果读者还没有创建脚本文件 a.py，则需要新建一个文本文件，在该文本文件中输入【实例 1-6】中的代码，并将其文件名及扩展名修改为 a.py）：

```
dir /B
python a.py
```

运行效果如图 1-9 所示。第 1 行的 dir 命令用于查看路径是否正确，确保待执行的脚本 a.py 位于当前目录下。如果读者确信当前目录下存在 a.py 文件，则可以省略第 1 行命令。如果当前路径下没有该 a.py 文件，则可以按照【实例 1-9】的方法进行路径切换。

图 1-9　在 Windows 10 命令提示符中运行 Python 脚本

【实例 1-9】使用 Anaconda 进行脚本式开发。

前面提到，如果读者使用 Anaconda 进行 Python 安装，那么 Anaconda 默认会提供两个命令行提示符入口。读者选择这两个入口中的任何一个均可以打开命令行界面。

此时命令行的默认路径通常并不一定是 Python 脚本所在的路径。例如，【实例 1-8】中使用的 a.py 文件位于 G:\python 之下，与命令行界面显示的默认路径并不相同。这时我们需要进行相应路径的切换，输入如下指令：

```
G:
cd python
dir /B
python a.py
```

本实例第 1 行命令用于切换盘符到 G 盘；第 2 行命令用于切换到指定文件夹；第 3 行的 dir 命令用于查看路径是否正确，确保待执行的脚本 a.py 位于当前目录下。如果读者确信当前目录下存在 a.py 文件，则可以省略第 3 行命令。输出效果如图 1-10 所示。

图 1-10　使用 Anaconda 进行脚本式开发

3．Jupyter Notebook 和 JupyterLab

Jupyter Notebook 是一种基于 Web 的 Python 开发工具，它允许用户创建和共享包含实时代码、方程、可视化图表和解释性文本等在内的文档。JupyterLab 是 Jupyter 项目的下一代界面，它具有更强的功能和扩展性，两者的用法基本类似。根据官网的描述，Jupyter Notebook 未来可能要被 JupyterLab 替代。如果读者使用的是 Anaconda3-2024.02-1-Windows-x86_64.exe 这个版本的安装包，默认两者都已经安装，但是在开始菜单栏中只出现了 Jupyter Notebook，想要体验 JupyterLab 的读者，可以使用命令行方式启动。Jupyter Notebook 和 JupyterLab 是目前比较流行的开发工具，读者需要记忆一定数量的快捷键和使用技巧。

【实例 1-10】打开 Jupyter Notebook 界面。

读者可以通过"开始菜单 → Anaconda3 (64-bit) → Jupyter Notebook"菜单项打开 Jupyter Notebook 界面，如图 1-11 所示。

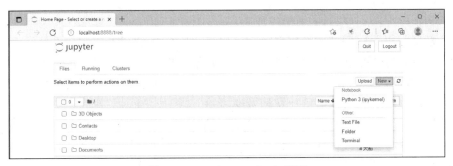

图 1-11　Jupyter Notebook 界面

细心的读者会发现，Jupyter Notebook 的启动过程耗费的时间要明显长于之前介绍的两类方法。这可以从侧面反映此类方法的资源消耗程度较大。

【实例 1-11】使用 Jupyter Notebook 运行 Python 代码。

单击图 1-11 右侧的"New"按钮，可以打开一个子菜单；选择子菜单中的第 1 个选项"Python 3 (ipykernel)"，将新建一个 Untitled.ipynb 文件，并在一个新的网页中打开该文件，如图 1-12 所示。读者可以使用该默认文件名称 Untitled，也可以单击网页顶部的"Untitled"，将其修改成其他合适的文件名称。

图 1-12　新建 Untitled.ipynb 文件

图 1-12 中，在"In [ ]"后面的单元格中输入代码，然后使用组合键"Ctrl+Enter"可以执行所输入代码。本实例使用了与【实例 1-8】相同的 Python 代码，执行效果如图 1-13 所示。

图 1-13　Jupyter Notebook 运行 Python 代码

Jupyter Notebook 并不是 Python 学习的重点，与接下来将要介绍的各类集成开发环境（integrated development environment，IDE）类似，它只是一种可选的 Python 开发环境，因此编者对其并不打算过多展开介绍。网络上关于 Jupyter Notebook 的学习资料较多，有兴趣的读者可以自行了解。

4．IDE

IDE 是专门用于软件开发的程序。顾名思义，IDE 集成了专门为软件开发而设计的各类工具。这些工具通常包括专门处理代码的编辑器（如语法高亮、自动补全、代码格式化）以及构建、执行、调试工具等。大部分 IDE 兼容多种程序设计语言并且包含更多功能。IDE 一般适用于较大规模的软件项目开发和管理。

编者并不建议初学者使用 IDE 进行 Python 学习。一般来说，绝大多数 IDE 体积较大，需要时间去下载和安装，并且占用较多系统资源，运行速度较慢。使用复杂的 IDE 运行本书上简单的教学案例，得不偿失。大多数 IDE 都需要使用者花费较长时间学习，才能熟练掌握其使用技巧。这必然会大幅度提高初学者的学习门槛，也容易导致初学者产生困惑，分不清哪些是 Python 的内容，哪些是 IDE 的内容。IDE 功能众多，对于大多数的功能，由于初学者没有较为丰富的程序设计经验，即便仔细阅读相关资料，依然无法正确理解。建议初学者在有一定 Python 程序设计基础后，再根据自身职业发展目标决定是否需要学习 IDE 的使用。

常见的 Python IDE 有很多，代表性的包括 PyCharm、VSCode、Spyder、PyDev、Sublime Text 等。大多数 IDE 都支持 Windows、Linux、macOS 等不同操作系统。每一款 IDE 都有自己的优缺点。有兴趣的读者可以自行通过网络了解它们的优势和不足，并结合自身的情况进行理性选择。理论上，在其他程序设计语言中比较常用的 IDE 都可以配置成 Python IDE。在实际中，许多其他语言的资深程序开发人员在使用 Python 进行开发时，特别是进行多语言混合开发时，也更愿意在自己熟悉的 IDE 中增加对 Python 开发的支持。

【实例 1-12】使用 Anaconda 内置 IDE 进行开发。

目前，Anaconda 内置了 Spyder，作为其默认 IDE。Spyder 是一个用于科学计算的 Python IDE。与其他常见的 IDE 类似，它结合了集成开发工具的高级编辑、分析、调试功能以及数据探索、交互式执行和数据可视化功能。读者可通过"开始菜单 → Anaconda3 (64-bit) → Spyder"菜单项打开 Spyder 界面。

细心的读者会发现，Spyder 的启动过程要远远慢于之前介绍的 3 种方法。这正可以说明，使用 IDE 进行 Python 开发，开发环境本身占用的资源也是非常大的。

Spyder IDE 窗口如图 1-14 所示，主要包含程序编辑区（屏幕左侧）、控制台窗格区（屏幕右下方）及帮助、变量、绘图和文件浏览区（屏幕右上方）等。读者也可以根据个人喜好调整面板布局样式。

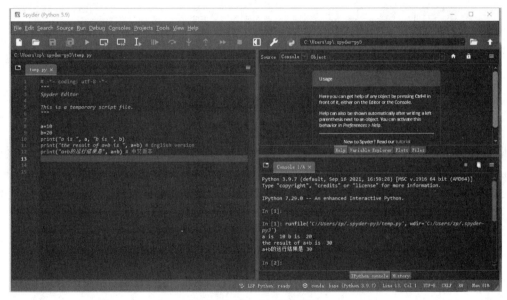

图 1-14　Spyder IDE 窗口

启动 Spyder IDE 窗口后，在程序编辑区默认打开的程序文件为"temp.py"。编者在该文件编辑区的末尾部分输入了与【实例 1-11】相同的代码。当然，读者也可以自行新建程序文件或者打开已有程序文件。新建或者打开程序文件的方法与常用 Windows 软件操作方式基本类似。如果要新建一个程序文件，既可以使用菜单栏"File → New file"，也可以单击工具栏中的"New file"按钮。如果要打开已有的程序文件，既可以使用菜单栏的"File → Open"，也可以使用工具栏中的"Open file"按钮，还可以直接使用快捷键"Ctrl+O"。

程序文件编辑完成后，读者可以单击工具栏上的绿色向右的三角形按钮（"Run file"）执行该代码文件；也可以使用"Run → Run"菜单项或者快捷键"F5"执行该代码文件；甚至还可以在编辑器中选择部分代码，然后使用右键菜单单独执行所选定的代码片段。程序执行结果将显示在界面右下侧的控制台窗口区。如果程序有错误，则控制台窗口区也会显示错误提示信息。

1.5 Python 输入与输出

1.5.1 输出函数 print()

Python 可以使用内置函数 print()进行输出。在 Python 2.7.x 中，print 是一条语句，后面可以直接跟要输出的字符串；而在 Python 3.x 中，print 变为一个函数，输出的内容要以参数的形式置于圆括号内，同时还有多种格式的参数供选择。print()函数的语法格式如下：

```
print(*objects, sep=' ', end='\n', file=sys.stdout, flush=False)
```

print()将一个或者多个对象输出到文本流 file（默认为标准输出，一般就是当前终端）中，并以 sep（默认为空格）进行分隔，以 end（默认为换行符）作为结束标志。sep、end、file 和 flush（是否强制刷新）必须以关键字参数的形式提供。

【实例 1-13】输出函数 print()的使用。

```
str1="搦朽磨钝"
str2="钝学累功"
str3="功崇德钜"
print(str1,str2,str3)
print(str1,str2,str3,sep=";")
print(str1);print(str2)    #默认换行
print(str1,end="");print(str2,end="")
```

本实例中共调用 print()函数 6 次。第 1 次调用时，参数均使用默认值，此时默认采用空格分隔；作为对比，第 2 次调用时，设置为以冒号分割；第 3、4 次调用时，参数均使用默认值，默认在末尾自动添加换行符，此时 str1 和 str2 的内容被输出成两行；作为对比，第 5、6 次调用时，设置为不换行（end 的值为空），此时 str1 和 str2 的内容被输出在同一行。本实例的输出结果如下：

```
搦朽磨钝 钝学累功 功崇德钜
搦朽磨钝;钝学累功;功崇德钜
搦朽磨钝
钝学累功
搦朽磨钝钝学累功
```

1.5.2 输入函数 input()

Python 可以使用内置函数 input()获取用户输入的数据。input()函数的语法格式如下：

```
input([prompt])
```

prompt 是一个字符串，用于提示用户输入，可省略。但是小括号一定不能省略。可以将 input()函数接收到的数据赋值给某个变量，接收到的数据被当作字符串处理。如果读者输入的是数字，则需要对数字的类型进行强制转换。

【实例 1-14】输入函数 input()的使用。

```
age=input('请输入您的年龄：')
print(type(age),age)
print(int(age)+10,eval(age)+10)#正确示例
#print(age+10)                 #错误示例
```

本实例第 1 行代码通过 input()获取用户输入并保存到 age 变量中。需要注意的是，即使用户输入整数，age 变量依然是字符串类型。我们在第 1 个 print()函数中通过 type()函数对此进行了验证。第 3 行代码中先将字符串转为整数，如通过 int()或 eval()函数将字符串转为整数，然后执行算术运算，最后通过 print()函数输出结果。第 4 行被注释掉的代码是一个错误示例，演示了直接将 age 与整数 10 进行求和。由于字符串不能和整数直接相加，此时系统会报错。

本实例的输出结果如下：

```
请输入您的年龄：20
<class 'str'> 20
30 30
-------------------------------------------------------------------------
TypeError                                Traceback (most recent call last)
…(省略部分内容)
TypeError: can only concatenate str (not "int") to str
```

1.5.3 字符串格式化

print()函数或语句提供的格式输出形式相对比较简单。如果用户有更复杂的输出要求，可以进行字符串格式化后再输出。字符串格式化是将数据按指定的格式要求（如长度、类型等）转为字符串。

Python 提供了多种不同的字符串格式化方法，按照出现的时间先后顺序，主要包括%格式化、str.format()、f-strings 等。出现时间越晚，越是未来的发展方向。考虑到即便早期的方法也有大量的用户群体，建议有兴趣的读者都了解一下。

1．%格式化

%格式化方法与 C 语言较为类似，历史最为悠久。使用%格式化字符串时，需要以一个字符串作为待输出内容的模板。该字符串中通常既有固定的内容，又可以包含一个或多个需要格式化的可变目标。每个可变目标都以%开始。可变目标的基本格式如下：

```
% [flag] [width] [.precision] type
```

各部分含义如下。

① flag：指定对齐方式，可省略，具体含义如表 1-1 所示。

表 1-1 对齐方式 flag

符号	说明
–	左对齐
省略	右对齐
0	右对齐，并在显示的数字前面填充 "0"
+	右对齐，并在正数前面显示加号

② width：指定字符串的输出宽度。

③ .precision：指定数值型数据保留的小数位，可省略。注意：precision 前有一个小数点。

④ type：指定输出目标的类型代码，不可省略，具体含义如表 1-2 所示。

这种用法一直到现在仍然被使广泛使用，但由于存在许多弊端，已不被提倡使用。例如，当要格式化的参数很多时，可读性很差，还容易出错，也不灵活。

表 1-2 格式符 type

符号	说明
c	格式化字符及其 ASCII 码
s	格式化字符串
d	格式化整数
o	格式化无符号八进制数
x	格式化无符号十六进制数
X	格式化无符号十六进制数（大写）
f	小数，可指定小数点后的精度
e	用科学计数法格式表示
g	根据值的大小决定使用%f 或%e

【实例 1-15】 使用%格式化字符串。

```
r=eval(input("请输入圆的半径: "))
print('圆半径为{%+10d},圆周率为{%.5f},圆面积为{%08.1f}'%(r,3.14,3.14*r*r))
```

本实例的输出结果如下：

```
请输入圆的半径: 2
圆半径为{        +2},圆周率为{3.14000},圆面积为{000012.6}
```

2. str.format()

从 Python 2.6 开始，新增了一种格式化字符串的函数 str.format()，基本语法是使用"{}"和":"来代替以前的"%"。format()函数支持通过位置、关键字、对象属性和下标等多种方式使用，不仅参数可以不按顺序，也可以不用参数或者一个参数使用多次。

str.format()方法的语法格式如下：

```
'{格式字符串}'.format(参数列表)
```

其中，格式字符串是由普通字符串和{替换格式符}组成的字符串模板；参数列表是用于匹配替换的内容，多个参数之间用逗号分隔。

格式字符串包含普通字符串和替换字段，替换字段由大括号"{}"界定。执行 str.format()方法后，format()函数的参数值将替换格式字符串中与之匹配的替换字段。参数和替换字段的匹配方式有位置、关键字、对象属性和下标等多种。

【实例 1-16】 顺序匹配。

```
str1="{}, 宁移白首之心？{}, 不坠青云之志。酌贪泉而觉爽, {}。北海虽赊, {}; 东隅已逝, {}。"
print(str1.format("老当益壮","穷且益坚","处涸辙以犹欢","扶摇可接","桑榆非晚"))
```

本实例的输出结果如下：

```
老当益壮, 宁移白首之心？穷且益坚, 不坠青云之志。酌贪泉而觉爽, 处涸辙以犹欢。北海虽赊, 扶摇可接; 东隅已逝, 桑榆非晚。
```

【实例 1-17】 序号匹配。

```
str1="{1}: 客亦知夫水与月乎？{2}, 而未尝往也; {0}, 而卒莫消长也。"
print(str1.format("盈虚者如彼","苏子曰","逝者如斯"))
```

参数列表中的参数序号默认从零开始。为了演示序号匹配效果，编者故意打乱了格式字符串中序号的顺序。本实例的输出结果如下：

> 苏子曰：客亦知夫水与月乎？逝者如斯，而未尝往也；盈虚者如彼，而卒莫消长也。

【实例1-18】键值匹配。

```
str1="居逆境中，周身皆针砭药石，{ni}；处顺境内，眼前尽兵刃戈矛，{shun}。"
print(str1.format(shun="销膏靡骨而不知",ni="砥节砺行而不觉"))
```

本实例的参数列表以键值对的形式给出，而在格式字符串中，替换字段也以键的形式给出。本实例的输出结果如下：

> 居逆境中，周身皆针砭药石，砥节砺行而不觉；处顺境内，眼前尽兵刃戈矛，销膏靡骨而不知。

在格式字符串的替换字段中，还可以增加格式说明标记。格式说明标记的语法格式为：

```
[:[ [fill] align] [sign] [width] [,] [.precision] [type]]
```

各个部分的含义如下。

① fill：设置填充的字符，默认为空格。

② align：设置对齐方式，"^、<、>"分别是居中、左对齐、右对齐，可省略，默认右对齐。

③ sign：设置数值型数据前的符号，"+"表示须在正数前加正号，"-"表示在正数前不加符号，空格表示在正数前加空格。

④ width：设置格式化后的字符串所占宽度。

⑤ 逗号(,)：为数字添加千位分隔符。

⑥ .precision：设置数值型数据保留的小数位数。注意：precision前有个小数点。

⑦ type：设置格式化类型，与可变目标中的"type"类似，但没有百分号。

【实例1-19】格式说明标记。

```
r=eval(input("请输入圆的半径: "))
print('圆半径为{:.*^10},圆周率为{:.5f},圆面积为{:08.1f}'.format(r,3.14,3.14*r*r))
```

第1个替换字段：填充字符"*"，居中对齐"^"，宽度10；第2个替换字段：小数点后5位，浮点数格式f；第3个替换字段：小数点后1位，浮点数格式f，宽度8，左侧以0填充。本实例的输出结果如下：

```
请输入圆的半径: 2
圆半径为****2*****,圆周率为3.14000,圆面积为000012.6
```

3．f-strings

str.format()方法极大地扩展了格式化功能。但是当处理多个参数和更长的字符串时，str.format()方法的内容仍然可能非常冗长。从 Python 3.6 开始，使用 f-strings 进行字符串格式化。学过 Ruby、ES6 等的读者非常容易接受这样的语法。与其他格式化方式相比，它们不仅更易读，更简洁，不易出错，而且速度更快。一般而言，str.format()方法执行速度最慢，%格式化的速度稍快一点，f-strings 格式化的速度最快。

f-strings 的实现方式非常简单，在需要格式化的字符串模板前添加"f"或者"F"即可。为了帮助读者理解，我们用 f-strings 方式重写【实例1-19】。

【实例1-20】f-strings。

```
r=eval(input("请输入圆的半径: "))
print(f'圆半径为{r:*^10},圆周率为{3.14:.5f},圆面积为{3.14*r*r:08.1f}')
```

在 f-strings 方案中,str.format()函数中对应的参数列表被依次直接写入各个替换字段中。本实例的输出结果如下:

```
请输入圆的半径: 2
圆半径为****2*****,圆周率为3.14000,圆面积为000012.6
```

1.6 综合案例:不忘初心、牢记使命

1.6.1 案例概述

2022 年 10 月 16 日,习近平同志在中国共产党第二十次全国代表大会上作了题为《高举中国特色社会主义伟大旗帜 为全面建设社会主义现代化国家而团结奋斗》的主题报告,要求"全党同志务必不忘初心、牢记使命"。

本案例中,我们将构造一个打字机效果的程序,用于输出二十大报告中的一段文字。

1.6.2 案例详解

本案例的完整代码如下:

```
import time
str01="""
中国共产党已走过百年奋斗历程。我们党立志于中华民族千秋伟业,致力于人类和平与发展崇高事业,责任无比重大,使命无上光荣。全党同志务必不忘初心、牢记使命,务必谦虚谨慎、艰苦奋斗,务必敢于斗争、善于斗争,坚定历史自信,增强历史主动,谱写新时代中国特色社会主义更加绚丽的华章。
"""
for i in str01:
    print(i, end="",flush=True)
    time.sleep(0.05)
print()
```

第 1 行代码通过 import 导入 time 模块,关于 import 的详细用法见第 5 章。第 2 行代码创建了一个名为 str01 的多行字符串。关于字符串的更详细用法将在第 2 章介绍。上述代码中从第 2 行开始的连续 6 行内容都是为了创建字符串 str01。本书约定,此类跨行代码作为 1 行代码进行编号(此处编号为第 2 行代码)。因此,本案例的第 3 行代码是从"for i in str01:"开始的。该行代码用于遍历 str01,即依次从 str01 中取一个字符保存到 i 中。关于 for 循环的详细用法将在第 3 章介绍。for 循环对应的是一条复合语句,接下来的两行是 for 循环的语句块。在 Python 中,通过相同数量的行首缩进对同一级别的语句块进行标识。本书约定,复合语句第 1 行作为 1 条语句(本实例中将其编号为第 3 行代码),复合语句中每一条语句分别进行编号(本实例中分别编号为第 4、5 行代码)。第 4 行代码用于输出 i 的内容,此处 end 参数用于指定不输出回车换行符。"flush=True"使得 i 的内容将立即被输出到屏幕上。该参数默认值为 False。第 5 行代码调用了 time 模块中的 sleep()函数,让程序输出 i 后暂停 0.05ms。第 6 行代码为不带参数的 print(),用于输出一个回车换行符。注意:第 6 行代码并没有行首缩进。

【思考】将第 4 行代码修改为 "print(i, end="")" 后,有什么差别?

本章小结

本章介绍了 Python 相关的入门知识，包括 Python 的发展历史、特点和优势、开发环境的安装配置、Python 程序的书写规范、代表性的 Python 程序运行方式、输入/输出语句等内容。学习完本章后，读者可以对 Python 的特点、开发环境、开发流程等知识有一个初步的了解。

习题 1

1. Python 是一种什么类型的程序设计语言？简要介绍 Python 的诞生和发展。
2. 下列属于高级程序设计语言的有（　　），属于解释型语言的有（　　），属于编译型语言的有（　　）。
 A. C++ 　　　　　　B. Visual Basic 　　　　　　C. Python 　　　　　　D. C 语言
3. 简述 Python 程序书写规范中的语句块与缩进。为什么 Python 强制要求使用缩进？
4. 对于 Python 输入与输出，简述 print()函数和 input()函数的功能，并给出使用示例。
5. 什么是字符串格式化？简述在 Python 中如何进行字符串格式化。
6. 简述 Python 语言中注释的含义以及如何编写注释。
7. Python 程序书写规范中有哪些要求和建议？
8. 简述 Python 中赋值语句和赋值运算符之间的区别。
9. Python 应用领域主要有哪些？
10. Python 的特点和优势有哪些？
11. 【实例 1-4】给出了一段用 Python 程序设计语言编写的源代码，功能是输出九九乘法表。这段源代码属于（　　）。
 A. 软件 　　　　　　B. 程序 　　　　　　C. 指令 　　　　　　D. 高级语言
12. 下列说法不正确的是（　　）。
 A. Python 算法只能用 Python 语言来实现 　　B. 解决问题的过程就是实现算法的过程
 C. 算法是程序设计的"灵魂" 　　　　　　　　D. 算法可以通过编程来实现

实训 1

1. 基于 Anaconda 部署 Python 环境。
2. 以交互式方式完成【实例 1-4】的上机练习。
3. 以脚本式方式完成【实例 1-13】的上机练习。
4. 以本章实例中出现的 while 或 for 代码为基础，用循环结构重新改写【实例 1-2】。
5. 从二十大报告中挑选与教育或者科技相关的段落，替换第 1.6 节综合案例中 str01 的文字，并重新运行代码。
6. 在 Jupyter Notebook 中完成【实例 1-17】的上机练习。
7. 在 IDE 中完成【实例 1-20】的上机练习。

第2章 基本数据类型

数据是客观事物的符号表示。在计算机领域中，数据特指所有能输入计算机并能被计算机程序处理的符号的总称。现实中的数据可以有多种不同类型，为此，Python 提供了多种具有代表性的数据类型，以满足现实应用的需要。Python 的数据类型有很多，本章主要介绍 String（字符串）和 Number（数值）这两种最基本的数据类型。其他诸如 list（列表）、tuple（元组）、sets（集合）、dictionary（字典）等将在后续章节介绍。

2.1 字符串类型

字符串是一种常见的数据类型。字符串类型用来表示和存储文本数据。例如，餐饮管理系统中的各类菜品名称、电子商务平台上的各类商品名称、网络爬虫程序获取到的文本、机器翻译软件中的输入和输出内容等，这些都是字符串的典型实例。

字符串有多种表现形式，Python 的字符串是用成对的单引号（'）、双引号（"）或者三引号（'''或者"""，即 3 对单引号或双引号）界定的一串字符。单引号和双引号用于界定单行字符串。一般情况下，用单引号或双引号标注的结果是相同的。

【实例 2-1】单行字符串。

```
str1="人有不为也，而后可以有为。——《孟子》"
str2='君子素其位而行，不愿乎其外。——《中庸》'
str3="You can't judge a tree by its bark."
str4='"Good God!" cried the brother in serious alarm, "What do you mean?" '
print(str1); print(str2); print(str3); print(str4)
```

本实例中给出了 4 个单行字符串样例，str1 和 str2 分别是用单引号（'）和双引号（"）界定的字符串；str3 内部包含单引号，此时最外层需要使用双引号；str4 内部包含了两组双引号，其最外层需要使用单引号。最后一行使用 4 个 print()语句分别输出前述 4 个变量的内容。我们将 4 个较短的 print()语句写在同一行，并使用分号隔开，以节省篇幅。如无特别说明，本书后续章节将默认采用这一模式。本实例的输出结果如下：

```
人有不为也，而后可以有为。——《孟子》
君子素其位而行，不愿乎其外。——《中庸》
You can't judge a tree by its bark.
"Good God!" cried the brother in serious alarm, "What do you mean?"
```

三引号通常用于界定多行字符串。注意：如果字符串中包含双引号，则外部使用的三引号应由 3 个单引号构成；如果字符串中包含单引号，则外部使用的三引号应由 3 个双引号构成。通过用 "\" 作续行符，单引号和双引号也可以将长字符串分成多行，续行输入。如果字符串较长，需要分开成多行输入时，可以在非末行的行尾添加 "\" 作续行符，以表示该行的字符串和下一行是连续的。需要注意的是，三引号界定的多行字符串中是包含换行符的，因此与长字符串多行续行输入并不完全相同。

> **注意**：用于界定字符串边界范围的单引号、双引号、三引号都应该在半角状态下输入。本书的实例中使用了大量中文字符串。输入中文字符时，读者通常处于全角状态。若在此全角状态下输入用于界定字符串范围的各类引号，会导致运行错误。正确的做法是先确保已经切换到半角状态，再输入前述各类引号。

【实例 2-2】 多行字符串与字符串续行。

```
str1="'''居天下之广居，立天下之正位，行天下之大道。
得志，与民由之；不得志，独行其道。
富贵不能淫，贫贱不能移，威武不能屈，此之谓大丈夫。"""
str2="""Good God!"
    cried the brother in serious alarm,
    "What do you mean?" '"
str3="恻隐之心，仁之端也；\
羞恶之心，义之端也；\
辞让之心，礼之端也；\
是非之心，智之端也。"
print(str1);print(str2);print(str3)
```

本实例中，字符串 str1 的内部没有引号，因此其外层的三引号既可以是 3 个单引号，也可以是 3 个双引号；字符串 str2 内部的第 1 行和第 3 行均包含双引号，因此其最外层的三引号应当使用 3 个单引号实现；str3 是通过多行续行输入的字符串，该字符串本质上仍然是单行字符串，而 str1 和 str2 是包含了换行符的。本实例的输出结果如下（读者可以结合输出进行理解）：

```
居天下之广居，立天下之正位，行天下之大道。
得志，与民由之；不得志，独行其道。
富贵不能淫，贫贱不能移，威武不能屈，此之谓大丈夫。
"Good God!"
    cried the brother in serious alarm,
    "What do you mean?"
恻隐之心，仁之端也；羞恶之心，义之端也；辞让之心，礼之端也；是非之心，智之端也。
```

字符串中经常会出现一些特殊符号，如在前面实例的字符串中就出现了单引号或者双引号的情形。由于单引号或者双引号本身都是字符串常量的边界标志，因此处理不当容易引发错误。特别是当字符串内部同时出现单引号和双引号时，前面案例中的处理方式将失效。我们可以通过对单引号和双引号进行转义操作来解决此类问题。字符 "\" 的作用就是取消后面出现的有特殊用途的字符的特殊性，将其视为普通字符处理。在一些组成更复杂的字符串中，不能确定会出现哪些特殊字符，而如果不对特殊字符进行转义，就会导致意想不到的结果。

【实例 2-3】 字符串中引号的处理。

```
str1="\"That\'s all right, Tux, \" she said. \"We\'ll only slide where the ice
is thick. Then we won\'t have to worry. Come on, let\'s go. \""
print(str1)
```

本实例的输出结果如下：

```
"That's all right, Tux, " she said. "We'll only slide where the ice is thick.
Then we won't have to worry. Come on, let's go. "
```

字符串中还可以包含其他转义字符。转义字符是一些有特殊含义且难以用一般方式表达的字符。例如，"\n"代表回车符，"\t"代表制表符，"\\"代表输出反斜杠。

【实例 2-4】转义字符。

```
str1="""君子有三乐，\n 而王天下不与存焉。\\
父母俱存，兄弟无故，\t\t 一乐也。
仰不愧于天，俯不怍于人，\t 二乐也。
得天下英才而教育之，\t\t 三乐也。"""
print(str1)
```

本实例的输出结果如下：

```
君子有三乐，
而王天下不与存焉。\
父母俱存，兄弟无故，          一乐也。
仰不愧于天，俯不怍于人，      二乐也。
得天下英才而教育之，          三乐也。
```

2.2 数值类型

数值类型主要包括整型（int）、浮点型（float）、复数型（complex）和布尔型（bool）。

① 数学中的整数：如 3、10、20，用整数类型表示，简称整型。

② 数学中的实数：也称浮点数，是既有整数部分又有小数部分的数（如 1.0、6.16），用浮点数类型表示，简称浮点型。

③ 数学中的复数：是由实数部分和虚数部分构成的数，用复数类型表示，简称复数型。Python 使用 j 或者 J 表示虚数单位。复数类型数据可以表示成 $x+yj$ 或者 $x+yJ$，其中 x 是实数部分（实部），y 是虚数部分（虚部）。实部和虚部都是浮点数。虚数单位不能单独存在。例如，2+1j 不能简写成 2+j。

【实例 2-5】数值类型举例。

```
a=1          #整型
b=1.414      #浮点型
c=2+1j       #复数型
#c2=2+j      #错误示例
d=1j         #复数型
print(type(a), type(b), type(c), type(d))
```

本实例中，变量 a～d 的数据类型分别为整型、浮点型、复数型、复数型。本实例第 4 行被注释的代码展示了一种不正确的复数表示法，请比较它与第 3 行的区别。本实例的输出结果如下：

```
<class 'int'> <class 'float'> <class 'complex'> <class 'complex'>
```

④ 布尔型（bool）：也称为逻辑型，是用来表示布尔值的数据类型。布尔型数据用于逻辑结果的真假判断，有"真"和"假"两个取值，其中"真"用 True 表示，"假"用 False 表示。

【实例 2-6】布尔值和布尔型变量。

```
x=3<4
print(x,type(x))
y=3==4
print(y,type(y))
```

本实例第 1 行代码中，3<4 的运算结果为"真"，用 True 表示。该值被赋给变量 x，

系统自动将 x 设置为布尔型变量。同理，第 3 行代码中，3==4 的运算结果为"假"，因此，布尔型变量 y 的值为 False。本实例输出结果如下：

```
True <class 'bool'>
False <class 'bool'>
```

Python 的布尔型也被视为整型的子类，True 和 False 对应的整型值分别为 1 和 0。布尔型数据支持与普通整型的混合计算。

【实例 2-7】 布尔型变量的自动类型转换。

```
print(False+1, True+1)
```

"False＋1"是合法的计算，结果为 1；"True＋1"的结果为 2。本实例的输出结果如下：

```
(1, 2)
```

Python 还支持其他数值类型，如 Decimal 或 Fraction，有兴趣的读者可以自行了解。

2.3 变量

Python 将数据抽象为对象，数据的存储管理都是以这些数据对象为基础进行的。变量提供了一种与对象绑定的途径。我们可以通过变量来访问与之绑定的对象。

2.3.1 对象和属性

每个对象有 3 种基本属性：类型（type）、身份标识（id）和值（value）。系统为每个新创建的对象分配了内存空间，并用该内存的首地址作为对象的身份标识。通过 id() 函数可以获取变量绑定对象的标识。对象的数据类型不同，所占内存空间大小也不一样。通过 type() 函数可以获取变量绑定对象的数据类型。value 为该对象存储的值。

【实例 2-8】 对象和属性。

```
str1="人言死后还三跳, 我要生前做一场。名不显时心不朽, 再挑灯火看文章。"
print(type(str1),id(str1),str1)
```

内存空间由系统分配，其首地址不是固定的，因此 id() 输出的结果不是固定值。本实例的输出结果如下：

```
<class 'str'> 1936976588352 人言死后还三跳, 我要生前做一场。名不显时心不朽, 再挑灯火看文章。
```

2.3.2 关键词和标识符

变量的命名遵循一定的规则。例如，我们不能使用关键词作为变量的标识符。

1．关键词

关键词是由程序设计语言保留并被赋予特定含义的一些词，如 if、True、and、try 等。它们在程序中有着不同的用途。读者可以使用 help('keywords') 函数查看 Python 中的关键词列表，并可以使用 help（关键词）进一步了解这些关键词的详细信息。在后续章节中我们还会对常用关键词的用法进行详细介绍。

【实例 2-9】 使用 help() 函数查看关键词列表及帮助信息。

本实例使用 help() 函数查看关键词列表和关键词 False 的详细帮助信息。注意：第 1 条指令的参数包含引号，而第 2 条指令中没有引号。

```
help('keywords')
help(False)
```

本实例的输出结果如下：

```
>>> help('keywords')
Here is a list of the Python keywords.  Enter any keyword to get more help.
False                   break                   for                     not
None                    class                   from                    or
（省略）
>>> help(False)
Help on bool object:
class bool(int)
 |  bool(x) -> bool
 |  Returns True when the argument x is true, False otherwise.
（省略）
```

2．标识符

标识符通常由用户设定，用来表示变量、函数、类、模块以及其他对象的名字。

标识符需要满足如下规定。

① 保留关键词不能用作标识符。

② 标识符由字母、数字及下划线组成，并且以字母或者下划线开头。

③ 标识符区分大小写，这一点初学者特别要注意。

例如，name、_num、str1 等都是合法的标识符，而 2str、a-b、for、zhang ping、name@都是非法标识符。

Python 支持使用汉字作为标识符，如编者="张平"。但这并不是一个很好的编程习惯，编者不建议读者这么做。

2.3.3 变量

变量使用标识符命名，用来存取具体的存储单元中的数据。读者通过标识符可以获取变量的值。变量被使用前需要被赋值。赋值符号用 "=" 表示，其格式如下：

```
变量名=表达式值
```

其中，变量名用合法的标识符表示，代表被赋值的目标对象。表达式值可以是常量、变量或者其他表达式。

在 Python 中，变量的数据类型是可以更改的，不需要显式声明变量的类型。变量的值是可以变化的，读者可以通过标识符对变量进行重新赋值。系统会根据变量的赋值情况自动匹配合适的数据类型，并且可以根据赋值类型的变化进行动态调整。

【实例 2-10】变量赋值和重新赋值。

```
a=1; b=2
print(a,b)
a=a+100*b
print(a,b)
```

⚠️ **注意**：在交互式运行模式中，只输入变量名即可显示变量内容。但如果需要在源代码中输出变量内容，应当用 print(变量名)等方式显式输出。

【实例 2-11】改变变量的数据类型。

```
c=1
print(type(c),c)
```

```
c="Zeal without knowledge is a runaway horse."
print(type(c),c)
```

本实例的输出结果如下：

```
<class 'int'> 1
<class 'str'> Zeal without knowledge is a runaway horse.
```

【实例 2-12】多个变量赋值。

下面 3 种给多个变量赋值的方式是等价的。

```
#方案1
x=10
y=20
#方案2
x=10; y=20
#方案3
x,y=10,20
```

【实例 2-13】多个变量赋值的进阶用法。

```
x,y,z=10,20,30
print(x,y,z)
x,y,z=z,y,x
print(x,y,z)
```

利用本实例的方法可以轻松实现多个变量值交换。本实例的输出结果如下：

```
10 20 30
30 20 10
```

2.4 运算符与表达式

2.4.1 运算符

运算符也称为运算操作符或者操作符，可以分为下面 7 类。

① 算术运算符：-（求负，单目运算符）、+（加）、-（减）、*（乘）、/（除）、//（整除）、%（取余）、**（幂运算）。

② 比较运算符：==（等于）、!=（不等于）、>（大于）、>=（大于或等于）、<（小于）、<=（小于或等于）。

③ 逻辑运算符：not（逻辑非）、and（逻辑与）、or（逻辑或）。

④ 成员运算符：in、not in。

⑤ 标识号比较运算符：is、is not。

⑥ 赋值运算符：=、+=、-=、*=、/=、%=、**=、//=。

⑦ 位运算符：&（按位与）、|（按位或）、^（按位异或）、~（按位取反）、<<（右移位）、>>（左移位）。

1．算术运算符

算术运算符比较简单，对读者来说也比较熟悉。算术运算符的运算规则与数学里面介绍的基本一致。

【实例 2-14】四则混合运算。

```
a=3;b=4;c=5;d=6
print(a+(b-c)*d/5)  # 结果:1.8
```

【实例2-15】整除、取余与幂运算。

```
e=7;f=8
print(e//f, f//e)      #整除，结果：0, 1
print(e%f, f%e)        #取余，结果：7, 1
print(e**2, f**-1)     #幂运算，结果：49, 0.125
```

2．比较运算符

比较运算符用来比较两个值的大小，运算的结果为逻辑型的值 True 或 False。读者注意区分比较运算符中的等于号"=="和赋值运算符"="。

【实例2-16】比较运算符。

```
a=10;b=20
print(a==b,a>b,a!=b,a<=b)  #结果：False False True True
```

3．逻辑运算符

逻辑运算是操作数和运算结果都是逻辑数值的运算。逻辑与和逻辑或属于双目运算符，存在两个操作数。对于逻辑与，两个操作数都是真时，结果才为真；对于逻辑或，两个操作数中只要有一个为真，结果就为真。逻辑非属于单目运算符，只有一个操作数。

【实例2-17】逻辑运算符。

```
a=True; b=False
print(a and b, not a, not b, a or b)#False False True True
```

4．成员运算符

成员运算符 in 和 not in 用于成员检测。如果 x 是 s 的成员，则 x in s 求值为 True，否则为 False。x not in s 返回 x in s 取反后的值。所有内置序列和集合类型以及字典都支持此运算。

【实例2-18】成员运算符。

```
str1='Life is short, you need Python!'
print('e' in str1) #True
print('p' in str1) #False，注意：Python 区分大小写
print('o' not in str1)#False
```

5．标识号比较运算符

标识号比较运算符 is 和 is not 用于检测对象的标识号是否一致。当且仅当 x 和 y 是同一对象时，x is y 为真。x is not y 会产生相反的逻辑值。一个对象的标识号可使用 id()函数来确定。

【实例2-19】标识号比较运算符。

```
x=[3,6]; y=x; z=x.copy()
print(id(x),id(y),id(z))#每次执行代码时 id 值都会变化，x 和 y 的 id 一直相同
print(x is y, x is not y, x is z, y is not z)#True False False True
```

6．赋值运算符

赋值运算符在前面已经反复出现过，这里主要介绍复合赋值运算符。在赋值运算符"="前加上其他运算符，可构成复合赋值运算符。例如，a+=5 等价于 a = a+5。

【实例2-20】复合赋值运算符。

```
x=2;y=3
x+=y; print(x,y) #结果为5, 3
x-=y; print(x,y) #结果为2, 3
x*=y; print(x,y) #结果为6, 3
x/=y; print(x,y) #结果为2.0, 3
```

7．位运算符

位运算符将操作数视为二进制数并按位进行运算。对于非信息类专业的学生，用到位运算符的机会也比较小，相对比较陌生。不同专业的读者可以根据需要进行选择性学习。

【实例 2-21】 位运算符。

```
x=10        #对应二进制数 00001010
y=7         #对应二进制数 00000111
print(x&y)  #00001010&00000111 的结果为 00000010，对应十进制数 2
print(x|y)  #00001010|00000111 的结果为 00001111，对应十进制数 15
print(~x)   #~(00001010) 的结果为 11110101，对应的是十进制数-11 的补码
print(x^y)  #00001010^00000111 的结果为 00001101，对应十进制数 13
print(x>>2) #00001010 右移 2 位变为 00000010，对应十进制数 2
print(x<<2) #00001010 左移 2 位变为 00101000，对应十进制数 40
```

在计算机系统中，数值一律用补码来表示和存储。使用补码，可以将符号位和数值域统一处理；同时，加法和减法也可以统一处理。正整数的补码是其二进制表示，与原码相同；负整数的补码将其原码除符号位外的所有位按位取反后加 1。

2.4.2 表达式与运算符优先级

表达式是将各种数据（包括值、变量和函数）通过运算符按一定规则连接起来的式子，执行指定的运算并返回结果，如 a+b 和 x>y。

在构成表达式时，运算符的优先级顺序十分重要。在对一个表达式进行运算时，需要按照运算符的优先顺序从高到低进行。一般而言，算术运算符的优先级高于比较运算符，比较运算符的优先级高于逻辑运算符，逻辑运算符的优先级高于赋值运算符，具体如表 2-1 所示。

表 2-1 运算符优先级（从高到低）

运算符	描述
**	乘方
+，−，~	正、负、按位取反
*，/，//，%	乘、除、整除、取余
+，−	加和减
<<，>>	移位
&	按位与
^	按位异或
|	按位或
in, not in, is, is not, <, <=, >, >=, !=, ==	比较运算、成员检测和标识号检测
not	布尔逻辑非
and	布尔逻辑与
or	布尔逻辑或
=	赋值表达式

其中，比较运算、成员检测和标识号检测均为相同优先级。同级的运算符优先级根据运算符的结合方式是从左到右还是从右到左而定。Python 中大部分运算符都按从左到右的顺序执行，只有乘方运算符（**）、单目运算符（如 not 逻辑非运算符）、赋值运算符等少量运算符是从右向左执行的。使用括号"( )"可以改变运算的优先级次序，括号中的表

基本数据类型 第 2 章

达式优先被运算。

运算符优先级和结合顺序增加了复杂表达式的理解难度。

对于容易产生歧义的地方，建议读者使用括号来明确指定优先级顺序，这也是一种比较好的编程习惯。

【实例 2-22】运算符优先级。

```
a=1;b=2;c=3;d=4;e=5;f=6
print(not a>b and c+d or e==f)
print((not(a>b))and(c+d))or(e==f))#两种表示法等价,结果为7, 为True
```

2.4.3　数据类型转换

1．自动转换

表达式运算时，如果数据类型不一致，Python 会检查表达式操作数是否可以转换成需要的类型。如果可以，则将操作数类型转换成需要的类型并进行运算，这种数据类型转换称为自动转换。例如，在数值运算中，整型数据可以被自动转换成浮点型数据；非复数数据后面可以自动被加上"0j"转换成复数。

【实例 2-23】自动类型转换。

```
a=1;b=1.2;c=1+2j
print(type(a),type(b),type(c))          #int, float, complex
print(type(a+b),type(b+c),type(a+c))    #float, complex, complex
```

2．强制转换

在 Python 中，整型数据可以被自动转换成浮点型数据，但是浮点型数据不能被自动转换成整型数据。如果需要将浮点型数据转换成整型数据，则应使用 Python 提供的内置函数进行强制转换。Python 常用类型转换函数如表 2-2 所示。

表 2-2　**Python 常用类型转换函数**

函数格式	描述
int(x [,base])	将字符串和其他数值类型的数据转换成整型
float(x)	将字符串和其他数值类型的数据转换成浮点数
complex(real,imag)	real 可以是字符串或者数字；image 只能为数字类型，默认为 0
str(x)	将数值转化为字符串
repr(x)	返回一个对象的字符串格式
eval(str)	将 str 转换成表达式，并返回表达式的运算结果
tuple(seq)	将 seq 转为元组，seq 可为列表、集合或字典
list(s)	将序列转变成一个列表，s 可为元组、字典、列表
set(s)	将一个可迭代对象转变为集合
chr(x)	返回整数 x 对应的 Unicode 字符
ord(x)	返回字符 x 对应的 ASCII 码或 Unicode 码
hex(x)	把整数 x 转换为十六进制字符串
oct(x)	把整数 x 转换为八进制字符串

【实例 2-24】强制类型转换。

```
print(int(3.14),ord('a'),complex(1, 2))      #3,97,(1+2j)
print(eval('1+2.5'),float('3.14'),int('3'))  #3.5,3.14,3
```

2.5 数学运算函数和模块

本节介绍一些常用的数学运算函数和模块，主要包括内置的数学运算函数、math 模块和 random 模块。

2.5.1 数学运算函数

Python 内置了一些常用的数学运算函数，可以直接使用。这些函数的功能如表 2-3 所示。

表 2-3 常用的数学运算函数

函数名	功能
max(seq)	返回 seq 序列中的最大值
min(seq)	返回 seq 序列中的最小值
sum(seq)	返回 seq 序列元素的和
abs(x)	返回 x 的绝对值
round(x, prec)	返回浮点数 x 的四舍五入值
divmod(x,y)	返回 x 除以 y 的商和余数，相当于求解（x//y, x%y）
pow(x,y)	返回 x 的 y 次方

【实例 2-25】内置数学运算函数。

```
a=3.14; b=-a; c=3; d=5
print(max(a,b,c,d),min(a,b,c,d),sum((a,b,c,d)),sep=";")
print(abs(a),abs(b),abs(c-d),sep=";")
print(round(a,1),round(b,4),sep=";")
print(divmod(c,d),divmod(d,c),sep=";")
print(pow(c,d),c**d,sep=";")
```

本实例的第 1 行代码给出了 a、b、c、d 4 个变量。第 2 行代码中，sum() 中还有一对括号，用以构造一个元组，否则会报错；而 max() 和 min() 中可以添加类似的一对括号，也可以不添加；此外，sum() 函数的结果是一个浮点型数，这是由于输入的数据中存在浮点型数据 a 和 b，系统自动进行了类型转换。第 3 行代码演示了 abs() 函数的用法。第 4 行代码中，尽管第 2 个 round() 函数指定小数位数为 4，但实质输出结果只有两位小数。第 5 行代码演示了 divmod() 函数的用法，每次调用 divmod(x,y) 都会返回一个元组（x//y, x%y）。第 6 行代码中，两种方式的计算结果是相同的，都是 243。本实例的输出结果如下：

```
5;-3.14;8.0
3.14;3.14;2
3.1;-3.14
(0, 3);(1, 2)
243;243
```

2.5.2 math 模块

如果需要进行更复杂的数学运算，可能需要使用 Python 提供的 math 模块。该模块包含 e（2.718281828459045）、inf、nan、pi（3.141592653589793）、tau（6.283185307179586）等数学常量和 sin()、cos()、log() 等大量的数学运算函数。使用 math 模块之前需要使用 import

或者 from 语句导入模块或模块成员。读者可以使用 dir(math)查看该模块提供的常量和函数列表，使用 help(math)命令可以了解 math 模块各个常量或函数更详细的介绍信息。

【实例 2-26】查看 math 模块的帮助信息。

```
import math
help(math)
```

本实例输出内容过多，请读者自行运行后查看。

【实例 2-27】math 模块的应用实例。

```
import math
print(math.sin(math.pi/2))
```

本实例使用了 math 模块提供的常量 math.pi 和函数 math.sin()，程序的输出结果为 1.0。表 2-4 中给出了更多的实例，有兴趣的读者可以自行尝试验证。

表 2-4 math 模块的应用实例

常量或函数	结果	说明
math.e	2.718281828459045	常数 e
math.pi	3.141592653589793	圆周率 π
math.floor(3.14)	3	对浮点数向下取整
math.modf(3.14)	(0.14000000000000012, 3.0)	分别返回的小数和整数部分
math.radians(45)	0.7853981633974483	把角度转换成弧度
math.fabs(-1.23)	1.23	绝对值
math.fmod(8, 3)	2.0	求余数
math.exp(2)	7.38905609893065	返回 e 的 2 次方
math.pow(2, 3)	8.0	求幂（指数）
math.factorial(5)	120	阶乘函数

2.5.3 random 模块

Python 中的 random 模块用于生成随机数。random 模块提供了可以生成不同类型随机数的函数，所有这些函数都是基于 random.random()函数扩展实现的。使用 random 模块之前需要使用 import 或者 from 语句导入模块或模块成员。读者可以使用 dir(random)查看该模块提供的常量和函数列表，使用 help(random)命令可以了解 random 模块各个常量或函数更详细的介绍信息。

【实例 2-28】查看 random 模块的帮助信息。

```
import random
help(random)
```

本实例输出内容过多，请读者自行运行后查看。

【实例 2-29】random 模块的应用实例。

```
import random
random.seed("zp")
print(random.random())
```

本实例使用了 random 模块提供的函数 random.seed()和 random.random()，前者用来设置随机数种子。random 模块提供的是伪随机数，通过设置随机数种子，使随机数结果可以重复。本实例的输出结果如下：

```
0.06787461992648214
```

表 2-5 中给出了更多的实例，有兴趣的读者可以自行尝试验证。

表 2-5　random 模块的应用实例

常量或函数	结果	说明
random.seed("zp")	无输出	设置种子，为后续 4 个函数服务
random.uniform(1, 10)	1.6108715793383392	获得[1, 10)内的随机浮点数
random.randint(10, 20)	11	获得[10, 20]内的随机整数
random.choice((1, 2, 3, 4, 5))	1	在 1～5 中随机选择一个整数
random.sample(range(10), 2)	[1, 4]	在 0～9 中随机选择两个整数

2.6　字符串的基本操作

字符串是一种常用的数据类型。Python 提供了对字符串中字母进行大小写转换的函数、查找替换函数、统计函数、拆分合并函数和对齐函数。

2.6.1　字符串统计

如果需要对字符串中每个字符或者字符子串出现的次数进行统计，可以使用字符串对象的成员函数 count()。如果需要统计每个字符串的长度，可以使用内置函数 len()。常用的字符串统计函数如表 2-6 所示。

表 2-6　常用的字符串统计函数

函数名	功能
str.count(substr, [start,[end]])	返回 substr 在字符串中出现的次数。统计范围从字符串的 start 开始到 end 结束
len(str)	返回字符串 str 的长度

【实例 2-30】字符串统计。

```
str1="学然后知不足，教然后知困。知不足，然后能自反也；知困，然后能自强也"
str2='Knowledge advances by steps and not by leaps.'
print(len(str1),str1.count('知'),str1.count('知',0,10))
print(len(str2),str2.count('e'),str2.count('e',0,10))
```

本实例第 1、2 两行分别创建两个字符串；最后两行分别对 str1 和 str2 进行字符串统计操作，即分别计算字符串的长度、'知'或'e'出现的次数、'知'或'e'在[0,10)区间内出现的次数。本实例的输出结果如下：

```
33 4 1
45 5 2
```

2.6.2　字符串转换

常用的字符串转换函数如表 2-7 所示。由于字符串是不可变类型，调用这些方法都会生成新的字符串，不是在原地修改字符串。

表 2-7　常用的字符串转换函数

函数名	功能
str.capitalize()	字符串首字母大写，其余字母小写
str.lower()	字符串中所有字母都小写
str.swapcase()	字符串中所有字母大小写互换
str.title()	每个单词的首字母大写，其余字母小写
str.upper()	字符串中所有字母都大写

【实例 2-31】字符串转换。

```
str1="Patience and application will carry us through."
str2="Put your shoulder to the wheel."
str3="It is good to learn at another man's cost."
str4="Step by step the ladder is ascended."
str5="Adversity leads to prosperity."
print(str1.capitalize())
print(str2.lower())
print(str3.upper())
print(str4.swapcase())
print(str5.title())
```

本实例第 1～5 行分别创建了 5 个字符串，最后 5 行分别对这些字符串进行了转换操作。
本实例的输出结果如下：

```
Patience and application will carry us through.
put your shoulder to the wheel.
IT IS GOOD TO LEARN AT ANOTHER MAN'S COST.
sTEP BY STEP THE LADDER IS ASCENDED.
Adversity Leads To Prosperity.
```

2.6.3　字符串搜索

常用的字符串搜索函数如表 2-8 所示。注意：字符串是序列的一种，其下标从 0 开始。
第 4 章还会对序列类型进行更详细的介绍。

表 2-8　常用的字符串搜索函数

函数名	功能
str.find(substr, [start,[end]])	返回字符串中第 1 次出现 substr 的位置；如果字符串中没有 substr，则返回−1
str.index(substr, [start,[end]])	与函数 find() 类似，字符串中没有 substr 时，返回一个运行时错误
str.rfind(substr, [start,[end]])	返回从右侧算起字符串中第 1 次出现 substr 的位置；如果字符串中没有 substr，则返回−1
str.rindex(substr, [start,[end]])	与 rfind() 类似，字符串中没有 substr 时，返回一个运行时错误

【实例 2-32】字符串搜索。

```
str1="德不优者，不能怀远，才不大者，不能博见。"
str2="悟已往之不谏，知来者之可追。"
str3="成事不说，遂事不谏，既往不咎。"
str4="白露横江，水光接天。纵一苇之所如，凌万顷之茫然。"
str5="夫天地者，万物之逆旅也；光阴者，百代之过客也。"
```

```
str6="白石似玉，奸佞似贤。"
print(str1.find('能'))
print(str2.find('不', 5))
print(str3.find('不答'))
print(str4.index('苇'))
print(str5.rfind('之'))
print(str6.rindex('似'))
```

本实例第 1~6 行分别创建了 6 个字符串，最后 6 行分别对这些字符串进行了搜索操作。注意：在第 8 行代码中，由于搜索起点之后没有指定字符，因此搜索结果为-1。本实例的输出结果如下：

```
6
-1
12
12
18
7
```

2.6.4　字符串替换

字符串替换是指用新字符串替换原字符串。方法为：在字符串中检索原字符串，如果存在就以新字符串替换之，否则原字符串不改变。由于字符串是不可以改变的类型，replace()方法将原字符串替换后将返回一个新的字符串，原字符串并不受任何影响。其语法格式和含义如下：

```
str.replace(oldstr, newstr,[count])
```

该方法用于将字符串中的 oldstr 字符替换为 newstr 字符，count 为替换次数。

【实例 2-33】字符串替换。

```
str1="Hello, I'm ZP"
print(str1.replace('ZP', 'Zhang Ping'))
print(str1)
```

本实例第 2 行代码对字符串进行了替换操作，返回的是替换后的新字符串。第 3 行代码表明原来的字符串内容并没有发生更改。本实例的输出结果如下：

```
Hello, I'm Zhang Ping
Hello, I'm ZP
```

2.6.5　字符串测试

字符串对象提供的字符串测试方法可以对字符串的某些特征进行检测，如可以判断字符串是否由指定字符或字符串打头，或者判断字符串是否由数字构成。测试方法的返回结果是 True 或 False。测试方法要求字符串至少包括一个字符，否则都返回 False。常用的字符串测试方法如表 2-9 所示。

表 2-9　常用的字符串测试方法

函数名	功能
str.startswith(substr)	判断字符串是否以 substr 开头，是则返回 True，否则返回 False
str.endswith(substr)	判断字符串是否以 substr 结尾，是则返回 True，否则返回 False
str.isalnum()	判断字符串是否完全由字母或数字组成，是则返回 True，否则返回 False
str.isalpha()	判断字符串是否只由字母组成，是则返回 True，否则返回 False

函数名	功能
str.isdigit()	判断字符串是否只包含数字,是则返回 True,否则返回 False
str.islower()	判断字符串中的字母是否全是小写字母,是则返回 True,否则返回 False
str.isnumeric()	判断字符串是否只包含数字字符,是则返回 True,否则返回 False
str.isspace()	判断字符串是否只包含空格,是则返回 True,否则返回 False
str.isupper()	判断字符串中的字母是否全是大写字母,是则返回 True,否则返回 False

【实例 2-34】字符串测试。

```
str1="湘A·88888"
str2="python@ryjiaoyu.com"
str3="+8601366666666"
str4="1366666666"
str5="１３６６６６６６６６"
str6="Constant dropping wears the stone."
print(str1.startswith('湘A'))
print(str2.endswith('ryjiaoyu.com'))
print(str3.isalnum())
print(str4.isdigit(),str4)
print(str5.isnumeric(),str5)
print(str6.islower(),str6.isupper(),str6.isspace())
```

本实例第 1~6 行分别创建了 6 个字符串,最后 6 行分别对这些字符串进行了检测操作。注意:str4 和 str5 分别是半角和全角状态下输入的字符串,但在目前版本的 Python 中,它们都被识别成数字类型的字符。本实例的输出结果如下:

```
True
True
False
True 1366666666
True １３６６６６６６６６
False False False
```

2.6.6 字符串拆分合并

字符串的拆分操作用于将一个字符串分割成若干子串,可以使用 split()实现,其返回结果是一个列表。字符串的合并操作用于将序列中的多个元素组合成一个字符串,可以使用 join()实现。join()方法和 split()方法是一对相反的操作,区别如下。

① sep.join(seq)将序列 seq 中所有元素以指定的字符 sep 连接起来。

② str.split(sep,[num])以 sep 为分隔符,对字符串 str 进行拆分,num 为拆分次数。

【实例 2-35】字符串拆分合并。

```
lst1=['怨不在大', '可畏惟人']
print(','.join(lst1))
lst2=['载舟覆舟', '所宜深慎']
print(' '.join(lst2))
str1="奔车朽索,其可忽乎"
print(str1.split(','))
print(str1)
```

本实例第 2、4 行代码分别用逗号和空格作为分隔符,合并给定列表。第 6 行代码以全角的逗号作为分隔符,对给定字符串进行拆分。此时将以列表的形式返回拆分结果,而原来的字符串 str1 内容并没有变化。本实例的输出结果如下：

```
怨不在大,可畏惟人
载舟覆舟 所宜深慎
['奔车朽索', '其可忽乎']
奔车朽索, 其可忽乎
```

2.6.7　字符串对齐

对字符串进行格式化输出时，可能需要使用字符串对齐函数。常用的字符串对齐函数如表 2-10 所示。

表 2-10　常用的字符串对齐函数

函数名	功能
center(width [,fillchar])	返回长度为 width 的字符串，原字符串居中对齐，长度不足部分以 fillchar 填充，默认为空格填充
ljust(width [,fillchar])	返回长度为 width 的字符串，原字符串左对齐，长度不足部分以 fillchar 填充，默认为空格填充
rjust(width [,fillchar])	返回长度为 width 的字符串，原字符串右对齐，长度不足部分以 fillchar 填充，默认为空格填充
zfill(width)	返回长度为 width 的字符串，原字符串右对齐，长度不足前面填充 0

【实例 2-36】字符串对齐。

```
str1="寄蜉蝣于天地"
str2="渺沧海之一粟"
str3="哀吾生之须臾"
str4="羡长江之无穷"
print(str1.center(10, '*'))
print(str2.ljust(10, '*'))
print(str3.rjust(10, '*'))
print(str4.zfill(10))
print(str1,str2,str3,str4)
```

本实例的输出结果如下：

```
**寄蜉蝣于天地**
渺沧海之一粟****
****哀吾生之须臾
0000羡长江之无穷
寄蜉蝣于天地 渺沧海之一粟 哀吾生之须臾 羡长江之无穷
```

2.7　综合案例：《数书九章》与三斜求积术

2.7.1　案例概述

秦九韶是我国南宋著名数学家，代表作有《数书九章》。他提出了著名的三斜求积术，这是一种利用三角形 3 条边的边长直接求三角形面积的方法。

《数书九章》中记载的三斜求积术原文如下。

"以小斜幂，并大斜幂，减中斜幂，余半之，自乘于上；以小斜幂乘大斜幂，减上，余四约一，为实，一为从隅，开平方得积。"

秦九韶把三角形的 3 条边分别称为小斜、中斜和大斜。假定以 S、a、b、c 分别表示三角形的面积、大斜、中斜、小斜，则三角形的面积为

$$S = \sqrt{\frac{1}{4}\left\{a^2 \times c^2 - \left[\frac{1}{2}(a^2 + c^2 - b^2)\right]^2\right\}}$$

本案例我们将结合本章知识，利用三斜求积术求解三角形面积。

2.7.2 案例详解

利用 Python 进行计算时，需要将该公式用 Python 语句表达出来。可以有多种方法将三斜求积术公式转换成 Python 语句。

1．利用算术运算符

三斜求积术公式中主要包含加减乘除、平方、开方运算。可以直接使用 Python 提供的算术运算符进行描述，结果如下：

```
S=(1/4*(a**2*c**2-(1/2*(a**2+c**2-b**2))**2))**0.5
```

为了测试该公式的运行效果，我们需要为 a、b、c 赋予合适的值，然后输出运算结果。完整的代码如下：

```
a,b,c=3,4,5
S=(1/4*(a**2*c**2-(1/2*(a**2+c**2-b**2))**2))**0.5
print(S)
```

由于边长 3、4、5 满足勾股定理，对应的三角形面积为 6。我们很容易判断输出结果 6 是正确的。

【思考】现实中，a、b、c 的值应当由用户输入；与此同时，我们还应当判断用户输入的 a、b、c 三边是否能够组成一个三角形。有兴趣的读者可以在学完下一章知识后，对上述代码自行进行完善。

2．利用内置函数

Python 内置函数中包含 pow()函数，我们可以用它替换上一种表示方法中的幂运算符。完整的代码如下：

```
a,b,c=3,4,5
S=pow(1/4*(pow(a,2)*pow(c,2)-
          pow((1/2*(pow(a,2)+pow(c,2)-pow(b,2)))
              ,2))
       ,0.5)
print(S)
```

由于替换后的代码较长，为了阅读方便，我们将它分成了多行进行书写，并且保持一定的缩进层次。

3．利用 math 模块

Python 内置的 math 模块中包含 math.pow()函数和 math.sqrt()函数，分别可以用于完成幂运算和求平方根运算。利用这些函数改写后的代码如下：

```
import math as m
a,b,c=3,4,5
S=m.sqrt(1/4*(m.pow(a,2)*m.pow(c,2)-
            m.pow((1/2*(m.pow(a,2)+m.pow(c,2)-m.pow(b,2)))
                ,2)))
```

```
print(S)
```

【思考】三角形的面积公式非常多，您还知道哪些呢？请尝试用 Python 加以实现。

2.8 综合案例：车牌摇号

2.8.1 案例概述

为了缓解城市拥堵、改善空气质量，国内许多城市或省份都推出了汽车保有量调控政策，其中有代表性的城方包括北京、上海、深圳、天津等。在这些城市中，新增的车牌通常通过"摇号"等方式发放。受机动车保有量不断攀升影响，即便是享有政策倾斜的新能源汽车，中签率也并不高，许多头部城市甚至会出现排队等号超过 20 年的情形。

本案例中，我们主要以车牌摇号为场景，利用 Python 解决其中与本章内容相关的问题。

2.8.2 车牌号码生成

机动车号牌是指在法定机关登记的准予机动车在中华人民共和国境内道路上行驶的法定标志。机动车号牌一般在车辆的特定位置悬挂，其号码是机动车登记编号。具体编号规则可参考《中华人民共和国机动车号牌》标准。

一般而言，机动车登记编号包含用汉字表示的省、自治区、直辖市简称，用英文字母表示的发牌机关代号，由阿拉伯数字和英文字母组成的序号，以及用汉字表示的专用号牌简称。由于字母和数字集合中存在非常相似的字符，给车牌识别带来了较大的挑战，因此可以规定数字 0 和字母 O、数字 1 和字母 I 均不能使用，或者只允许相似字符中的一种可以使用。下面代码模拟了机动车车牌号码的生成过程：

```
import random
digits=[str(x) for x in range(10)]
letters=[chr(x + ord('A')) for x in range(26)]
letters.remove("I")
letters.remove("O")
print('字符集', digits + letters)
length=5
random.seed("zp")
for _ in range(3):
    plate="湘A·"
    for _ in range(length):
        plate+=random.choice((digits+letters))
    print(plate,end="  ")
```

本实例中，第 2、3 行代码生成由数字和大写字母构成的字符列表。在 2.8.3 节的案例代码中我们将通过通过其他方式实现类似功能，请注意观察。第 4、5 行代码从字母表中移除了字母 I 和字母 O。第 7 行代码设置号码后半部分长度为 5。第 8 行代码设定随机数种子，以使结果具备可重复性。最后 5 行由双重 for 循环构成，外层循环表示生成 3 组号码，内存循环表示生成每个号码的后 5 位值。本实例的输出结果如下：

```
字符集 ['0', '1', '2', '3', '4', '5', '6', '7', '8', '9', 'A', 'B', 'C', 'D',
'E', 'F', 'G', 'H', 'J', 'K', 'L', 'M', 'N', 'P', 'Q', 'R', 'S', 'T', 'U', 'V',
'W', 'X', 'Y', 'Z']
湘A·4HWQH   湘A·4AYTY   湘A·T1L5E
```

【思考】大家挑选手机号码时会发现，同一批号码的前面多位通常都相同。请编程实现手机号码的生成过程。

2.8.3　摇号系统登录校验

绝大多数系统登录过程中都要求输入校验码。下面我们用 Python 模拟校验码的生成和验证过程：

```python
import random
import string
random.seed("zp")
lst01=random.sample(string.digits+string.ascii_letters, 4)
print(lst01)
code=''.join(lst01)
print(code)
check_code=input("请输入验证码:")
if check_code.upper()==code.upper():
    print('验证码正确')
else:
    print('验证码错误')
```

本案例中，第 1、2 行代码通过 import 分别导入随机数模块和字符串模块。第 4 行代码调用 sample()方法从包含字母与数字的字符串中随机获取 4 个元素，返回列表。第 5 行代码通过 print()方法输出该列表，结果为['4', 'h', 'u', 'Z']。第 6 行代码使用 join()方法将列表中元素连接为字符串。第 7 行代码通过 print()方法输出字符串。现实应用中，该字符串一般以图形的形式显示在登录系统界面中，或者通过短信形式发送到用户手机或邮箱。第 8 行代码通过 input()方法接收用户输入的验证码。第 9 行代码是对输入和产生的验证码进行比较。本案例中，我们忽略大小写，通过 upper()函数将两个字符串中的字母先换成大写字母。本实例的输出结果如下：

```
['4', 'h', 'u', 'Z']
4huZ
请输入验证码:4HUZ
验证码正确
```

本章小结

本章介绍了 Python 的基础语法知识，包括字符串类型、数值类型这两类基本数据的类型，以及变量、运算符和表达式、数学运算函数和模块、字符串相关操作等内容。读者学习完本章后，可以完成一些顺序型结构程序的编写工作。

习题 2

1. 代码片段 a=23;b=int(a/10);a=(a-b*10)*10;b=a+b; print(a,b)运行后，*a*、*b* 的值为（　　　）。
2. 表达式 5+6*4%（2+8）的值为（　　　）。
3. 下列合法的 Python 变量名是（　　　）。
   A. print　　　　　　　B. speed　　　　　C. Python.net　　　　　D. a#2
4. 与 "x 属于区间[a,b]" 等价的表达式是（　　　）。
   A. a≤ x or x < b　　B. a<= x and x < b　C. a≤ x and x< b　　　D. a<=x or x

5. 下列哪个是正确的赋值语句？（   ）

A. 5s=80　　　　　　B. 2018=x　　　　　　C. a+b=c　　　　　　D. s=s+5

6. 将字符串"1024"转换为整数，并输出结果。

7. 将整数 100 转换为字符串，并输出结果。

8. 将字符串"Hello, World!"中的"World"替换为"Python"，并输出结果。

9. 将字符串"Hello, World!"按逗号进行拆分，并输出结果。

10. 解释 Python 中的数据类型及其区别，并给出 3 个不同数据类型的示例。

实训 2

1. 分析下列 Python 表达式的计算顺序，手动计算各表达式的值并上机验证。

（1）1+2**3/4-5。

（2）not 1<2>3+4。

（3）1>2 and 3<=4 or 5*6<7 or not 8+9。

（4）1+2**3+4//5+6%7+8>=9。

2. 写出下列式子的 Python 表达式，并上机验证。请自行为各个变量赋合适的值。

（1）$3ab^2c^3$。

（2）$\sin(1-\cos a)$。

（3）$\sqrt{b^2-4ac}$。

3. 导入 math 模块，使用 math.sqrt()函数计算 16 的平方根，并输出结果。

4. 导入 random 模块，并使用 random.randint()函数生成并输出一个范围在 1～10 之间的随机整数。

5. 判断字符串"Hello, World!"是否以"Hello"开头，并输出结果。

6. 判断字符串"Python"是否全为字母，并输出结果。

7. 将字符串"Hello, World!"反转并输出结果。

8. 将字符串"Python"设置左对齐、右对齐和居中对齐，总宽度为 10，并输出结果。

9. 统计字符串"Hello, World!"中字符'o'出现的次数，并输出。

10. 请为中国福利彩票"双色球"设计摇号程序。双色球游戏规则：前 6 个数从 1～32 中选择，尾号从 1～16 中选择。

第3章 程序控制结构

程序控制结构是指以某种顺序执行的一系列动作。理论和实践证明，无论多复杂的算法均可通过顺序、分支、循环 3 种基本控制结构构造出来。在前两章中，读者接触到的大多数都是顺序结构，本章重点介绍分支和循环结构。

3.1 程序基本结构

计算机程序通常由顺序结构、分支结构、循环结构 3 种基本控制结构组成，如图 3-1 所示。本节简单介绍顺序结构，在后两节介绍其他两种结构。

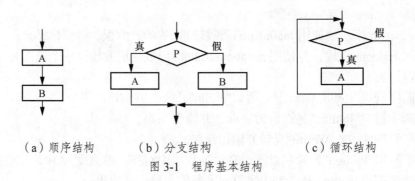

（a）顺序结构　　　（b）分支结构　　　（c）循环结构

图 3-1　程序基本结构

顺序结构是最简单的结构。程序设计语言并不提供专门的控制流语句来表达顺序结构，而是用程序语句的自然排列顺序来表达。在顺序结构中，程序代码的执行顺序与语句的排列顺序保持一致，排在前面的语句先被执行。如果执行成功，则顺次执行后一条语句。本书前两章出现的绝大多数代码片段都属于顺序结构。在 Python 中，一般每条语句占据一行，末尾通常不需要加分号作为结束标志。特别简单的语句也可以放在一行中书写。此时，位于同一行的不同语句之间需要用分号隔开。

【实例 3-1】儒家经典名句赏识。

```
print("好而知其恶，恶而知其美。——《大学》")
print("好学近乎知，力行近乎仁，知耻近乎勇。——《中庸·第二十章》")
print("过而不改，是谓过矣。——《论语·卫灵公》")
print("仰不愧于天，俯不怍于人。——《孟子·尽心下》")
```

【实例 3-2】求解一元二次方程。

利用下面程序，可以求一元二次方程的解：

```
a=1;b=2;c=1;
print("待求解的方程为: {}x^2+{}x+{}=0".format(a,b,c))
delta=b**2-4*a*c
x1=(-b+(delta)**(1/2))/2/a
x2=(-b-(delta)**(1/2))/2/a
print("方程的解分别为: x1={}, x2={}".format(x1,x2))
```

本实例的输出结果如下：

```
待求解的方程为: 1x^2+2x+1=0
方程的解分别为: x1=-1.0, x2=-1.0
```

【思考】如果令上述实例中的 c=4，其他不变，那么输出结果会怎么变化？

3.2 分支结构

程序运行过程中如果需要根据执行情况做不同处理，通常要用到分支结构。分支结构（也称选择结构）中包含条件判断语句（控制选择的条件表达式语句）和可选择执行的语句块。分支结构一般采用 if 语句构造，实现有条件的执行。if 语句以及后面将要介绍的 while 语句、for 语句都是复合语句。复合语句是包含其他语句（语句组）的语句，它们会以某种方式影响或控制所包含语句的执行。复合语句通常会跨越多行。某些简单形式下，整个复合语句也可能包含于一行之内。if 语句可以用于构造单分支、二分支、多分支等复杂结构。

3.2.1 单分支结构

单分支结构的 if 语句的一般形式如下：

```
if 条件表达式:
    语句块
```

当条件表达式的逻辑值为真时，计算机执行语句块；否则，计算机将跳过语句块，而执行后续的语句。

if 是一种复合语句。复合语句在 Python 中有格式要求，一般首行语句以冒号（"："）结尾，被包含的语句块整体向内缩进。上述 if 语句的一般形式描述中，语句块相对于 if 语句的第 1 行存在一个缩进，以反映嵌套关系。语句块中如果包含多行语句，那么该多行语句应当保持缩进对齐。缩进操作可以通过制表键（Tab 键）或者空格键来实现，但只能用一种。初学者容易出现 Tab 键与 4 个空格混用的情况。由于大多数平台中制表键（Tab 键）与 4 个空格的宽度一致，并且大多数编辑环境中两者都是不可见字符，因此即便存在混用，也比较难以发现，读者对此务必引起重视。早期的 Python 版本曾支持 Tab 键和 4 个空格混用，但目前已明确反对此类混用。大多数编辑器都支持将 Tab 键自动替换成 4 个空格，读者可以根据所使用的开发工具查找此类设置的实现方式。也有部分编辑器支持自动缩进。例如，在交互环境中，输入一条以"："结尾的语句后（如 if 语句的首行），系统将在次行开始自动缩进，等待用户输入。

【实例 3-3】君子之道。

```
str=input('输入任何字符继续: ')
if len(str) >=0:
    print("君子以厚德载物。——《易经》")
    print("君子居易以俟命，小人行险以徼幸。——《中庸·第十四章》")
```

【实例3-4】二数值排序。

下面的程序将输入的两个数按从小到大的顺序显示输出：

```
x, y=eval(input('输入两个数（逗号分隔）: '))
if x>y:
    x, y=y, x
print('排序结果（升序）: ',x, y)
```

3.2.2　二分支结构

二分支结构的 if 语句的一般形式如下：

```
if   条件表达式:
    语句块 1
else:
    语句块 2
```

二分支结构的执行过程是：先计算条件语句中条件表达式的值，以判断其真假。若为真则执行语句块1，若为假则执行语句块2。注意：if 和 else 要对齐；它们所在行的行末要加冒号，语句块 1 和 2 要缩进。

【实例3-5】孔孟义利观。

```
str=input('请输入孔子或者孟子: ')
if str != "孔子":
    print("恻隐之心，仁之端也；羞恶之心，义之端也。——《孟子·公孙丑上》")
    print("仁，人心也；义，人路也。——《孟子·告子章句上》")
else:
    print("不义而富且贵，于我如浮云。——《论语·述而篇》")
    print("君子喻于义，小人喻于利。——《论语·里仁》")
```

【实例3-6】一元二次方程的解。

```
print("方程格式为: ax^2+bx+c=0")
a,b,c=eval(input('请输入a,b,c的值(逗号分隔): '))
print("待求解的方程为: {}x^2+{}x+{}=0".format(a,b,c))
delta=b**2-4*a*c
if delta>=0:
    print("方程有实数解")
else:
    print("方程无实数解")
```

3.2.3　if/else 表达式

if/else 不仅可以作为语句，还可以三元表达式的形式出现在语句中。if/else 表达式常用于条件赋值、迭代操作等。下面是一个条件赋值的例子：

```
A=Y if X else Z
```

上面这个语句等价于如下 if/else 语句：

```
if X:
    A=Y
else:
    A=Z
```

下面的两个实例可以完成同样的功能。显然，对于该问题而言，前一个实例更为简洁。

【实例 3-7】 求绝对值，版本 1：

```
x=-10
A=x  if  x>=0  else  -x
print("{}的绝对值为{}".format(x,A))
```

【实例 3-8】 求绝对值，版本 2：

```
x=-10
if x>=0:
    A=x
else:
    A=-x
print("{}的绝对值为{}".format(x,A))
```

不过当条件比较复杂时，if/else 表达式可能就不能胜任了，还需要写成 if/else 语句的形式。

3.2.4 多分支结构

Python 的多分支选择结构的一般形式如下：

```
if 表达式1:
    语句块1
elif 表达式2:
    语句块2
…
elif 表达式n:
    语句块n
else:
    语句块n+1
```

在多分支选择结构中，Python 对表达式逐个求值，直至找到一个真值；然后执行该分支对应的语句块，if 语句的其他部分不会被执行或求值。如果所有表达式均为假值，则查找并执行else 分支中的语句块。如果 else 子句不存在，则直接跳过当前的 if 语句，执行后面的指令。

【实例 3-9】 消费分级折扣。

本实例中，我们根据消费金额不同，给出了不同的折扣方案，代码如下：

```
cost=eval(input('请输入消费金额: '))
if cost>1000:
    print("五折优惠! ")
elif cost>100:
    print("八折优惠! ")
else:
    print("消费金额过低，无折扣! ")
```

【实例 3-10】 根的判别。

```
a,b,c = eval(input('输入 a,b,c 的值（逗号分隔）: '))
print("待求解的方程为: {}x^2+{}x+{}=0".format(a,b,c))
delta=b**2-4*a*c
x1=(-b+(delta)**(1/2))/2/a
x2=(-b-(delta)**(1/2))/2/a
if delta>0:
    print("方程有实数解: x1={}, x2={}".format(x1,x2))
elif delta==0:
    print("方程有两个相等的实数解: x1=x2={}".format(x1))
else:
    print("方程无实数解: x1={}, x2={}".format(x1,x2))
```

3.2.5 match-case 语句

switch 语句存在于很多程序设计语言中，但早期的 Python 程序设计语言不支持 switch 语句。早在 2016 年，PEP（Python Enhancement Proposals，Pyton 改进建议书）3103 就建议 Python 支持 switch-case 语句。然而，在调查中发现很少人支持该特性，Python 开发人员放弃了它。2020 年，Python 的创始人吉多提交了显示 switch 语句的第一个文档，命名为 Structural Pattern Matching。直到 Python 3.10 版，才终于将 switch-case 语句纳入其中。在 Python 中，match-case 语句实现了类似 swich-case 语句的功能。

【实例 3-11】儒家的代表人物。

```
str=input('请输入儒家代表人物的名字：')
match str:
    case "孔子":
        str1="人而无信，不知其可也。——《论语·为政篇》"
    case "孟子":
        str1="穷则独善其身，达则兼济天下"——《孟子·尽心章句上》"
    case "荀子":
        str1="岁不寒无以知松柏，事不难无知君子。——《荀子·大略》"
    case "朱熹":
        str1="一息尚存，此志不容少懈，可谓远矣。——《四书集注》"
    case _:
        str1="儒家以仁、恕、诚、孝为核心价值，\
            着重君子的品德修养，强调仁与礼相辅相成，\
            重视五伦与家族伦理，提倡教化和仁政，\
            富于入世理想与人文主义精神。"
print(str1)
```

【实例 3-12】HTTP 状态码识别。

```
status=400
match status:
    case 400:
        str1="400 Bad Request"
    case 401:
        str1="401 Unauthorized"
    case 403:
        str1="403 Forbidden"
    case 404:
        str1="404 Not Found"
    case _:
        str1="Unknown status code"
print(str1)
```

⚠️ **注意**：本实例需要在 Python 3.10 以上版本才能执行，否则将提示如下错误：
```
SyntaxError: invalid syntax
```

3.3 循环结构

while 语句和 for 语句都可以用于构造循环结构，用来执行重复任务。while 的循环次数由后面的条件表达式是否为真决定；for 通常用于循环次数已知的情况。循环结构可以嵌套。

3.3.1 while 语句

while 语句可以用于构造条件循环，在表达式为真的情况下重复地执行任务。while 语句的格式如下：

```
while 条件表达式：
    语句块 1
[else:
    语句块 2]
```

while 语句构造的循环结构一般包括 3 个要素：循环变量、循环体和循环终止条件。

while 语句的执行过程如下：进入 while 循环前先测试条件表达式，如果满足条件（逻辑值为真），就执行语句块 1，并重复这个过程直至条件不满足（逻辑值为假）。如果一开始就不满足条件，就不进入循环，因此 while 循环体有可能一次也不被执行。

while 循环的 else 子句是可选的。有 else 子句时，当条件表达式为假而不再执行语句块 1 时，程序会接着执行 else 子句中的语句块 2。else 子句中的语句块 2 通常是在正常离开循环体并且没有遇到 break 语句时才执行的内容。但是，如果在语句块 1 中出现了异常或执行 break 语句而退出了循环，那么不执行 else 子句中的语句块 2。

【实例 3-13】习近平引用的古典名句。

本实例展示一个带 else 的 while 循环：

```
x="博学之，审问之，慎思之，明辨之，笃行之。——《礼记·中庸》"
while x:
    print(x)
    x=x[:-6]
else:
    print("end with no break")
```

2014 年 5 月 4 日，习近平总书记在北京大学师生座谈会上的讲话中引用了该句。本实例的输出结果如下：

```
博学之，审问之，慎思之，明辨之，笃行之。——《礼记·中庸》
博学之，审问之，慎思之，明辨之，笃行之。——《
博学之，审问之，慎思之，明辨之，笃
博学之，审问之，慎思之
博学之，审
end with no break
```

【实例 3-14】攒零花钱。

给自己定个小目标，攒够 1000 元，代码如下：

```
from random import randint
sum=0
while sum<1000:
    tmp=randint(1,100)
    sum+=tmp
    print(tmp,end=" ")
print("Sum is {}".format(sum))
```

3.3.2　for 语句

for 语句可以用于构造遍历循环，常用于需要对组合数据或迭代对象的元素进行遍历的情况。for 语句一般用于对序列（如字符串、元组或列表）或其他可迭代对象中的元素进行迭代。for 语句通常需要与另外一个关键字 in 配合使用。for 语句的一般格式如下：

```
for 赋值目标 in 对象：
    语句块 1
```

```
[else:
    语句块2]
```

【实例3-15】囊萤映雪。

```
for c in "囊萤映雪":
    print(c,c)
```

本实例将遍历给定字符串，输出结果如下：

```
囊 囊
萤 萤
映 映
雪 雪
```

【实例3-16】求阶乘。

```
fact=1
for i in range(1,11):
    fact*=i
print("10!=",fact)
```

本实例的输出结果如下：

```
10!= 3628800
```

3.3.3 循环控制语句

循环结构中通常还可以加入 break、continue、pass 等语句。其中 pass 主要用于占位，而前两者通过结合 if 语句可以实现对循环结构的优化控制。其基本用法如下：

```
[if 条件:break]
[if 条件:continue]
```

1. break 语句

正常情况下，只要条件满足，循环就一直进行下去，但是有时候可能需要根据某些条件提前结束循环，跳出循环体。break 语句就可以实现跳出循环体的目的。break 语句的功能是结束循环，继续执行循环结构后续的语句。前面提到的 else 语句可以和 break 结合使用，表示没有遇到可以 break 的条件，就执行 else 语句。

【实例3-17】猜猜我攒了多少钱。

前面举了一个攒零花钱的例子。其实攒钱的目标还是没那么容易实现的，中间存在许多突发因素：

```
from random import randint
sum=0
while sum<1000:
    tmp=randint(1,100)
    sum+=tmp
    if tmp>90:
        break
    print(tmp,end=" ")
else:
    print("恭喜您达成目标")
print("Sum is {}".format(sum))
```

【思考】按照上述实例中的攒钱方案，我的攒钱目标总可以达成吗？

2. continue 语句

continue 语句在循环中用于跳过全部或部分循环体不执行，回到循环的开始部分。

continue 语句的功能是结束本次循环，跳过循环体中还没有执行的剩余语句，接着执行循环条件的判断，以确定是否开启下一轮循环。与 break 不同，continue 并不是退出循环。经常利用 continue 语句处理循环中有特殊性的部分，可以越过特殊部分不处理。

【实例 3-18】不认真学习是会挂科的。

```
import random as rnd
sum=0
rnd.seed("zp")
for i in range(100):
    score=rnd.normalvariate(80,20)  #正态分布(mu, sigma)
    score=round(score)
    if score<60:
        print(score,end=";")
        continue
```

本实例生成 100 个服从正态分布（normalvariate）的随机数，作为 100 个同学的成绩。正态分布的参数 mu 设置为 80，sigma 设置为 20。有 8 个同学不及格。为了让本实例的结果可以重复，本实例通过 seed() 函数设置了随机数种子。本实例的输出结果如下：

```
51;58;43;52;38;49;54;52;43;40;41;55;22;44;
```

为了给读者演示 break 语句和 continue 语句出现在同一个循环体中的情形，我们继续研究攒钱的问题。

【实例 3-19】攒钱也是需要一点动力的。

本次攒钱规则比较复杂，既充满了中途退出的风险（break 语句），也有惊喜（continue 语句）。低于 10 元的零花钱，可以用来犒劳一下自己。代码如下：

```
from random import randint
sum=0
rnd.seed("zp")
while sum<1000:
    tmp=randint(1,100)
    if tmp>95:
        break
    if tmp<10:
        print("犒劳一下自己! ")
        continue
    sum+=tmp
    print(tmp,end=";")
else:
    print("恭喜您达成目标! ")
print("Sum is {}".format(sum))
```

本实例的攒钱目标是 1000 元，每次得到小于 10 元的零花钱，就可以用来犒劳自己；每次得到大于 95 元的零花钱，就可能提前中止了攒钱计划。本实例的第一笔钱就被用来犒劳自己了。本实例的输出结果如下：

```
犒劳一下自己!
36;62;74;49;35;Sum is 256
```

【思考】本实例中，我们达成了攒钱的目标了吗？将第 3 行代码注释掉后，结果会怎么样呢？有兴趣的读者可以尝试一下。

3．pass 语句

pass 语句是一条不执行任何操作的语句。当某个任务没有具体设计时，可以用 pass 作占位语句，待有了具体内容再填入。初学者接触到的代码都比较简单，一般很少使用 pass 语句。

【实例 3-20】我有一个非常不成熟的计划。

我的计划有 100 步, 具体怎么做还没想好。

```
for i in range(100):
    pass #我是打酱油的! 真的吗?
```

【思考】上述实例中, 打酱油的 pass 语句可以删除吗?

3.4 复合语句的嵌套

复合语句可以嵌套其他复合语句。每个复合语句本身可以当作一条语句, 放置于其他复合语句(如 if 语句、for 语句、while 语句)的语句块中, 从而构成更复杂的嵌套结构。

在其他高级语言(如 C 语言)中, 一般用层层的括号来反映嵌套的层次关系。但是 Python 并不依靠括号体现嵌套层次, 而是通过缩进的层次来反映嵌套的层次关系。Python 程序规范的缩进规则使得 Python 程序结构清晰, 可读性很强。一般建议使用 4 个空格的缩进表示一级层次。层次增加, 则缩进的空格数也相应增加。

【实例 3-21】为东航坠机事故遇难者祈福。

"3·21"东航 MU5735 航空器飞行事故牵动各方的心。借一条新闻, 为遇难者祈福吧!

```
str1="Live updates: Human remains found, search on for 2nd black box."
for c in str1:
    if c.isdigit():
        print("\n{} is a digit, that's the end.".format(c))
        break
    print(c, end="")
else:
    print("no digit.")
```

本实例的输出结果如下:

```
Live updates: Human remains found, search on for
2 is a digit, that's the end.
```

【实例 3-22】for 循环版九九乘法表。

```
for i in range(1,10):
    for j in range(1,i+1):
        print("{}*{}={:>2}".format(j,i,i*j),end=" ")
    print()
```

本实例的输出结果如下:

```
1*1= 1
1*2= 2 2*2= 4
1*3= 3 2*3= 6 3*3= 9
1*4= 4 2*4= 8 3*4=12 4*4=16
1*5= 5 2*5=10 3*5=15 4*5=20 5*5=25
1*6= 6 2*6=12 3*6=18 4*6=24 5*6=30 6*6=36
1*7= 7 2*7=14 3*7=21 4*7=28 5*7=35 6*7=42 7*7=49
1*8= 8 2*8=16 3*8=24 4*8=32 5*8=40 6*8=48 7*8=56 8*8=64
1*9= 9 2*9=18 3*9=27 4*9=36 5*9=45 6*9=54 7*9=63 8*9=72 9*9=81
```

【实例 3-23】while 循环版九九乘法表。

⚠ **注意:** 这个版本的九九乘法表样式与【实例 3-22】中的并不相同。

```
i=9
while i>0:
```

```
        j=1
        while j<i+1:
            print("{}*{}={:>2}".format(j,i,i*j),end=" ")
            j+=1
        i-=1
    print()
```

本实例的输出结果如下：

```
1*9= 9 2*9=18 3*9=27 4*9=36 5*9=45 6*9=54 7*9=63 8*9=72 9*9=81
1*8= 8 2*8=16 3*8=24 4*8=32 5*8=40 6*8=48 7*8=56 8*8=64
1*7= 7 2*7=14 3*7=21 4*7=28 5*7=35 6*7=42 7*7=49
1*6= 6 2*6=12 3*6=18 4*6=24 5*6=30 6*6=36
1*5= 5 2*5=10 3*5=15 4*5=20 5*5=25
1*4= 4 2*4= 8 3*4=12 4*4=16
1*3= 3 2*3= 6 3*3= 9
1*2= 2 2*2= 4
1*1= 1
```

【思考】怎样编一个 for+while 的九九乘法表，并且输出的样式还要与上面两个实例都不相同？

3.5　程序的异常处理

3.5.1　触发异常

触发异常主要有两种情况：一种是程序执行中因为错误自动引发异常，另一种是显式地使用了异常触发语句 raise 或 assert，手动触发异常。这里仅对前者进行介绍。

在交互环境的使用过程中，我们可能会遇到各种错误。例如，当使用一个未赋值的变量时，会返回一个 NameError 错误信息；当使用加法连接两个不同类型的对象时，可能返回名为 TypeError 的错误。这些错误都是 Python 解释器在试图执行用户脚本时产生的，称为异常（Exceptions），也称运行时错误（Runtime Error）。异常可以根据错误自动触发，也可以由代码触发。

【实例 3-24】触发异常。

```
print("定位语句：克己自胜，非君子之大勇，不可能也。")
a=1/0   #错误示例：ZeroDivisionError: division by zero
print("定位语句：学莫大于知本末终始。")
```

本实例中，第 2 行代码的除法运算中，除 0 会自动触发 ZeroDivisionError 错误，从而导致程序退出，因此最后一行代码是不会被执行的。本实例的输出结果如下：

```
定位语句：克己自胜，非君子之大勇，不可能也。
---------------------------------------------------------------------------
ZeroDivisionError                         Traceback (most recent call last)
Cell In[22], line 3
      1 #【实例】异常实例
      2 print("定位语句：克己自胜，非君子之大勇，不可能也。")
----> 3 a=1/0   #错误示例：ZeroDivisionError: division by zero
      4 print("定位语句：学莫大于知本末终始。")
ZeroDivisionError: division by zero
```

触发的异常被捕获，运行中的程序就从正常的代码中跳出来。可见，异常是可以改变程序控制流程的一种事件。我们可以在程序中设计处理这些异常的方法，或给出错误报告，甚至可以结束整个程序。当然异常处理并不一定意味着要终止程序，如果不是严重错误，则在异常处理后，程序可以从错误情况下恢复执行。

3.5.2　捕捉异常

为了捕捉异常，常常把可能会出现异常的代码置于 try 语句下，try 可以捕捉其语句块中发生的异常。Python 异常处理结构的一般形式如下：

```
try:
        语句块 1
except Exception:
        语句块 2
[else:
        语句块 3]
[finally:
        语句块 4]
```

异常处理结构的执行流程如下：首先执行语句块 1；若语句块 1 中出现了异常，则中断语句块 1 的执行而转去执行语句块 2；若语句块 1 中未出现异常且有 else 子句，则执行语句块 3。若有 finally 子句，则无论语句块 1 中有没有错误，finally 子句中的语句块 4 都会被执行。

【实例 3-25】异常处理。

```
print("定位语句：相形不如论心，论心不如择术。")
try:
    print("定位语句：贵贤，仁也；贱不肖，亦仁也。")
    a=1/0      #错误示例
    print("定位语句：不诱于誉，不恐于诽")
except Exception as e:
    print("Exception:", e)
else:
    print("定位语句：君子贤而能容罢，博而能容浅。")
finally:
    print("定位语句：君子养心莫善于诚。")
print("定位语句：非我而当者，吾师也。")
```

本实例因为第 4 行出现除 0 错误而导致程序崩溃。为了防止程序崩溃，本实例采用异常处理结构来处理该错误。本实例的输出结果如下：

```
定位语句：相形不如论心，论心不如择术。
定位语句：贵贤，仁也；贱不肖，亦仁也。
Exception: division by zero
定位语句：君子养心莫善于诚。
定位语句：非我而当者，吾师也。
```

【思考】如果将 a=1/0 修改为 a=1，本实例的输出结果如何变化？

3.6　综合案例：依法纳税，利国利民

3.6.1　案例概述

依法纳税是全面建设小康社会的重要保障。税收是国家组织财政收入的基本形式，是

重要的经济调节手段之一。国家以税收为手段，通过纳税人、征税对象、税率的确定和具体的税收征管，可以促进生产发展、科技进步和社会稳定，实现国民经济持续快速协调健康发展。社会主义税收"取之于民，用之于民"，与人民的生活息息相关，税收工作的成效可直接关系着小康社会的实现进程。

《中华人民共和国个人所得税法》（简称《个人所得税法》）第三条将个人所得税的税率按三类分别进行了规范：（一）综合所得，适用百分之三至百分之四十五的超额累进税率；（二）经营所得，适用百分之五至百分之三十五的超额累进税率；（三）利息、股息、红利所得，财产租赁所得，财产转让所得和偶然所得，适用比例税率，税率为百分之二十。

本案例将以综合所得这一类别个人所得税为例，对本章所学知识进行综合运用。

3.6.2 案例详解

1．个人所得税计算规则分析

依据《个人所得税法》第三条，适用于综合所得的个人所得税税率表如表 3-1 所示。

表 3-1　个人所得税税率表（综合所得适用）

级数	全年应纳税所得额/元	税率/（%）	速算扣除数/元
1	不超过 36000 元	3	0
2	超过 36000 元至 144000 元的部分	10	2520
3	超过 144000 元至 300000 元的部分	20	16920
4	超过 300000 元至 420000 元的部分	25	31920
5	超过 420000 元至 660000 元的部分	30	52920
6	超过 660000 元至 960000 元的部分	35	85920
7	超过 960000 元的部分	45	181920

依照《个人所得税法》第六条，全年应纳税所得额是指居民个人取得综合所得以每一纳税年度收入额减除个税免征额以及专项扣除、专项附加扣除和依法确定的其他扣除后的余额。根据上述法律条款信息以及其他补充信息，我们可以总结出一般场景下的个人所得税计算规则为

个人所得税税额=全年应纳税所得额×适用税率−速算扣除数

全年应纳税所得额=本年度收入总额−专项扣除−专项附加扣除−个税免征额

2．专项扣除总额

专项扣除包括居民个人按照国家规定的范围和标准缴纳的基本养老保险、基本医疗保险、失业保险等社会保险费和住房公积金等，可以表示为

专项扣除=基本养老保险+基本医疗保险+失业保险+工伤保险+生育保险+住房公积金

具体计算代码如下：

```
pension_insurance=float(input('请输入基本养老保险金额：'))
medical_insurance=float(input('请输入基本医疗保险金额：'))
unemployment_insurance=float(input('请输入失业保险金额：'))
injury_insurance=float(input('请输入工伤保险金额：'))
maternity_insurance=float(input('请输入生育保险金额：'))
```

```
housing_provident_fund=float(input('请输入住房公积金金额: '))
special_deductions=pension_insurance+ medical_insurance + unemployment_insurance \
            + injury_insurance + maternity_insurance + housing_provident_fund
print("---\n 专项扣除明细: ")
print("基本养老保险: \t", pension_insurance)
print("基本医疗保险: \t", medical_insurance)
print("失业保险: \t", unemployment_insurance)
print("工伤保险: \t", injury_insurance)
print("生育保险: \t", maternity_insurance)
print("住房公积金: \t", housing_provident_fund)
print("---\n 专项扣除总额: ", special_deductions)
```

本段代码的输出结果如下:

```
请输入基本养老保险金额: 20000
请输入基本医疗保险金额: 4000
请输入失业保险金额: 1000
请输入工伤保险金额: 1000
请输入生育保险金额: 1000
请输入住房公积金金额: 30000
---
专项扣除明细:
基本养老保险:    20000.0
基本医疗保险:    4000.0
失业保险:    1000.0
工伤保险:    1000.0
生育保险:    1000.0
住房公积金:    30000.0
---
专项扣除总额:    57000.0
```

3.专项附加扣除

专项附加扣除包括子女教育、继续教育、大病医疗、住房贷款利息或者住房租金、赡养老人等支出,具体范围、标准和实施步骤由国务院确定,并报全国人民代表大会常务委员会备案。专项附加扣除总额的计算公式为

专项附加扣除=子女教育+继续教育+大病医疗+住房贷款利息或者住房租金+

赡养老人+个人养老金缴存

专项附加扣除的计算规则较为复杂,下面是简化的计算代码:

```
tmp=input('赡养老人([Y]/n): ') or "Y"
supporting_elder=24000 if tmp.upper()=="Y" else 0
tmp=input('3 岁以下婴幼儿照护([Y]/n): ') or "Y"
childrens_education = 12000 if tmp.upper()=="Y" else 0
tmp=input('子女教育([Y]/n): ') or "Y"
childrens_education = 12000 if tmp.upper()=="Y" else 0
tmp=input('继续教育([Y]/n): ') or "Y"
further_education = 3600 if tmp.upper()=="Y" else 0
tmp=input('住房贷款([Y]/n): ') or "Y"
housing_loan_rent = 12000 if tmp.upper() == "Y" else 0
tmp=input('住房租金([Y]/n): ') or "Y"
housing_loan_rent=18000 if tmp.upper()=="Y" else 0
tmp=float(input('请输入个人养老金缴存金额: ') or 0)
personal_pension_payment=12000 if tmp >12000 else tmp
tmp=float(input('请输入大病医疗金额: ') or 0)
```

```
tmp=0 if tmp<15000 else tmp-15000
serious_illness=80000 if tmp > 80000 else tmp
special_additional_deduction=supporting_elder+childrens_education+further_education \
                + housing_loan_rent+housing_loan_rent+serious_illness
print("---\n专项附加扣除明细: ")
print("赡养老人: \t\t\t", supporting_elder)
print("婴幼儿照护 或 子女教育: \t", childrens_education)
print("继续教育: \t\t\t", further_education)
print("住房贷款利息 或 住房租金: \t", housing_loan_rent)
print("个人养老金抵扣: \t\t", personal_pension_payment)
print("大病医疗抵扣: \t\t\t", serious_illness)
print("---\n专项附加扣除总额: ", special_additional_deduction)
```

本实例中，第 1、2 行代码计算赡养年满 60 岁的父母的抵扣额度，这里假定为独生子女，抵扣额度为 24000 元。第 3～6 行代码计算婴幼儿照护或者子女教育，这里假定为 1 孩家庭，因此只能享受一类抵扣，抵扣额度为 12000 元。第 7～8 行代码计算继续教育，这里假定为非学历教育。第 9～12 行代码计算住房贷款利息或者住房租金抵扣，这是二选一项目。第 13～14 行代码计算个人养老金抵扣。该政策目前处于试点阶段，最高抵扣额度为 12000 元。第 15～17 行代码计算大病医疗抵扣。在一个纳税年度内，纳税人本人或其配偶、未成年子女发生的与基本医保相关的医药费用支出，扣除医保报销后个人负担（指医保目录范围内的自付部分）累计超过 15000 元的部分，由纳税人在办理年度汇算清缴时，在 80000 元限额内据实扣除。第 18 行代码计算专项附加扣除总额。第 19～26 行代码输出计算专项附加扣除明细及总额。本段代码的输出结果如下：

```
赡养老人（[Y]/n）:
3 岁以下婴幼儿照护（[Y]/n）: n
子女教育（[Y]/n）:
继续教育（[Y]/n）:
住房贷款（[Y]/n）:
住房租金（[Y]/n）: n
请输入个人养老金缴存金额: 12000
请输入大病医疗金额: 10000
---
专项附加扣除明细:
赡养老人:                   24000
婴幼儿照护 或 子女教育:        12000
继续教育:                   3600
住房贷款利息 或 住房租金:       0
个人养老金抵扣:              12000.0
大病医疗抵扣:                0
---
专项附加扣除总额:  39600
```

4．个人所得税税额

个人所得税税额计算公式在前文中已经给出，这里的重点是根据表 3-1 选择合适的税率，具体计算代码如下：

```
tmp=float(input('本年度收入总额: '))
income_amount=0 if tmp < 0 else tmp
tax_exemption=60000
taxable_income_amount=income_amount - special_deductions \
                - special_additional_deduction - tax_exemption
```

```
if taxable_income_amount <=0:
    tax_rate, quick_calculation_deduction=0, 0
elif taxable_income_amount <=36000:
    tax_rate, quick_calculation_deduction=3, 0
elif taxable_income_amount <=144000:
    tax_rate, quick_calculation_deduction=10, 2520
elif taxable_income_amount <= 30000:
    tax_rate, quick_calculation_deduction = 20, 16920
elif taxable_income_amount <=420000:
    tax_rate, quick_calculation_deduction=25, 31920
elif taxable_income_amount <= 660000:
    tax_rate, quick_calculation_deduction=30, 52920
elif taxable_income_amount <=960000:
    tax_rate, quick_calculation_deduction=35, 85920
else:
    tax_rate, quick_calculation_deduction = 45, 181920
tax_amount=taxable_income_amount * tax_rate / 100 - quick_calculation_deduction
print("个人所得税税额{}元".format(tax_amount))
```

本实例中，第1、2行代码输入年度收入总额。第3行代码设定个人所得税起征点，目前标准是每月5000元。第4行代码计算全年应纳税所得额。接下来的多分支选择结构用于根据全年应纳税所得额和个人所得税税率表，计算税率和速算扣除数。最后两行计算并显示个人所得税税额。本段代码的输出结果如下：

```
本年度收入总额：250000
个人所得税税额6820.0元
```

3.7 综合案例：《孙子算经》与中国剩余定理

3.7.1 案例概述

孙子定理是中国古代求解一次同余式组的方法，又称为中国剩余定理、中国余数定理。最早见于中国南北朝时期的《孙子算经》。孙子定理是中国古代数学史上最值得骄傲的结论，它是数论四大核心定理之一，也是密码学的基础理论之一。

《孙子算经》卷下第二十六题给出了"物不知数"问题。

有物不知其数，三三数之剩二，五五数之剩三，七七数之剩二。问物几何？

即一个整数除以三余二，除以五余三，除以七余二，求这个整数。这是一个典型的同余问题。宋代数学家秦九韶在《数书九章》中研究了更一般化的同余方程组的解法。依据现代数学语言，一元线性同余方程组可以描述为

$$\begin{cases} x = 2 \ (\text{mod } 3) \\ x = 3 \ (\text{mod } 5) \\ x = 2 \ (\text{mod } 7) \end{cases}$$

本案例中，我们结合本章知识，分析物不知数问题的求解方法。

3.7.2 简单问题解法

各级公务员行测试题中常常出现同余问题。这类问题通常比较简单，并且有一定规律可循。一般可以采用如下口诀："余同取余，和同加和，差同减差。"

① 余同取余（余数相同）：整数 N = 除数公倍数+余数。

② 和同加和（除数与余数之和相同）：整数 M = 除数公倍数+除数与余数之和。

③ 差同减差（除数与余数之差相同）：整数 N = 除数公倍数−除数与余数之差。

【实例3-26】两位数的自然数 X 满足：除以 6 余 3，除以 5 余 3，则符合条件的 X 有几个？

分析：实例 3-26 中，余数都是 3，满足"余同取余"条件。因此从 X 中减去余数 3，得到的数应该是 6、5 的公倍数，即 $X-3=30n$，也就是说 $X=30n+3$，其中 n 为正整数。由于 X 是两位数，因此 n 最小值为 1，最大值为 3，满足条件的 X 共有 3 个。

【实例3-27】车间生产了不足 150 个零件，如果每盒装入 9 个零件，则还剩 4 个零件；如果每盒装入 11 个零件，则还剩 2 个零件，问这批零件一共有多少个？

分析：实例 3-27 中，9+4=11+2=13，满足"和同加和"条件。因此零件总数 X 减去 13 个，则刚好被 9 和 11 整除，即 $X-13=99n$，也就是 $X=99n+13$。由于 X 不足 150，因此只有 112 个。

【实例3-28】一个盒子里有乒乓球 100 多个，如果每次取 5 个出来，则最后剩下 4 个；如果每次取 4 个出来，则最后剩下 3 个；如果每次取 3 个出来，则最后剩下 2 个，那么如果每次取 12 个出来，最后还剩下多少个？

分析：实例 3-28 中，5−4=4−3=3−2=1，满足"差同减差"条件。而只要加 1 个到 X 里面，无论取 5 个，还是 4 个、3 个都刚好合适，即 X 是这 3 个数的公倍数（$60n$）。也就是说 $X=60n-1$。实例 3-28 的最后答案是 11，读者可以自行分析原因。

如果用 Python 实现，我们可以写成如下代码：

```
m0,a0=input("输入第1个条件（格式：模数 余数）").split()
m1,a1=input("输入第2个条件（格式：模数 余数）").split()
m1=int(m1); m0=int(m0); a1=int(a1); a0=int(a0)
if a1==a0:
    print("余同取余: ", m1*m0+a1)
elif a1+m1==a0+m0:
    print("和同加和: ", m1*m0+a1+m1)
elif a1-m1==a0-m0:
    print("差同减差: ", m1*m0+a1-m1)
else:
    print("其他情况")
```

本实例中，第 1、2 行代码用于获取数据，split() 用于将多个输入数据用空格分割开来。第 3 行代码用于将接收到的字符串类型数据转换成整型数据。第 4~11 行是前面 3 个例题分析结果的 Python 代码表达形式。本实例的输出结果如下：

```
输入第1个条件（格式：模数 余数）6 3
输入第2个条件（格式：模数 余数）5 3
余同取余:  33
```

上述代码只给出了一个满足条件的结果。为了查看和处理更多结果，我们引入列表。列表是一种序列类型，可以存放多个相关的数据。更多关于列表的信息我们将在第 4 章介绍。

```
m=[int(c) for c in input("输入模数（格式：模数1 模数2）").split()]
a=[int(c) for c in input("输入余数（格式：余数1 余数2）").split()]
if a[1]==a[0]:
    print("余同取余: ", [m[1]*m[0]*n+a[1] for n in range(10)])
elif a[1]+m[1]==a[0]+m[0]:
```

```
    print("和同加和: ", [m[1]*m[0]*n+a[1]+m[1] for n in range(10)])
elif a[1]-m[1]==a[0]-m[0]:
    print("差同减差: ", [m[1]*m[0]*n+a[1]-m[1] for n in range(10)])
else:
    print("其他情况")
```

本实例中，第 1、2 行代码用于将模数和余数存储到 m 和 a 两个列表对象中，注意输入顺序与上一段代码不同。列表的下标从 0 开始，因此我们可以使用 m[0]、m[1] 分别访问 m 中的第 1 个元素和第 2 个元素。int(n) 用于将接收到的 *n* 转换成整数。for-in 语句用于遍历序列类型对象中的多个数据。我们尽可能保持两段代码的一致性，以方便读者分析理解。如果读者对此实在难以理解，则可以等到学完第 4 章内容，再重新回顾本段内容。本段代码的输出结果如下：

```
输入模数（格式：模数 1 模数 2）5 4
输入余数（格式：余数 1 余数 2）4 3
差同减差:  [-1, 19, 39, 59, 79, 99, 119, 139, 159, 179]
```

3.7.3 枚举法

对于更复杂问题，我们用上面代码无法解决，此时可以考虑用枚举法求解。

【实例 3-29】韩信带 1500 名士兵打仗，战死四五百人，剩余士兵站 3 人一排，多出 2 人；站 5 人一排，多出 3 人；站 7 人一排，多出 2 人，问还有士兵多少人？

```
m=[3,5,7]
a=[2,3,2]
n=1
x=0
while x<1500:
    x=n*m[0]+a[0]
    k=0
    for i in range(1,len(m)):
        if x%m[i]==a[i]:
            k+=1
    if k==len(m)-1:
        print(x,end=" ")
    n+=1
```

本实例中，第 1、2 行代码分别用列表 m 和 a 存储模数和余数。第 5 行开始的 while 循环中，以第 1 个条件的模数和余数为基础（下标为 0，见第 6 行代码），通过 *n* 的递增（最后一行代码）来让 *x* 随之增加。第 8 行开始的 for 循环用于遍历列表 m 和 a。第 9 行的 if 语句用于判断当前 *x* 能否满足第 *i* 组模数和余数对应的条件。第 11 行代码表示，只有当 *x* 满足所有组模数和余数对应的条件时，才输出该 *x*。本段代码的输出结果如下：

```
23 128 233 338 443 548 653 758 863 968 1073 1178 1283 1388 1493
```

【知识扩展】孙子定理给出了前述同余方程组的通用算法，深刻理解该算法并编程实现需要一定的数论基础，有兴趣的读者可以自行查找资料。

本章小结

本章介绍了 Python 的程序控制结构知识，包括分支结构、循环结构等基础性知识以及复合语句嵌套、程序异常处理等高阶知识。读者学习完本章后，可以理解结构更为复杂的

Python 程序, 并能编写包含分支和循环结构的程序。

习题 3

1. 如下程序段中, print("zp")的执行次数是 (　　　)。

```
for i in range(1,4):
    for j in range(3):
        print("zp")
```

2. 能表达 "求能被 3 整除的数" 含义的关键 Python 语句为 (　　　)。

3. 已知代码 "a=14;b=7;print(_____)" 的输出结果为 0, 则空白处为 (　　　)。

A. a-b　　　　　　 B. a+b　　　　　　　 C. a/b　　　　　　　 D. a%b

4. 解释 Python 中的条件语句及其用法, 举例说明如何使用条件语句。

5. 解释 Python 中的循环语句及其用法, 举例说明如何使用循环语句。

6. 解释 Python 语言中异常处理的机制, 以及如何使用 try-except 语句进行异常处理。

实训 3

1. 编写一个 Python 程序, 根据用户输入的数字输出对应的儒家经典名句。当数字为 1 时, 输出"学而时习之, 不亦说乎。"；当数字为 2 时, 输出"有朋自远方来, 不亦乐乎。"；当数字为 3 时, 输出"己所不欲, 勿施于人。"；其他情况输出"无对应名句"。

2. 编写一个 Python 程序, 根据用户输入的成绩输出成绩等级。已知成绩大于或等于 90 分为 A, 80～89 分为 B, 70～79 分为 C, 60～69 分为 D, 小于 60 分为 E。

3. 编写 Python 程序, 输出从 1～10 的所有正整数的平方, 但不输出 3 的倍数的平方。

4. 编写 Python 程序, 分别检测下面 3 种情况是否能够成功触发异常, 并输出提示信息。(1) 将字符串转换为整数；(2) 访问列表中超出索引范围的元素；(3) 除数为 0。

5. 编写一个 Python 程序, 输入一个正整数 n, 判断它是否为素数。(提示：只需判断 2～sqrt(n)是否存在除 1 和自身外的因子)

6. 编写一个 Python 程序, 输入一个正整数 n, 输出 n 的所有因子。

7. 编写一个 Python 程序, 生成斐波那契数列的前 n 项并输出。已知斐波那契数列中的后一个数等于前面两个数的和, 即 1, 1, 2, 3, 5, 8, 13, 21, 34, 55, 89, 144 等。

8. 编写一个 Python 程序, 输入一个字符串, 判断它是否为回文串 (回文串是指正向和反向拼写都一样的字符串)。

9. 编写一个 Python 程序, 输入一个整数 n, 输出 n 的阶乘。

10. 输入一个 4 位数正整数 a, 将 4 个数的位置按照如下方式调整后得到一个新的 4 位数 b：个位和千位上的数字交换位置, 十位和百位上的数字交换位置。

11. 按照年、月和日分别输入的方式, 输入一个日期, 计算该日期是这一年的第几天。

12. 随机生成两个 100～1000 之间的整数, 分别用 while 语句和 for 语句编写程序, 计算两个随机整数之间的所有整数的和 (包括这两个整数在内)。

13. 利用 Python 的 if/else 表达式编写一个程序, 根据用户输入的数字 n, 判断其范围是否在 1～100 之间, 并输出结果。

14. 编写一个 Python 的多分支 if 结构程序，根据用户输入的月份，输出对应季节。已知 3～5 月为春季，6～8 月为夏季，9～11 月为秋季，12～2 月为冬季。

15. 编写一个 Python 程序，输出 1～100 之间的所有素数。

16. 基于 match-case 语句编写一个 Python 程序，要求能根据用户输入的字母输出对应的数字。已知输入分别为 A、B、C、D、E，相应输出分别为 1、2、3、4、5。

17. 编写一个 Python 程序，输入两个整数，分别作为除数和被除数，计算商并输出结果。如果除数为 0，捕捉异常并输出提示信息。

第 2 部分　进阶篇

本篇从容器数据类型、函数与模块化编程基础、文件、NumPy 科学计算库 4 个方面展开介绍，以帮助读者加深对 Python 的理解。通过本篇的学习，读者可以掌握 Python 容器数据类型的使用、函数与模块化编程的实现、文件的操作和使用、Numpy 科学计算库的使用等进阶知识，并且能够编写一些较为复杂的 Python 程序。

第4章 容器数据类型

Python 提供了容器数据类型，用于容纳批量数据。容器数据类型又可分为序列类型、映射类型和集合类型。序列类型的元素都是有序排列的，主要包括字符串、列表和元组。映射类型的元素由键（key）和值（value）组成，称为"键值对"，其中键是唯一的。字典属于映射类型。集合类型中的元素无序且不允许重复，类似数学中的集合。

4.1 序列类型：列表、元组和字符串

4.1.1 序列类型概述

序列类型（sequence）包括列表（list）、元组（tuple）和字符串（str）。序列类型有一些通用的特点和操作。有序存储和按位置索引是序列类型的典型特点。序列类型中的元素是有序存放的，每个序列元素都有其位置编号。访问序列元素是通过其位置编号进行的。

1．列表

列表是一种可变（mutable）序列类型，也是一种容器数据类型。它由一系列元素（又称为数据项）组成，所有元素被包含在一对方括号（"[ ]"）中，元素之间以逗号分隔。列表中元素个数不限，元素数据类型既可以相同，也可以不同。列表的元素可以是数字、字符串、列表、元组、字典等常见数据类型。一个列表的元素可以由多种不同类型的对象构成。

列表的元素是有序存放的，从左到右，元素的位置编号是从 0 开始的整数。通过这个位置编号来访问列表元素，位置编号置于方括号中，形如：列表名[编号]。注意：也可以使用负数索引元素，最右（后）一个元素的编号是–1，以此类推。无论多复杂的结构，都是按照位置索引的。不包含任何元素的列表为空列表，表示为[]。每个列表元素都有索引和值两个属性，索引用于标识元素在列表中的位置，值指的是元素对应的值。

列表是一种可变对象类型，因此可以在原地修改列表。通过索引位置即可修改原来列表的一个或多个元素的值。为列表的索引位置赋值时，不会生成新的列表。列表的元素是可以任意增加的，向列表中添加元素的操作是 append()，通过 extend()方法可以增加列表长度。

2．元组

元组也是一种序列类型。它由一系列元素组成，所有元素被包含在一对圆括号（"( )"）中。与列表类似，元组中的元素数据类型可以相同，也可以不同。

元组是一种不可变序列类型。元组创建完成后，其中的元素值不能被修改。元组和列表类似，也是按照位置索引元素的，也有加、乘，索引、切片等操作，关键区别是元组不能原地修改内容，而列表是可以原地改变的。所以要注意：凡是原地改变序列内容的方法

都不适用于元组。

3．字符串

字符串也是一种不可变序列类型。细心的读者应该会记得，前面学习字符串相关知识时，许多对字符串进行修改的操作都不是原位修改，而是返回一个新的字符串，原有字符串的内容并没有变化。

前面章节已经介绍了字符串的相关内容，本节会将重点放在列表和元组。为了与列表和元组作对比，我们也会在部分例子中插入字符串相关内容。

4.1.2　创建列表和元组

1．列表

列表可以使用方括号"[ ]"进行创建，也可以使用list()函数来创建。列表创建的格式如下：

```
[元素1, 元素2, … ]
```

或者

```
list(可迭代对象)
```

此处的可迭代对象包括字符串、列表、元组等。例如，list（string）返回一个列表对象，字符串 string 的每个字符转换为列表的一个元素。

2．元组

元组可以使用圆括号"( )"进行创建，也可以使用tuple()函数来创建。元组创建的格式如下：

```
(元素1, 元素2, …)
```

或者

```
tuple(可迭代对象)
```

对比列表和元组，可以发现，两者的创建方式高度相似。

在没有歧义的情况下，元组也可以没有括号。所以如果元组中只有一个元素，即使不加括号也要有逗号，否则就无法和单个值区分了。

【实例4-1】使用"[ ]"创建列表。

```
list01=[ ]
list02=['厉志贞亮','悬梁刺股','饮冰食檗']
list03=[1, 48.8, '励志冰檗']
print(list01, list02, list03)
```

本实例第1行代码创建空列表。第2行代码所创建列表的元素数据类型相同。第3行代码所创建列表的元素数据类型不相同。本实例的输出结果如下：

```
[] ['厉志贞亮', '悬梁刺股', '饮冰食檗'] [1, 48.8, '励志冰檗']
```

【实例4-2】使用"( )"创建元组。

```
tuple01=( )
tuple02=('然糠照薪','薪尽火传','传道受业')
tuple03=(1, 38.8, '韦编三绝')
print(tuple01, tuple02, tuple03)
```

本实例第1行代码创建空元组。第2行代码所创建元组的元素数据类型相同。第3行代码所创建元组的元素数据类型不相同。本实例的输出结果如下：

```
() ('然糠照薪', '薪尽火传', '传道受业') (1, 38.8, '韦编三绝')
```

【实例4-3】使用 list()创建列表。

```
list01=list()
list02=list('始虽垂翅回溪，终能奋翼黾池。')
tuple01=("收之桑榆","焉知非福")
list03=list(tuple01)
list04=list(range(5))
print(list01, list02, list03, list04)
```

本实例第 1 行代码创建空列表。第 2 行代码基于字符串常量创建列表。第 3 行代码所创建元组将用于第 4 行代码中的列表创建。第 5 行代码基于可迭代对象创建列表。本实例的输出结果如下：

```
[] ['始', '虽', '垂', '翅', '回', '溪', '，', '终', '能', '奋', '翼', '黾', '池',
'。'] ['收之桑榆', '焉知非福'] [0, 1, 2, 3, 4]
```

【实例4-4】使用 tuple()函数创建元组。

```
tuple01=tuple()
tuple02=tuple('牛角挂书')
list01=["否极泰来","物极必反"]
tuple03=tuple(list01)
tuple04=tuple(range(5))
print(tuple01, tuple02, tuple03, tuple04)
```

本实例第 1 行代码创建空元组。第 2 行代码基于字符串常量创建元组。第 3 行代码所创建列表将用于第 4 行代码中的元组创建。第 5 行代码基于可迭代对象创建元组。本实例的输出结果如下：

```
() ('牛', '角', '挂', '书') ('否极泰来', '物极必反') (0, 1, 2, 3, 4)
```

【实例4-5】在没有歧义的情况下，元组也可以没有括号。

```
tuple01=2,3,4,5
tuple02=2,
int01=2
print(tuple01, type(tuple01))
print(tuple02, type(tuple02))
print(int01, type(int01))
```

本实例第 1 行代码创建元组时没有使用圆括号。第 2 行代码创建了只有一个元素的元组，注意第 2 行代码末尾的逗号不能省略。第 3 行代码创建了一个整型变量，注意第 3 行代码末尾没有逗号。第 4~6 行代码分别用来输出前面 3 行创建的变量及其数据类型。本实例的输出结果如下：

```
(2, 3, 4, 5) <class 'tuple'>
(2,) <class 'tuple'>
2 <class 'int'>
```

4.1.3 序列通用操作

序列类型包括列表、元组和字符串。由于都是序列类型，因此这 3 种类型对象的许多操作方式都是一致的。下面介绍序列的一些通用操作，并分别在这 3 种类型对象上进行演示。需要注意的是，由于元组和字符串都是不可变数据类型，不支持原位更改，部分序列通用操作在元组和字符串上使用时会存在一定的限制，敬请读者留意正文和实例中的说明。

1．索引

索引是访问序列类型的主要方式，即通过位置编号引用序列中的元素。索引一般为整数，放在方括号中，其格式如下：

```
seq[index]
```

⚠️ 注意：Python 中不允许引用序列中不存在的元素，否则将引发错误 IndexError。另外，列表是可变类型，因此可以通过为指定位置的元素赋值来修改列表。但是由于序列类型中还包括一些不可变（immutable）的对象类型，如字符串和元组，而字符串和元组是不允许原地修改的，因此只能通过索引读取序列中的元素。

在 Python 中，序列类型的元素索引分为正索引和负索引两种情况，如图 4-1 所示，其中正索引的下标是从 0 开始的。

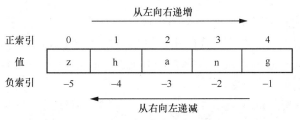

图 4-1　元素的正索引和负索引

【实例 4-6】不同序列类型对象的元素读取。

```
str01="绳解木断；水滴石穿"
tuple01=tuple(str01)
list01=list(str01)
print(str01)
print(tuple01)
print(list01)
print(str01[0], tuple01[0], list01[0])
print(str01[len(str01)-1], tuple01[len(str01)-1], list01[len(str01)-1])
print(str01[-1], tuple01[-1], list01[-1])
#print(str01[len(str01)])        #错误示例：越界访问
#print(tuple01[len(str01)])      #错误示例：越界访问
#print(list01[len(str01)])       #错误示例：越界访问
```

本实例第 1 行代码创建了一个字符串变量。第 2 行和第 3 行代码分别基于该字符串对象创建了元组和列表变量。第 4～6 行代码分别用来输出前面 3 行创建的变量。第 7 行代码分别访问这 3 个变量的第 1 个元素，注意：序列的下标从 0 开始。第 8 行代码分别访问这 3 个变量的最后一个元素。第 9 行代码使用了逆序的方法来访问这 3 个变量的最后一个元素。本实例的输出结果如下：

```
绳解木断；水滴石穿
('绳', '解', '木', '断', '；', '水', '滴', '石', '穿')
['绳', '解', '木', '断', '；', '水', '滴', '石', '穿']
绳　绳　绳
穿　穿　穿
穿　穿　穿
```

本实例最后 3 行被注释掉的代码都用来演示越界访问的错误。输出的错误信息分别如下所示：

```
IndexError: string index out of range
IndexError: tuple index out of range
IndexError: list index out of range
```

字符串和元组都是不可变序列类型，不能对其元素进行原位修改，否则报错。而列表属于可变序列类型，可以对其元素进行原位修改。

【实例4-7】修改不同序列类型对象的元素。

```
str01="能说惯道"
tuple01=tuple(str01)
list01=list(str01)
print(str01, tuple01, list01)
#str01[-2]='会'        #错误示例: 不可变序列类型
#tuple01[-2]='会'      #错误示例: 不可变序列类型
list01[-2]='会'
print(list01)
```

本实例第1行代码创建了一个字符串变量。第2行和第3行代码分别基于该字符串对象创建了元组和列表变量。第4行代码用来输出前面3行创建的变量。第5、6两行被注释掉的代码都是用来演示修改错误的。字符串和元组都是不可变序列类型，修改时会报错。输出的错误信息分别如下所示：

```
TypeError: 'str' object does not support item assignment
TypeError: 'tuple' object does not support item assignment
```

第7行代码修改列表元素成功，这是因为列表是可变序列类型。第8行代码输出修改后的结果。本实例的输出结果如下：

```
能说惯道 ('能', '说', '惯', '道') ['能', '说', '惯', '道']
['能', '说', '会', '道']
```

2. 切片

序列的切片操作是从序列中获部分元素的操作。序列切片操作的基本格式如下：

```
seq[start:end:step]
```

序列切片操作将得到从 start 到 end−1 之间间隔为 step 的元素。start 表示序列切片的开始索引位置，可以省略，默认为 0。end 表示序列切片的终止索引位置（不包括），可以省略，默认为序列长度。step 表示截取数据的步长，可以为正数，也可以为负数。正数表示从左向右截取，负数表示从右向左截取。步长可以省略但不能为 0，默认为 1。当 step 为负数时，表示逆序切片，此时要求切片的开始位置大于结束位置。start 和 end 都可以省略，此时将使用默认的开始和结束位置。seq[::-1]将得到 seq 的逆序序列。

【实例4-8】使用 seq[start:end:step]格式进行序列分片。

```
str01="惠施多方,其书五车"
tuple01=tuple(str01)
list01=list(str01)
print(str01[1:6:2], tuple01[1:6:2], list01[1:6:2])
print(str01[7:2:-2], tuple01[7:2:-2], list01[7:2:-2])
print(str01[::-1], tuple01[::-1], list01[::-1])
```

本实例第1行代码创建了一个字符串变量。第2行和第3行代码分别基于该字符串对象创建了元组和列表变量。第4行代码进行正序切片操作，步长为2。第5行代码进行逆序切片操作，步长为2。第6行代码对各个序列类型全体进行逆序切片操作。本实例的输出结果如下：

```
施方其 ('施', '方', '其') ['施', '方', '其']
五其方 ('五', '其', '方') ['五', '其', '方']
车五书其,方多施惠 ('车', '五', '书', '其', ',', '方', '多', '施', '惠') ['车',
'五', '书', '其', ',', '方', '多', '施', '惠']
```

序列切片操作 seq[start : end : step]中，step 可以省略，此时序列切片可简化为如下格式：

```
seq[start:end]
```

使用切片格式 seq[start:end]，将返回序列索引 start 到 end −1（含）之间的元素。注意：切片结果中不包括索引位置为 end 的元素。切片格式 seq[start:end]中，位置增量步长默认为 1。一般从左到右的切片要求索引 start < end，但并不要求索引 start 和 end 一定为正值。索引为负值意味着采用负索引模式。start 或 end 的值也可以缺省。如果缺省起始位置的值为 start，表示从序列的第 1 个元素开始，也即从索引位置 0 开始；如果缺省结束位置的值为 end，则表示一直延伸到序列的结尾，也就是索引位置为−1 的那个元素。很明显，seq[:] 就表示复制全部序列。

【实例 4-9】使用 seq[start:end]格式进行序列切片。

```
str01="己所不欲，勿施于人"
tuple01=tuple(str01)
list01=list(str01)
print(str01[2:4], tuple01[2:4], list01[2:4])
print(str01[4:2], tuple01[4:2], list01[4:2])
print(str01[-7:-5], tuple01[-7:-5], list01[-7:-5])
print(str01[:-3], tuple01[:-3], list01[:-3])
print(str01[4:], tuple01[4:], list01[4:])
print(str01[:], tuple01[:], list01[:])
```

本实例第 1 行代码创建了一个字符串变量。第 2 行和第 3 行代码分别基于该字符串对象创建了元组和列表变量。第 4 行代码采用默认的步长 1 进行正序切片操作。第 5 行代码进行切片操作时，起始位置大于结束位置，返回空序列。第 6 行代码使用负索引进行切片操作。第 7 行代码进行切片操作时，开始位置缺省，将从索引位置 0 开始。第 8 行代码进行切片操作时，结束位置缺省，索引位置默认为−1。第 9 行代码进行切片操作时，开始位置和结束位置都缺省，此时将提取序列的全部元素。本实例的输出结果如下：

```
不欲 ('不', '欲') ['不', '欲']
 () []
不欲 ('不', '欲') ['不', '欲']
己所不欲，勿 ('己', '所', '不', '欲', '，', '勿') ['己', '所', '不', '欲', '，', '勿']
，勿施于人 ('，', '勿', '施', '于', '人') ['，', '勿', '施', '于', '人']
己所不欲，勿施于人 ('己', '所', '不', '欲', '，', '勿', '施', '于', '人') ['己', '所',
'不', '欲', '，', '勿', '施', '于', '人']
```

如果是对单个列表元素进行赋值，可以在赋值语句中使用索引，即 list[index]=value。如果同时给多个列表元素赋值，同样也可以使用强大的切片功能来完成。

【实例 4-10】使用序列切片对多个列表元素赋值。

```
str01="君子坦荡荡，小人长戚戚"
list01=list(str01)
print(list01)
list01[-1:]=list("大道之行也，天下为公")
print(list01)
```

本实例第 1 行代码创建了一个字符串变量。第 2 行代码基于该字符串对象创建了列表变量。第 4 行代码采用序列切片功能对列表元素赋值。第 3 行和第 5 行代码分别输出修改前和修改后的结果。我们可以发现，修改后的序列长度增加了。注意：原序列中的最后一个元素已经从新序列中消失了，这是因为进行切片操作时，起点位置是被包括在内的。本实例的输出结果如下：

```
['君', '子', '坦', '荡', '荡', '，', '小', '人', '长', '戚', '戚']
```

```
['君', '子', '坦', '荡', '荡', '，', '小', '人', '长', '戚', '大', '道', '之', '行',
'也', '，', '天', '下', '为', '公']
```

3．序列加

可以使用运算符"+"将两个序列合并在一起。通过序列加法操作合并序列，并不是在已有的一个序列中添加另一个序列，而是产生一个全新序列。因此序列加法操作得到的序列的 id 值，和参与序列加法操作的两个序列的 id 值，并不会相同。

【实例 4-11】序列加法。

```
str01="业精于勤，荒于嬉；"
str02="行成于思，毁于随。"
tuple01=tuple(str01)
tuple02=tuple(str02)
list01=list(str01);
list02=list(str02)
print(str01+str02)
print(tuple01+tuple02)
print(list01+list02)
print(id(str01+str02), id(str01), id(str02))
print(id(tuple01+tuple02), id(tuple01), id(tuple02))
print(id(list01+list02), id(list01), id(list02))
```

本实例第 1、2 行代码创建了两个字符串变量。第 3～6 行代码分别基于字符串对象创建了元组和列表变量。第 7～9 行代码分别输出了序列加法操作的输出结果。合并序列不是在已有的序列中添加序列，而是产生一个新序列，因此它们的 id 各不相同。第 10～12 行代码输出了这些序列的 id 值，以对此进行验证。注意：每次执行时，id 值通常都不会相同。本实例的输出结果如下：

```
业精于勤，荒于嬉；行成于思，毁于随。
('业', '精', '于', '勤', '，', '荒', '于', '嬉', '；', '行', '成', '于', '思', '，',
'毁', '于', '随', '。')
['业', '精', '于', '勤', '，', '荒', '于', '嬉', '；', '行', '成', '于', '思', '，',
'毁', '于', '随', '。']
1254400841184 1254400649712 1254400650480
1254400594560 1253366233984 1254400671920
1254399175168 1254413507584 1254413506304
```

4．序列乘

序列乘法也用于扩充序列，是填充具有重复内容的序列的一种十分高效的方法。序列通过乘以一个整数 n 就可以得到重复 n 次的一个序列。因此，序列乘法经常用于序列的初始化，给元素一个统一的初值。

【实例 4-12】序列乘法。

```
str01="哈"
tuple01=tuple(str01)
list01=list(str01);
print(str01 * 4)
print(tuple01 * 4)
print(list01 * 4)
```

本实例第 1～3 行代码分别创建了字符串、元组和列表变量，它们都只有一个元素。第 4～6 行代码分别对它们进行了序列乘法操作。本实例的输出结果如下：

```
哈哈哈哈
```

```
('哈', '哈', '哈', '哈')
['哈', '哈', '哈', '哈']
```

5．成员检测

成员检测用于检查一个元素是否属于一个序列。通常用 in 运算符检测成员资格。其实，in 不仅用于序列成员（如列表、元组和字符串）的元素检测，还可以用于字典对象键的检测。如果该元素属于序列元素，成员资格检查就返回 True，否则返回 False。

【实例 4-13】序列成员检测。

```
str01="不以物喜，不以己悲。"
tuple01=tuple(str01)
list01=list(str01)
print('喜' in str01)
print('不' in tuple01)
print('悲' not in list01)
```

本实例第 1～3 行代码分别创建了字符串、元组和列表变量。第 4～6 行代码分别进行了序列成员检测操作。本实例的输出结果如下：

```
True
True
False
```

6．内置函数

许多内置函数可以用于序列操作。常用的有求序列长度的（即序列中元素的个数）len() 函数、求序列中最大值的 max() 函数、求序列中最小值的 min() 函数、返回序列编号和元素的 enumerate() 函数等。调用这些内置的函数时，把传入的序列参数置于圆括号中即可。

【实例 4-14】内置函数实例 1。

```
str01="zhang"
tuple01=tuple(str01)
list01=list(str01)
print(max(str01),min(tuple01),len(list01))
for i,e in enumerate(tuple01):
    print(i,e)
```

本实例第 1～3 行代码分别创建了字符串、元组和列表变量。第 4 行代码用于演示内置函数 max()、min() 和 len() 作用于不同序列类型数据上的效果。第 5 行代码用于演示对序列类型变量中的各个元素进行遍历操作，其中 i 为索引，e 为元素值。为节省篇幅，我们将不同内置函数用于不同的序列类型，但这并不意味着某一内置函数只能用于例子中所示的序列类型，读者可以尝试交换使用。本实例的输出结果如下：

```
z a 5
0 z
1 h
2 a
3 n
4 g
```

【实例 4-15】内置函数实例 2。

```
str01="ping"
srt02="zhang"
tuple01=tuple(str01)
list01=list(str01)
print(sorted(str01), all(list01), any(str01))
print(reversed(tuple01), tuple(reversed(tuple01)))
print(zip(srt02,tuple01), list(zip(srt02,tuple01)))
```

本实例第 1~4 行代码分别创建了字符串、元组和列表变量。第 5~7 行代码分别用于演示内置函数 sorted()、all()、any()、reversed() 和 zip() 作用于不同序列类型数据上的效果。函数 sorted() 用于排序；函数 all()、any() 进行运算时，非 0 元素对应的布尔值为 True，0 对应的布尔值为 False；函数 reversed() 对可迭代对象进行反转操作，得到的是一个反转的迭代器对象；函数 zip() 以两个序列类型为基础，构建一个新的迭代器对象。为节省篇幅，我们将不同内置函数用于不同的序列类型，读者可以尝试交换使用。第 6、7 两行代码分别进行了两组操作，第 1 组操作产生的都是迭代器对象，第 2 组操作使这些迭代器的内容变得可观察。本实例的输出结果如下：

```
['g', 'i', 'n', 'p'] True True
<reversed object at 0x00000124104CDE20> ('g', 'n', 'i', 'p')
<zip object at 0x00000124100B04C0> [('z', 'p'), ('h', 'i'), ('a', 'n'), ('n', 'g')]
```

7．删除序列类型

若要删除整个列表，可使用命令 del seqname。整个列表被删除后，该列表名将从命名空间中释放，再次引用该序列就会触发异常。

【实例 4-16】删除序列类型。

```
str01="驰志伊吾"
tuple01=tuple(str01)
list01=list(str01)
del list01
del tuple01
del str01
print(list01,tuple01,str01)    #错误示例：使用已经删除的序列类型会报错
```

本实例第 1~3 行代码分别创建了字符串、元组和列表变量。第 4~6 行代码用于删除这些变量所表示的序列类型。第 7 行代码引用了这些已经删除的序列类型，将会报错。本实例的输出结果如下：

```
NameError: name 'list01' is not defined
```

使用 del 还可以删除列表中指定位置的一个或多个元素。但是该操作仅限于列表，而不能用于元组和字符串。这是因为元组和字符串是不可变类型，而列表是可变类型。删除指定位置的 1 个元素可以使用如下格式：

```
del list[index]
```

如果需要删去多个列表元素，可以利用切片功能。

【实例 4-17】删除序列类型元素。

```
str01="事不目见耳闻，而臆断其有无，可乎？"
tuple01=tuple(str01)
list01=list(str01)
del list01[::2]
#del tuple1[::2]        #错误示例：元组不支持删除元素
#del str1[::2]          #错误示例：字符串不支持删除元素
print(list01)
```

本实例第 1~3 行代码分别创建了字符串、元组和列表变量。第 4~6 行代码分别删除了这些序列类型中指定位置的多个元素。删除序列类型元素仅限于列表，被注释掉的两行代码运行时会报错。本实例的输出结果如下：

```
['不', '见', '闻', '而', '断', '有', '，', '乎']
```

4.1.4 列表的常用方法

列表对象提供了许多常用的成员方法。下面列举列表的一些常用方法。

1．添加元素 append()

使用 append()函数可以向列表尾部添加一个元素，调用 append()时将新添加的元素作为参数传入。向列表添加元素是扩展列表长度的常用方法。

【实例 4-18】 在列表末尾添加元素。

```
list01=list("惟天下之静者")
print(list01,len(list01))
list01.append("乃能见微而知著")
print(list01,len(list01))
```

本实例第 1 行代码创建了列表变量。第 3 行代码使用 append()函数向列表尾部添加了一个元素。第 2、4 两行代码分别输出了添加元素前和添加元素后的列表内容和长度。读者请注意，"乃能见微而知著"被当作一个元素添加到了列表中，也就是最终的列表长度是 7 而不是 13。本实例的输出结果如下：

```
['惟', '天', '下', '之', '静', '者'] 6
['惟', '天', '下', '之', '静', '者', '乃能见微而知著'] 7
```

2．添加多个元素 extend()

使用 append()方法只能一次向列表中添加一个元素。如果需要在列表尾部添加多个元素，就需要用 extend()方法。

【实例 4-19】 在列表末尾添加多个元素。

```
list01=list("天下之治乱，不在一姓之兴亡")
print(list01,len(list01))
list01.extend("而在万民之忧乐")
print(list01,len(list01))
```

本实例第 1 行代码创建了列表变量。第 3 行代码使用 extend()向列表尾部添加了多个元素。第 2、4 两行代码分别输出了添加元素前和添加元素后的列表内容和长度。请注意与上一个实例的区别。本实例中，"而在万民之忧乐"被当作 7 个元素添加到了列表中，也就是最终的列表长度是 20 而不是 14。本实例的输出结果如下：

```
['天', '下', '之', '治', '乱', '，', '不', '在', '一', '姓', '之', '兴', '亡'] 13
['天', '下', '之', '治', '乱', '，', '不', '在', '一', '姓', '之', '兴', '亡', '而',
'在', '万', '民', '之', '忧', '乐'] 20
```

【思考】 extend()方法和序列加法运算有什么区别？

读者可以结合下面的实例进行思考：

```
list01=list('善欲人见')
list02=list("不是真善")
print(list01+list02)
print(list01,list02)
list03=list('恶恐人知')
list04=list("便是大恶")
print(list03.extend(list04))
print(list03,list04)
```

本实例的输出结果如下：

```
['善', '欲', '人', '见', '不', '是', '真', '善']
```

```
['善', '欲', '人', '见'] ['不', '是', '真', '善']
None
['恶', '恐', '人', '知', '便', '是', '大', '恶'] ['便', '是', '大', '恶']
```

3．插入对象 insert ()

和 append()、extend()一样，insert()也具有扩充列表的功能。使用 insert()可以向列表中指定位置插入对象，格式如下：

```
list.insert(位置编号，插入对象)
```

该函数将指定的插入对象插入指定位置编号之前。插入操作也是原地修改列表的操作，不生成新列表。位置编号–1 代表列表最后一个元素的位置，因此插入位置是–1，将在最后一个元素之前插入。

【实例 4-20】在列表指定位置添加元素。

```
list01=list("我亦无他，惟熟尔")
print(list01)
list01.insert(-2,"手")
print(list01)
```

本实例第 1 行代码创建了列表变量。第 3 行代码使用 insert()修改了列表指定位置的元素。第 2、4 两行代码分别输出了添加元素前和添加元素后的列表内容。本实例的输出结果如下：

```
['我', '亦', '无', '他', '，', '惟', '熟', '尔']
['我', '亦', '无', '他', '，', '惟', '手', '熟', '尔']
```

4．计数 count ()

使用 count()可以统计某个元素在指定列表中出现的次数。当需要统计元素在列表中重复的次数时可以使用这个方法。

【实例 4-21】统计列表中元素出现的次数。

```
list01=list("激湍之下，必有深潭；高丘之下，必有浚谷。")
print(list01.count("必"))
print(list01.count("必有"))
```

本实例的输出结果如下：

```
2
0
```

【思考】为什么"必有"出现的次数为 0？

5．检索元素 index ()

使用 index()可以在列表中检索第 1 个匹配项的位置，index()的参数就是要被检索的内容。如果该内容存在，就返回第 1 个匹配元素在列表中的位置；如果该内容不存在，就给出一个错误信息 ValueError。

【实例 4-22】检索元素。

```
list01=list("非天质之卑，则心不若余之专耳")
print(list01.index("心"))
#print(list01.index("智"))
```

本实例第 2 行代码的返回结果为 7。第 3 行被注释掉的代码检索了一个不存在的元素，此时将报错，错误提示信息如下：

```
ValueError: '智' is not in list
```

6. 弹出元素 pop()

使用 pop()函数可以执行将列表中一个元素删去的操作,和删除元素的 del()方法有异曲同工之效。但是 del()方法没有返回值,而 pop()是有返回值的,其返回值就是从列表弹出的元素。这是两者的不同之处。pop()方法的调用格式为:

```
listname.pop([元素位置编号 i])
```

pop()方法中位置编号 i 可以是缺省的。缺省时,listname.pop() 表示从列表末尾删除一个元素并返回该值。

【实例 4-23】弹出元素。

```
list01=list("激湍之下,必有深潭")
print(list01)
print(list01.pop(-2))
print(list01)
print(list01.pop())
print(list01)
```

本实例第 3 行代码弹出了指定位置的元素。第 5 行代码弹出了缺省位置的元素。输出结果如下:

```
['激', '湍', '之', '下', ',', '必', '有', '深', '潭']
深
['激', '湍', '之', '下', ',', '必', '有', '潭']
潭
['激', '湍', '之', '下', ',', '必', '有']
```

【思考】如何使用列表来模拟堆栈和队列?

堆栈和队列是计算机领域常见的两种有序数据类型。堆栈操作满足"先进后出,后进先出"的原则,而队列则满足"先进先出"原则。列表是一个有序数据类型,这与堆栈和队列有类似之处,因此列表可以用来模拟堆栈和队列。

【实例 4-24】模拟堆栈。

```
list01=list("天下之事")
print(list01)
#入栈
list01.append("但知其一")
print(list01)
list01.append("不知其二者多矣")
print(list01)
#出栈
print(list01.pop())
print(list01)
print(list01.pop())
print(list01)
```

本实例的输出结果如下:

```
['天', '下', '之', '事']
['天', '下', '之', '事', '但知其一']
['天', '下', '之', '事', '但知其一', '不知其二者多矣']
不知其二者多矣
['天', '下', '之', '事', '但知其一']
但知其一
['天', '下', '之', '事']
```

【实例 4-25】模拟队列。

```
list01=list("学则智，不学则愚")
print(list01)
#入队
list01.append("学则治")
print(list01)
list01.append("不学则乱")
print(list01)
#出队
print(list01.pop(0))
print(list01)
print(list01.pop(0))
print(list01)
```

本实例的输出结果如下：

```
['学', '则', '智', '，', '不', '学', '则', '愚']
['学', '则', '智', '，', '不', '学', '则', '愚', '学则治']
['学', '则', '智', '，', '不', '学', '则', '愚', '学则治', '不学则乱']
学
['则', '智', '，', '不', '学', '则', '愚', '学则治', '不学则乱']
则
['智', '，', '不', '学', '则', '愚', '学则治', '不学则乱']
```

7．移除第 1 个匹配项 remove ()

使用 remove() 可以移除第 1 个匹配项。移除操作执行时首先在列表中检索是否存在要移除的内容 x，将遇到的第 1 个匹配项从列表中删除，并对其后面的元素重新编号。和大多数列表的方法类似，移除操作也在原地改变列表，并且没有任何返回值。当然，如果没有找到要匹配的项，则出现数值错误异常 ValueError。

【实例 4-26】移除第 1 个匹配项。

```
list01=list("人有喜庆，不可生妒忌心")
print(list01)
list01.remove("喜")
print(list01)
#list01.remove("平")  #错误示例
```

本实例第 3 行代码删除了列表中存在的元素。注意：如果存在多个匹配项，实际只删除第 1 个匹配项。本实例的输出结果如下：

```
['人', '有', '喜', '庆', '，', '不', '可', '生', '妒', '忌', '心']
['人', '有', '庆', '，', '不', '可', '生', '妒', '忌', '心']
```

第 5 行代码删除列表中不存在的元素，此时将报错，错误提示信息如下：

```
ValueError: list.remove(x): x not in list
```

8．逆转列表 reverse ()

如果想把列表中的元素次序逆转，使用 reverse() 就可以做到。该方法是在原位置修改列表，无任何返回值。

【实例 4-27】逆转列表。

```
list01=list("人有祸患，不可生喜幸心")
print(list01)
list01.reverse()
```

```
print(list01)
```

本实例的输出结果如下：

```
['人', '有', '祸', '患', '，', '不', '可', '生', '喜', '幸', '心']
['心', '幸', '喜', '生', '可', '不', '，', '患', '祸', '有', '人']
```

【思考】列表的成员方法 reverse() 和 Python 内置函数 reversed() 有什么区别？

读者可以结合下面的实例，思考它们的区别：

```
list01=list("少年智则国智")
r=list01.reverse()
print(r,list01)
list01=list("少年强则国强")
r=reversed(list01)
print(list(r),list01)
```

本实例的输出结果如下：

```
None ['智', '国', '则', '智', '年', '少']
['强', '国', '则', '强', '年', '少'] ['少', '年', '强', '则', '国', '强']
```

如果想将逆转后的列表生成一个新的列表，不能把 reverse() 的返回值赋给一个变量，这样只能得到一个空列表。列表 reverse() 方法的这一点经常被初学者忽视。如果要同时保留原列表和逆转后的列表，可以先将原列表复制一份再进行逆转。注意：不能通过赋值语句将列表赋值给另一个列表，因为赋值语句并没有复制列表，只是多了一个指向同一个列表的指针。

9．排序 sort()

使用 sort() 可以对列表元素进行排序。sort() 在默认的情况下按照元素的升序重新排列原列表的元素。和上面各个方法一样，排序也不生成新列表，而是对原列表进行修改。所以试图将列表排序后赋值给另一个列表的操作也是徒劳的，y=x.sort() 后，y 将是个空列表，其逻辑值为 None。sort() 的详细格式如下：

```
list.sort(key=None, reverse=False)
```

sort() 有两个主要参数 key 和 reverse。sort() 的两个参数可以单独使用，也可以一起使用。初学者一般只需要掌握 reverse 的使用即可。参数 reverse 表示是否逆序，默认值为 False，即表示升序排序。修改 reverse 的值为 True 就可以实现逆序排序。排序的另外一个参数是排序的关键字 key，也就是排序的依据。如果对汉字进行排序，读者不好理解排序结果。因此，接下来，我们用英文名字进行实例展示。

【实例 4-28】列表元素排序 sort()：参数 reverse。

```
list01=list("zhang")
list01.sort()
print(list01)
list01.sort(reverse=False)
print(list01)
list01.sort(reverse=True)
print(list01)
```

本实例的输出结果如下：

```
['a', 'g', 'h', 'n', 'z']
['a', 'g', 'h', 'n', 'z']
['z', 'n', 'h', 'g', 'a']
```

参数 key 的用法比较复杂，这里仅介绍一个简单的例子。比如，要根据列表元素的长度进行排序，就可以将长度函数 len()作为关键字。在更高级的用法中，读者还可以使用 lambda()函数构建自定义排序关键字，这里不做展开。

【实例 4-29】列表元素排序 sort()：参数 key。

```
list01=['hello', 'i', 'am', 'zhang ping']
list01.sort()
print(list01)
list01.sort(key=len)
print(list01)
list01.sort(key=len, reverse=True)
print(list01)
```

本实例的输出结果如下：

```
['am', 'hello', 'i', 'zhang ping']
['i', 'am', 'hello', 'zhang ping']
['zhang ping', 'hello', 'am', 'i']
```

【思考】列表的成员方法 sort()和 Python 内置函数 sorted()有什么区别？

读者可以结合下面的实例，思考它们的区别：

```
list01=list("ping")
r=list01.sort()
print(r,list01)
list01=list("ping")
r=sorted(list01)
print(list(r),list01)
```

本实例的输出结果如下：

```
None ['g', 'i', 'n', 'p']
['g', 'i', 'n', 'p'] ['p', 'i', 'n', 'g']
```

4.1.5　元组和字符串

元组的用途相比列表要少得多。元组经常用于映射的键值、函数的返回值等。前面已经介绍了较多关于序列的通用操作，且已经列举了许多关于元组的例子。关于字符串，我们前面也已经专门讲解过。因此我们并不打算过多展开。

元组、字符串中的元素是不能被原地修改的。如果要改变元组、字符串中的元素，可以先将元组、字符串转换成列表，然后对列表进行修改，再将修改好的列表转换成新的元组、字符串。列表和元组相互转换的函数为 tuple(listname)和 list(tuplename)，列表和字符串可以用 list(strname)和字符串的成员函数 join()相互转换。元组不能原地修改，但不等于元组不能重新赋值。整体重新赋值后，将生成一个新的元组。

【实例 4-30】更改元组、字符串中元素值的方法。

```
str01="zhang"
tuple01=tuple("ping")
list01=list(str01)
list02=list(tuple01)
print(str01, tuple01)
list01[0]="Z"
list02[0]="P"
str01="".join(list01)
tuple01=tuple(list02)
print(str01, tuple01)
```

本实例中，我们将编者姓名全拼的首字母从小写字母改成了大写字母，通过引入列表对象辅助实现了对元组、字符串中元素值的更改。本实例的第 3、4 行代码基于待修改的元组、字符串对象分别创建了列表对象。第 6、7 行代码分别对列表对象指定元素进行了修改。第 8、9 行代码分别将修改后的列表对象重新转换成了元组、字符串对象，并分别替代了原来的元组、字符串对象。本实例的输出结果如下：

```
zhang ('p', 'i', 'n', 'g')
Zhang ('P', 'i', 'n', 'g')
```

4.2 字典

字典（dict）属于映射（mapping）类型，可以看作是由"键（key）值（value）对"构成的容器类型。字典中的每一个元素都由两部分组成，一部分为键，另一部分为值。字典中元素的键必须是唯一的。与序列使用编号访问元素不同，字典通过键来访问元素。搜索字典中的元素，首先查找键，然后根据找到的键获取该键对应的值。从存储上看，序列类型对象的元素是按顺序存放的，而字典元素存储时，值和键构成的是散列关系（hash），字典元素在保存时并不存在次序关系。字典元素可以是任意对象，字典是这些对象的无序集合。字典是一种可变数据类型，字典元素可以原位修改，字典长度可变。

4.2.1 字典的创建

创建字典的方法主要有两种：一是使用"{ }"创建，二是使用 dict() 函数创建。

1．使用"{ }"创建字典

字典可以使用标记"{ }"来创建。字典中的每个元素都包含键（key）和值（value）两部分内容。键和值用冒号":"隔开。在创建字典时，若干元素放在一对大括号中，字典中不同元素之间用逗号","分开。

字典创建的格式如下：

{键 1:值 1，键 2:值 2，…}

> ⚠ **注意**：在这一种创建字典的方法中，键如果是字符串，则应当用引号标明，否则报错。编者之所以强调这一点，是因为另外一种创建字典的方法中并不需要引号，初学者很容易弄混。

字典中也可以使用数值作为键，此时，键的两侧不需要引号，否则将被当作字符串处理。但一般不建议使用数值作为键。此时，通过键来访问字典中元素时，关于键两侧是否添加引号，应该与定义时保持一致。

【实例 4-31】使用"{}"创建字典。

```
dict1={}
dict2={'图书ID': '001', '图书名称': '朱文公校昌黎先生文集', '单价': 45}
#dict2={图书ID: '001', 图书名称: '朱文公校昌黎先生文集', 单价: 45} #错误示例
print(dict1)
print(dict2)
dict3={1: '001', '2': '庄子南华真经',5.1: 45}
print(dict3[1],dict3["2"], dict3[5.1])
```

本实例第 1 行代码创建了一个空的字典。第 2 行代码创建了一个非空的字典。第 3 行被注释掉的代码是一个错误示例，它与第 2 行的区别在于键两侧本应当有引号。第 6 行代

码创建了另一个非空的字典，该字典对象的第 1 个和第 3 个元素的键上面没有引号，而第 2 个元素的键上面存在一个引号。第 7 行代码中，2 有引号，而 1 和 5.1 没有引号，这是因为访问字典元素时，应当与定义时候保持一致，否则会提示 KeyError。本实例的输出结果如下：

```
{}
{'图书 ID': '001', '图书名称': '朱文公校昌黎先生文集', '单价': 45}
001 庄子南华真经 45
```

【实例 4-32】键重复问题。

```
dict1={'图书 ID': '001', '图书名称': '金批第一才子书', '单价': 45,'单价': 5}
print(dict1)
```

本实例第 1 行代码创建字典时，"单价"这个键出现了两次，该键对应的值以后面的那个值为准。本实例输出结果如下：

```
{'图书 ID': '001', '图书名称': '金批第一才子书', '单价': 5}
```

2．使用 dict() 函数创建字典

使用 dict() 函数创建字典的格式如下：

```
dict(键 1=值 1，键 2=值 2，…)
```

初学者需要注意与上一个实例的方法进行对比。使用 dict() 函数创建字典时，键的两侧不需要引号，并且不能使用数值作为键。大家先思考一下这是为什么，后面会帮大家分析原因。

【实例 4-33】使用 dict() 函数创建字典。

```
dict1=dict()
print(dict1)
dict2=dict(图书 ID='001', 图书名称='甘泉乡人稿'，单价=45)
dict3={'图书 ID': '001', '图书名称': '甘泉乡人稿'，'单价': 45}
print(dict2)
print(dict3)
```

本实例第 1、3 两行代码分别使用构造函数创建了字典对象，第 4 行代码使用的是之前学习的方法。本实例的输出结果如下：

```
{}
{'图书 ID': '001', '图书名称': '甘泉乡人稿'，'单价': 45}
{'图书 ID': '001', '图书名称': '甘泉乡人稿'，'单价': 45}
```

读者结合第 3、4 两行代码对比上述两种创建字典的方法会发现不同之处，即创建 dict2 时，所有键的两侧都没有引号，否则会报错，而且此处用的是赋值符号，而不是冒号。

可以看到两种方法中括号里面的格式是不一样的。对于 dict()，括号里面的键和值之间使用的是 "="，这本质是一个赋值符号。赋值符号的左侧应当是合法的变量名。读者回忆一下前面的知识，就不难发现加引号的字符串或者数字都不是合法的变量标识符。

4.2.2　字典元素的访问

访问字典元素的格式如下：

```
字典对象[key]
```

其中，key 为字典中元素的键，返回的将是字典中键为 key 的元素的值 value。

不论使用何种方式创建字典，通过键来访问字典中的元素时，键的两侧仍然需要使用

引号（单引号、双引号皆可）。

【实例 4-34】 访问字典元素。

```
dict1={'图书ID': '001', '图书名称': '楚望阁诗集', '单价': 40}
dict2=dict(图书ID='001', 图书名称='陶渊明集', 单价=45 )
print(dict1['图书名称'],dict1["单价"])
print(dict2['图书名称'],dict2["单价"])
```

本实例第 1、2 两行代码分别使用两种不同的方法创建了字典对象。不论创建方法如何，第 3、4 行代码访问字典元素时，"键"两侧的引号都不能省略。本实例的输出结果如下：

```
楚望阁诗集 40
陶渊明集 45
```

字典元素的添加和修改操作的格式如下：

```
字典对象[key]=value
```

其中，key 为元素的键，value 为元素的值。

【实例 4-35】 添加和修改字典元素。

```
dict1={'图书ID': '001', '图书名称': '经史百家杂钞', '单价': 45}
print(dict1)
dict1['单价'] = 100
dict1['折扣比例'] = 0.8
print(dict1)
```

本实例第 1 行代码创建了一个字典对象。第 3 行代码修改了一个字典中已经存在的元素的值。第 4 行代码向字典中添加一个新元素。同样，添加和修改元素时，键两侧的引号都不能省略。本实例的输出结果如下：

```
{'图书ID': '001', '图书名称': '经史百家杂钞', '单价': 45}
{'图书ID': '001', '图书名称': '经史百家杂钞', '单价': 100, '折扣比例': 0.8}
```

4.2.3 字典的常用方法

字典对象提供了许多常用的成员方法。下面列举字典的一些常用方法。

1．获得字典对象中指定键的值 get()

读者需要注意此方法与前面介绍的访问字典元素的区别。使用本方法时，如果在字典中没有找到指定的键，将返回 None 或者所给定的默认值。而前面介绍的访问字典元素的方法，如果遇到此种情况则会直接报错。

【实例 4-36】 获取字典对象中指定键的值。

```
dict1={'图书ID': '001', '图书名称': '康熙字典', '单价': 45}
print(dict1.get('单价'),dict1['单价'])
print(dict1.get('折扣比例'),dict1.get('折扣比例',1))# 无'折扣比例'键，但不报错
#print(dict1['折扣比例'])
```

本实例第 1 行代码创建了一个字典对象。第 2 行代码通过两种不同的方法访问该字典对象中的同一个元素，该元素存在，此时两种方法效果相同。第 3 行代码通过字典对象的 get()函数访问不存在的元素，共进行了两次测试，第 1 次测试时没有给出默认值，第 2 次测试时给出了默认值 1。由于"折扣比例"键不存在，第 1 次返回结果为 None，第 2 次返

回了默认值 1。第 4 行注释掉的代码给出了一个错误示例。由于无"折扣比例"键，该访问方法会提示 KeyError。本实例的输出结果如下：

```
45 45
None 1
```

2．弹出指定键对应的元素 pop ()

使用 pop()函数可以获得字典中指定键的值，并删除该元素。

【实例 4-37】弹出指定键对应的元素。

```
dict1={'图书 ID': '001', '图书名称': '孟子集注', '单价': 45}
print(dict1)
print(dict1.pop('单价'))
print(dict1)
print(dict1.pop('图书 ID'))
print(dict1)
```

本实例第 1 行代码创建了一个字典对象。第 3、5 行代码分别弹出了指定键的值。第 2、4、6 行代码分别输出了每次变化后的字典内容。对比输出结果，可以发现字典中弹出操作对应的元素依次从字典中消失了。本实例的输出结果如下：

```
{'图书 ID': '001', '图书名称': '孟子集注', '单价': 45}
45
{'图书 ID': '001', '图书名称': '孟子集注'}
001
{'图书名称': '孟子集注'}
```

3．获得字典对象中所有的键、值和元素

使用 keys()函数可以获得字典对象中所有的键，使用 values()函数可以获得字典对象中所有的值，使用 items ()函数可以获得字典对象中所有的键值对。

【实例 4-38】获得字典对象中所有的键、值和元素。

```
dict1={'图书 ID': '001', '图书名称': '诚斋易传', '单价': 45}
print(dict1.keys())
print(dict1.values())
print(dict1.items())
```

本实例第 1 行代码创建了一个字典对象。第 2~4 行代码分别获取了字典中所有的键、值和元素。本实例的输出结果如下：

```
dict_keys(['图书 ID', '图书名称', '单价'])
dict_values(['001', '诚斋易传', 45])
dict_items([('图书 ID', '001'), ('图书名称', '诚斋易传'), ('单价', 45)])
```

4．更新字典对象中的元素 update ()

使用 update(d)函数可以根据给定的新字典 d 的内容更新当前字典对象的内容。如果新字典的某个键在当前字典中存在，则用新字典中该元素的值更新当前字典对应键的值；如果新字典的某个键在当前字典中不存在，那么该键对应的元素将被添加到当前字典中。

【实例 4-39】更新字典对象中的元素。

```
dict1={'图书 ID': '001', '图书名称': '尚书约注', '单价': 45}
print(dict1)
dict2 = {'图书 ID': '002', '单价': 20,"折扣比例":0.8}
print(dict2)
dict1.update(dict2)
print(dict1)
```

本实例第 1、3 行代码创建了两个字典对象。注意：在 dict2 中增加了"折扣比例"，与此同时，"图书 ID"和"单价"两个键的值也发生了变化。第 5 行代码用 dict2 的内容来更新 dict1。根据第 2、4、6 行代码的输出结果，我们可以发现 dict1 中"图书 ID"和"单价"两个键的值被更新了，并且还增加了一个"折扣比例"的元素。本实例的输出结果如下：

```
{'图书ID': '001', '图书名称': '尚书约注', '单价': 45}
{'图书ID': '002', '单价': 20, '折扣比例': 0.8}
{'图书ID': '002', '图书名称': '尚书约注', '单价': 20, '折扣比例': 0.8}
```

5．清除字典对象中所有的元素 clear()

使用 clear()函数可以清除字典对象中所有的元素，字典对象仍然存在，但内容为空。

【实例 4-40】清除字典对象中所有的元素。

```
dict1={'图书ID': '001', '图书名称': '诗韵集成', '单价': 45}
print(dict1)
dict1.clear()
print(dict1)
```

本实例第 1 行代码创建的字典对象中的所有元素在第 3 行代码中被清除。本实例的输出结果如下：

```
{'图书ID': '001', '图书名称': '诗韵集成', '单价': 45}
{}
```

4.2.4　字典的基本操作

1．删除元素 del

del 用于删除字典中的某些元素，使用格式如下：

```
del dict[key]
```

del 用于将 key 及其对应的 value 从字典中删除。del 也可以用于删除整个字典。注意：del 没有返回值，字典是可变类型，del 对字典的修改是原地修改。

2．求元素数目 len()

len()函数返回字典元素的数目，即 key: value 对的数目。

3．成员检测 in

成员资格检查运算符 in 在序列中使用过，同样可以用来检查一个键 key 是否在字典中。常见的用法形式是放在 if 语句中：

```
if key in dict:
```

如果 key 是字典中的一个键，则返回 True，此时就可以用 dict[key]的形式获取 key 对应的值；如果 key 不是 dict 的一个键，则返回 False，因此可以越过 if 语句块执行其他内容。注意：成员检测 in 只能用来检查键 key 是否在字典中，不能检查一个值 value 是否在字典中，因为 value 是用 key 来访问的。

【实例 4-41】字典的基本操作。

```
dict1={'图书ID': '001', '图书名称': '经义述闻', '单价': 45}
print(len(dict1),dict1)
if '单价' in dict1:
    del dict1['单价'] #删除字典对象中的元素
print(len(dict1),dict1)
```

本实例第 1 行代码创建了字典对象。第 2 行代码查看了其元素个数。第 4 行代码进行了成员检测，并删除了对应的元素。本实例的输出结果如下：

```
3 {'图书ID': '001', '图书名称': '经义述闻', '单价': 45}
2 {'图书ID': '001', '图书名称': '经义述闻'}
```

4.3 集合

集合（set）是与列表和字典不同的另一种容器类型，是 0 个或者多个元素的无序组合。集合对象中不允许有重复的元素，这是集合的最大特点。可利用集合的这一特点快速去重。集合是可变类型，可以向集合中添加或删除元素。创建不可变集合可以使用 frozenset()函数。

4.3.1 创建集合

集合可以利用 set()构造函数，以序列或其他可迭代对象为基础来创建，格式如下：

```
set(可迭代对象)
```

使用 set()函数创建集合时，其参数是可迭代对象。

Python 3.0 后，还可以使用标记"{}"来创建集合。可以将元素直接写在一对大括号中来定义集合，集合中的元素之间用逗号"，"分开。集合的创建格式如下：

```
{元素1, 元素2, …}
```

创建空集合只能使用 set()函数。单独使用"{}"创建的是空字典，而不是空集合。

【实例 4-42】创建集合。

```
set1=set()                              #创建空集合
notSet={}                               #注意使用"{}"创建的是空字典，而不是空集合
print(type(set1), set1)
print(type(notSet), notSet)
set2={'清风劲节', '尧年舜日'}
set3=set(['兰心蕙性', '鱼笺雁书'])
set4=set(('调弦品竹', '论道经邦'))
#set5=set('调弦品竹', '论道经邦')  # 错误示例
print(type(set2), set2)
print(type(set3), set3)
print(type(set4), set4)
set6=set((1,2,2,3,3,3))
print(set6)
```

本实例第 1 行代码创建了空的集合对象。第 2 行使用"{}"创建的并不是空集合对象，而是空的字典对象。第 3、4 行代码查看前两行代码创建的对象的类型和内容。第 5~7 行代码分别创建了 3 个集合对象。注意：与列表不同，集合的元素没有先后顺序，细心的读者会发现 set4 输出的元素顺序与创建时给出的顺序并不相同。第 8 行被注释的代码是一个错误示例，注意比较其与第 7 行代码的区别。第 9~11 行分别查看刚创建的对象的类型和内容。第 12 行代码在创建集合时故意使用了重复元素，此时将会自动去重。本实例的输出结果如下：

```
<class 'set'> set()
<class 'dict'> {}
<class 'set'> {'清风劲节', '尧年舜日'}
<class 'set'> {'兰心蕙性', '鱼笺雁书'}
```

```
<class 'set'> {'论道经邦', '调弦品竹'}
{1, 2, 3}
```

4.3.2 集合的基本操作

集合也支持许多常用的内置函数。例如，可以用 len()函数获取集合元素的个数。许多内置函数的用法与列表等其他容器类型中介绍的基本类似，这里不一一列举。

集合是无序的，没有索引的概念，不能用索引下标访问。可以通过迭代来遍历集合中的所有元素。

【实例 4-43】遍历集合元素。

```
set1 = {'策名就列','端本正源','骥子龙文'}
print(len(set1), set1)
for x in set1:
    print(x)
for i,j in enumerate(set1):
    print(i,j)
```

本实例第 1 行代码创建了集合对象。第 2 行代码查看长度和内容。第 3～6 行代码分别使用两种不同的方式遍历了集合中的内容。本实例的输出结果如下：

```
3 {'策名就列', '骥子龙文', '端本正源'}
策名就列
骥子龙文
端本正源
0 策名就列
1 骥子龙文
2 端本正源
```

注意：本案例输出结果中，元素顺序与代码中给定的元素顺序并不一致，这是集合自身特点决定的，属于正常现象。读者执行本实例时，元素的输出顺序也并不必然会与编者输出的顺序相同。后面多个与集合相关的实例都存在类似的现象，请注意观察。

4.3.3 集合的常用方法

集合提供了许多成员方法，下面列举集合的一些常用方法。

1．删除集合中元素 remove()和 discard()

使用 remove()可将指定元素从集合中删除。如果集合中不存在要删除的元素，则触发异常 KeyError。使用 discard ()同样可以将指定元素从集合中删除。如果集合中不存在要删除的元素，此时并不会报错。

【实例 4-44】删除集合中元素。

```
set1 = {'穆如清风', '气若幽兰', '耳目昭彰'}
print(set1)
set1.remove('气若幽兰')
print(set1)
set1.discard('穆如清风')
print(set1)
set1.discard('春露秋霜')
#set1.remove('春露秋霜')
```

本实例第 1 行代码创建了集合对象。第 3、5 两行代码分别使用两种不同的方法删除了集合中存在的元素。第7~8行代码分别使用两种不同的方法删除了集合中存在的元素，后一种方法将报错。本实例的输出结果如下：

```
{'耳目昭彰', '气若幽兰', '穆如清风'}
{'耳目昭彰', '穆如清风'}
{'耳目昭彰'}
```

2．添加一个集合元素 add ()

add()用于添加一个元素到集合中，add()的参数就是要添加的元素。注意：一次只能添加一个元素。如果这个元素已经在集合中，add()并不改变集合。具体用法见【实例4-45】。

3．弹出集合中一个元素 pop ()

使用pop()函数可以返回集合中的一个元素，并在集合中删除该元素。注意：由于集合是无序的，弹出的元素不一定是最后添加的元素。

【实例4-45】添加和弹出元素。

```
set1 = {'公而忘私','国而忘家'}
print(set1)
set1.add('于心无愧')
print(set1)
item1=set1.pop()
print(item1, set1)
```

本实例第1行代码创建了集合对象。第3行代码添加了一个新元素。第5行代码弹出了一个元素，注意弹出的元素不一定是最后添加的。本实例的输出结果如下：

```
{'公而忘私', '国而忘家'}
{'公而忘私', '国而忘家', '于心无愧'}
公而忘私 {'国而忘家', '于心无愧'}
```

4．更新集合 update (set)

使用update(set)可以添加多个元素到集合中。通过update(set)，给定的新集合set中的内容将与当前集合合并。

【实例4-46】更新集合。

```
set1 = {'文章山斗', '夕惕朝乾', '弊衣蔬食'}
print(set1)
set2 = {'管鲍分金', '孙庞斗智', '夕惕朝乾'}
set1.update(set2)
print(set1)
print(set2)
```

本实例第1、3行代码创建了集合对象。第4行代码将set2的内容添加到set1中，set1的内容发生了变化，而set2的内容并没有变化。set2和set1有一个相同的元素，更新后的set1只保留其中一个。本实例的输出结果如下：

```
{'文章山斗', '夕惕朝乾', '弊衣蔬食'}
{'文章山斗', '管鲍分金', '孙庞斗智', '夕惕朝乾', '弊衣蔬食'}
{'管鲍分金', '夕惕朝乾', '孙庞斗智'}
```

5．清除集合中所有元素 clear ()

使用clear()函数清除元素后的集合为空集合。

【实例4-47】清除集合中所有元素。

```
set1 = {'驰魂宕魄', '返邪归正', '青云万里'}
```

```
print(set1)
set1.clear()
print(set1)
```

本实例第 1 行代码创建了集合对象。第 3 行代码清除了集合中所有的元素。本实例的输出结果如下：

```
{'返邪归正', '青云万里', '驰魂宕魄'}
set()
```

4.3.4 集合运算

集合支持数学中关于集合的交集、并集、差集、子集等集合运算。集合运算可以利用集合对象内置的成员方法实现，也可以直接利用集合运算符实现。

与集合运算相关的常见成员方法及说明如表 4-1 所示。集合对象内置的成员方法返回结果是集合对象。

表 4-1 与集合运算相关的常见成员方法及说明

成员方法	说明
set1.intersection(set2)	返回 set1 和 set2 的交集
set1.union (set2)	返回 set1 和 set2 的并集
set1.difference (set2)	返回 set1 和 set2 的差集
set1.issubset (set2)	返回 set1 是否是 set2 子集的逻辑值
set1.issuperset (set2)	返回 set1 是否是 set2 父集的逻辑值

【实例 4-48】集合运算方法。

```
set1={'筚门闺窦', '恶衣菲食', '食淡衣粗', '讳树数马'}
set2={'夺席谈经', '讳树数马', '项背相望', '筚门闺窦'}
print(set1.intersection(set2))
print(set1.union(set2))
print(set1.difference (set2))
print(set1.issubset(set2))
```

本实例的输出结果如下：

```
{'讳树数马', '筚门闺窦'}
{'筚门闺窦', '讳树数马', '项背相望', '恶衣菲食', '食淡衣粗', '夺席谈经'}
{'恶衣菲食', '食淡衣粗'}
False
```

与集合运算相关的运算符及说明如表 4-2 所示。

表 4-2 与集合运算相关的运算符及说明

运算符	说明
&	求交集
|	求并集
-	求差集
^	异或
>	真超集测试
>=	超集测试

运算符	说明
<	真子集测试
<=	子集测试
==	判断元素是否相同
!=	判断元素是否不相同

【实例4-49】集合运算符。

```
set1={'志美行厉', '双桂联芳', '凌云之志', '志洁行芳'}
set2={'蟾宫折桂', '凌云之志', '衣锦还乡', '双桂联芳'}
print(set1 & set2)
print(set1 | set2)
print(set1 - set2)
print(set1 ^ set2)
```

本实例的输出结果如下：

```
{'双桂联芳', '凌云之志'}
{'凌云之志', '志洁行芳', '蟾宫折桂', '衣锦还乡', '双桂联芳', '志美行厉'}
{'志洁行芳', '志美行厉'}
{'志洁行芳', '蟾宫折桂', '衣锦还乡', '志美行厉'}
```

【实例4-50】集合的比较运算。

```
set1={'克己复礼', '华封三祝', '义正辞严', '字顺文从'}
set2={'义正辞严', '克己复礼', '饭糗茹草', '踵武相接'}
set3={'义正辞严', '克己复礼'}
print(set1==set2)
print(set1!=set2)
print(set1>set2)
print(set1>set3)
```

本实例的输出结果如下：

```
False
True
False
True
```

4.4 容器类型进阶

4.4.1 可变数据类型和不可变数据类型

Python内置数据类型大体上可以分为不可变数据类型和可变数据类型两大类。

如果变量的值发生了改变，其对应的内存地址也会发生改变，则这种数据类型称为不可变数据类型。不可变数据类型主要包括整型、浮点型、字符串、元组和冻结集合，这些类型不接受原地修改操作，但是可以在修改结果的基础上创建一个新的对象。不可变数据类型能够保持数据的某种完整性，因此经常作为字典的键和集合的元素，也经常作为程序传入的参数，防止程序对原始参数的破坏。

【实例4-51】不可变数据类型。

```
int01=10
```

```
str01="臼杵之交"
tuple01=tuple(str01)
fset01=frozenset(tuple01)
print(id(int01),int01)
print(id(str01),str01)
print(id(tuple01),tuple01)
print(id(fset01),fset01)
print("------")
int01=int01+5
str01="释知遗形"
tuple01=tuple(str01)
fset01=frozenset(tuple01)
print(id(int01),int01)
print(id(str01),str01)
print(id(tuple01),tuple01)
print(id(fset01),fset01)
```

本实例的输出结果如下：

```
2438493071952 10
2438573231536 臼杵之交
2438573253312 ('臼', '杵', '之', '交')
2438573618336 frozenset({'之', '交', '杵', '臼'})
------
2438493072112 15
2438573682832 释知遗形
2438573442368 ('释', '知', '遗', '形')
2438573618112 frozenset({'知', '形', '释', '遗'})
```

如果变量的值发生了改变，但其对应的内存地址不变，则这种数据类型称为可变数据类型。可变数据类型主要包括列表、字典和集合。它们的共同特点是可以在原地修改，因此针对它们的操作往往不生成新的对象，一些方法甚至没有返回值，这一点尤其要注意。

【实例 4-52】可变数据类型。

```
list01=list("台阁生风")
print(id(list01), list01)
list01.append("zp") #list 添加元素
print(id(list01), list01)
set01=set(list01)
print(id(set01), set01)
set01.pop()
print(id(set01), set01)
dict01=dict(a=1, b="河梁之谊")
print(id(dict01), dict01)
dict01["a"]=5
print(id(dict01), dict01)
```

本实例的输出结果如下：

```
2438573747904 ['台', '阁', '生', '风']
2438573747904 ['台', '阁', '生', '风', 'zp']
2438573618336 {'生', '台', 'zp', '阁', '风'}
2438573618336 {'台', 'zp', '阁', '风'}
2438573747968 {'a': 1, 'b': '河梁之谊'}
2438573747968 {'a': 5, 'b': '河梁之谊'}
```

4.4.2 浅复制和深复制

可变类型变量赋值时内存地址指向相同，处理不当可能引发严重问题。

【实例 4-53】可变类型变量赋值的风险因素。

```
list01=list("智周万物")
list02=list01
print(id(list01),list01)
print(id(list02),list02)
list01.extend("道济天下")
print(id(list01),list01)
print(id(list02),list02)
```

本实例第 1 行代码创建了一个列表对象。第 2 行代码直接将该列表对象的值赋给了另一个变量。第 3、4 行代码的输出表明这两个变量的地址和内容是一样的。第 5 行代码对一个变量进行了修改,将会影响另一个变量的内容。第 6、7 行代码验证了这一结论。本实例的输出结果如下:

```
2438573553664 ['智', '周', '万', '物']
2438573553664 ['智', '周', '万', '物']
2438573553664 ['智', '周', '万', '物', '道', '济', '天', '下']
2438573553664 ['智', '周', '万', '物', '道', '济', '天', '下']
```

为了解决可变变量赋值时两个对象指向同一内存区域从而产生修改时相互影响的问题,Python 提供了浅复制和深复制两种解决方法。

可变类型对象的内存区域浅复制是在赋值时开辟新的存储空间来保存新对象。新旧对象由于在内存中是独立的,所以不会出现修改时相互影响的问题。

【实例 4-54】列表的浅复制。

```
list1=["谢庭兰玉","遗世拔俗"]
list2=list1
list3=list1.copy() #浅复制
print(id(list1),list1)
print(id(list2),list2) #list2 的 id 与 list1 的 id 相同
print(id(list3),list3) #list3 的 id 与 list1 的 id 不相同
list2[1]="北窗高卧"
list3[1]="怜贫敬老"
print(list1[1],list2[1],list3[1])
```

本实例的输出结果如下:

```
2353039022912 ['谢庭兰玉', '遗世拔俗']
2353039022912 ['谢庭兰玉', '遗世拔俗']
2353041450368 ['谢庭兰玉', '遗世拔俗']
北窗高卧 北窗高卧 怜贫敬老
```

【实例 4-55】字典的浅复制。

```
dict1={'图书ID': '001', '图书名称': '中庸纂疏'}
dict2=dict1
dict3=dict1.copy() #浅复制
print(id(dict1),dict1)
print(id(dict2),dict2) #dict2 的 id 与 dict1 的 id 相同
print(id(dict3),dict3) #dict3 的 id 与 dict1 的 id 不相同
dict2['图书名称']="孟子要略"
dict3['图书名称']="论语集注"
print(dict1['图书名称'],dict2['图书名称'],dict3['图书名称'])
```

本实例的输出结果如下:

```
2353041561600 {'图书ID': '001', '图书名称': '中庸纂疏'}
2353041561600 {'图书ID': '001', '图书名称': '中庸纂疏'}
2353041939008 {'图书ID': '001', '图书名称': '中庸纂疏'}
孟子要略 孟子要略 论语集注
```

【实例 4-56】集合的浅复制。

```
set1={'力学笃行','行远自迩'}
set2=set1
set3=set1.copy() #浅复制
set1.add('散马休牛')
print(id(set1),set1)
print(id(set2),set2)
print(id(set3),set3)
```

本实例的输出结果如下:

```
2353049894016 {'力学笃行', '行远自迩', '散马休牛'}
2353049894016 {'力学笃行', '行远自迩', '散马休牛'}
2353049893344 {'力学笃行', '行远自迩'}
```

【实例 4-57】通过 copy.copy()完成浅复制。

```
import copy
set1={'力学笃行','行远自迩'}
set2=copy.copy(set1)
print(id(set1), id(set2))
```

利用 copy 模块中的 copy()函数完成浅复制,同样可以实现与前面实例类似的功能。本
实例的输出结果如下:

```
2353049892448 2353049894240
```

浅复制初步解决了内存指向相同的问题,但如果被复制的对象内部还含有可变元素,
那么浅复制时内部的可变元素还是会指向相同的地址。

【实例 4-58】浅复制存在的问题。

```
list01=list("龙马精神")
list02=[list01,list01]
list03=list02.copy()#浅复制
print(id(list01),list01)
print(id(list02),list02)
print(id(list03),list03)
list02[0][2]="ping"
print(list01,list02,list03)
print(id(list01[2]),id(list02[0][2]),id(list03[0][2]))
```

本实例的输出结果如下:

```
2438573516992 ['龙', '马', '精', '神']
2438573812288 [['龙', '马', '精', '神'], ['龙', '马', '精', '神']]
2438573811904 [['龙', '马', '精', '神'], ['龙', '马', '精', '神']]
['龙', '马', 'ping', '神'] [['龙', '马', 'ping', '神'], ['龙', '马', 'ping', '神']]
[['龙', '马', 'ping', '神'], ['龙', '马', 'ping', '神']]
2438573518320 2438573518320 2438573518320
```

根据第 5～6 行代码的输出结果不难发现,list02 与其浅复制结果 list03 的内存地址并
不相同。然而由于 list01 是可变类型,第 7 行代码修改 list02 的特定元素,对 list01、list03
均产生了影响。第 9 行代码的输出结果也证实,list01、list02、list03 中这几个元素实际上

指向相同的内存地址。

　　浅复制的两个变量虽然内存地址不同，但是如果变量中有可变类型，改变一个可变元素的值，另一个变量也会受到影响。为了将两个对象的内存地址彻底分开，可借助 copy 模块中的 deepcopy()函数进行深复制。

【实例 4-59】列表的深复制

```
list0=["云集景从","虑周藻密"]
list1=['001',list0]
list2=list1.copy()
import copy
list3=copy.deepcopy(list1)
print(id(list0),list0)
print(id(list1[1]),list1[1])
print(id(list2[1]),list2[1])
print(id(list3[1]),list3[1])
list2[1][0]="河同水密"
list3[1][0]="月夕花晨"
print(list0)
print(list1)
print(list2)
print(list3)
```

　　本实例的输出结果如下。第 3 行代码使用浅复制生成 list2，第 5 行代码使用深复制生成 list3。根据第 6~9 行代码的输出结果，list1[1]、list2[1]的内存地址及其内容与 list0 完全一致，而 list3[1]的内存地址与其他三者均不相同。第 10~11 行代码分别修改了 list2[1][0]和 list3[1][0]。第 12~15 行代码输出结果表明，list2[1][0]的修改对 list0～list2 均产生了影响，而 list3[1][0]的修改仅仅对 list3 产生了影响。

```
2591426123392 ['云集景从', '虑周藻密']
2591426123392 ['云集景从', '虑周藻密']
2591426123392 ['云集景从', '虑周藻密']
2591383905664 ['云集景从', '虑周藻密']
['河同水密', '虑周藻密']
['001', ['河同水密', '虑周藻密']]
['001', ['河同水密', '虑周藻密']]
['001', ['月夕花晨', '虑周藻密']]
```

4.4.3　列表生成式

Python 的列表还可用列表生成式语法产生：

```
新列表对象=[ 表达式  for  变量  in  可迭代对象 <if 条件> ]
```

它表示从可迭代对象中取得变量的值，将变量代入表达式计算得到新值，由这些新值构成新的列表。<if 条件>是可选的，如果设有条件，则只有满足条件的值才能被加入新列表。

【实例 4-60】列表生成式。

```
lst01=[1,2,3,4,5]
lst02=[x**2 for x in lst01]
lst03=[ x for x in lst02  if x not in lst01]
lst04=[ x for x in range(20)  if x%3==0 ]
print(lst01, lst02, lst03, lst04)
```

　　本实例第 2 行代码通过列表生成式将列表 lst01 中的每个元素平方，得到了列表 lst02。第 3 行代码抽取在 lst02 中但不在 lst01 中的元素，得到了列表 lst03。第 4 行代码选出了[0,

20]内的 3 的倍数。本实例的输出结果如下：

```
[1, 2, 3, 4, 5] [1, 4, 9, 16, 25] [9, 16, 25] [0, 3, 6, 9, 12, 15, 18]
```

其实不仅是列表，我们还可以用类似方式生成元组。

【实例 4-61】列表和元组生成。

```
from random import randint,seed
seed("zp")
a=tuple(randint(1,100) for i in range(5))
b=[randint(1,100) for i in range(5)]
print(a,b)
```

本实例的输出结果如下：

```
(9, 36, 62, 74, 49) [35, 99, 99, 10, 22]
```

4.5 常用函数

4.5.1 range()函数

使用 range()函数可以产生一个数值递增可迭代的对象，基本格式如下：

```
range([start,] end[, step])
```

① start：起始元素值，可以省略，默认为 0。

② end：结束元素值（不包括 end），不能省略。

③ step：步长，正数表示数值递增，负数表示数值递减，可以省略但不能为 0，默认为 1。

当终止值大于起始值时，步长为正数；而当终止值小于起始值时，步长也可以为负值。假设用 i 和 j 分别表示范围的起始值和终止值，range(i,j) 返回一个由整数构成的列表：[i, i+1, … j–1]。注意：最后一个整数比终止值小 1，也就是不包含终止值的列表。range 和 for 经常搭配使用，为 for 提供重复操作的次数。

【实例 4-62】range()函数的使用。

```
a=range(10,2,-2)
print(a)
lst1=list(a)
print(lst1)
for I in range(10):
    print(i,end=",")
```

本实例第 1 行产生了一个可迭代对象 a，起点为 10，终点 2 不包括在内，步长为-2。第 3 行代码将 range()函数产生的迭代对象作为列表创建函数 list()的参数，此时可产生一个数值递减的列表。如果需要遍历某个确定范围内的数字，通常可以使用 range()函数。第 5、6 行代码展示了 range()的这类最常见用法。本实例的输出结果如下：

```
range(10, 2, -2)
[10, 8, 6, 4]
0,1,2,3,4,5,6,7,8,9,
```

4.5.2 zip()函数

zip()函数经常用于构造字典，返回并行序列的元素列表。zip()函数的格式如下：

```
zip (seq1 [, seq2 [...]])
```

返回列表的形式如下：

```
[(seq1[0], seq2[0] …), (…)]
```

zip()函数常用于实现 for 循环中对多个序列的遍历。如果作为 zip()参数的多个序列的元素个数不相同，zip()函数以最短序列的元素数目为基准。【实例4-63】就同时遍历了 L1和 L2 列表中对应位置的元素。当然，多于两个列表同样可以遍历。

【实例4-63】 zip()函数的使用。

```
a=range(4)
b="大道之行也，天下为公。"
print(a,b)
c=zip(a,b)
print(c,list(c))
print(dict(zip(a,b)))
for i in zip(a,b,a):
    print(i)
z=zip("与人不求备，检身若不及。",[1,2,3],zip(a,b))
for i in z:
    print(i)
```

本实例第 1、2 行代码分别创建了一个 range 对象 a 和一个字符串对象 b。第 4 行代码以 a 和 b 为基础创建了一个 zip()对象。注意：a、b 的长度并不相同，zip()对象中的元素个数以较短（这里为 4）的为准。第 5 行代码中使用 list()构造函数将 zip()对象 c 转换成了列表对象，以方便查看 c 的内容。根据结果，该列表对象包含 4 个元素，每个列表元素又是一个元组。第 6 行代码基于 zip()对象创建了一个字典，字典对象中每个元素的键来自 a，值来自于 b。第 7、8 行代码通过 for 循环遍历了 zip()对象的元素。注意：该 zip()对象的每个元素都是由 3 个元素构成的元组。第 9 行代码创建了一个 zip()对象，此时传入了 3 个长度各异的序列参数,其中最后一个参数本身就是一个 zip()对象(与第 4 行代码创建的类似)。第 10、11 行代码遍历输出了该 zip()对象的元素，每个元素都是由 3 个元素构成的元组，该元组最后一个元素本身就是一个二元元组。本实例的输出结果如下：

```
range(0, 4) 大道之行也，天下为公。
<zip object at 0x000001D1E223DE40> [(0, '大'), (1, '道'), (2, '之'), (3, '行')]
{0: '大', 1: '道', 2: '之', 3: '行'}
(0, '大', 0)
(1, '道', 1)
(2, '之', 2)
(3, '行', 3)
('与', 1, (0, '大'))
('人', 2, (1, '道'))
('不', 3, (2, '之'))
```

【思考】 如果将本实例的第 6 行代码修改为 print(dict(c))，结果如何，为什么？

4.5.3 map()函数

map()函数也称映射函数，它对序列中每一个元素应用指定的函数，并返回调用该函数结果的列表。map()常用于对序列元素应用同样处理的重复任务，用 map()使代码变得十分简洁。更重要的是，经运行测试，调用 map()比等价的 for 循环结构实现要快得多。map()函数的使用格式如下：

```
map(func, seq[, seq])
```

第 1 个参数为应用函数，可以是 Python 内置的函数名，也可以是用户自定义的函数，如用 lambdaz()创建的匿名函数。seq 为待处理的序列，可以是多个序列。

【实例 4-64】map()函数的使用。

```
import math
m1=map(pow,[1,2,3],[4,5,6])
print(m1,list(m1))
m2=map(lambda x,y:x*y,[1,2,3],[2,3,4])
print(m2,list(m2))
m3=map(math.sqrt,[2,3,4])
print(m3,list(m3))
m4=map(ord,list("博学而笃志，切问而近思。"))
print(list(m4))
```

本实例第 1 行代码导入了 math 模块。第 2 行代码每次从两个列表中分别取一个元素（如 2 和 5），并计算 pow 值（即 pow(2,5)，也就是 2**5）。第 4 行代码使用自定义函数作为第 1 个参数。该函数每次从两个列表中分别取一个元素，并计算它们的成绩。关于 lambda() 函数的更多知识将在下一章介绍。第 6、8 行分别使用了 math.sqrt 和 ord，前者用于求平方根，后者用于查看给定字符的 Unicode 编码值。本实例的输出结果如下：

```
<map object at 0x000002E9E6DF3EE0> [1, 32, 729]
<map object at 0x000002E9E6D1BDC0> [2, 6, 12]
<map object at 0x000002E9E6D1BB20> [1.4142135623730951, 1.7320508075688772, 2.0]
[21338, 23398, 32780, 31491, 24535, 65292, 20999, 38382, 32780, 36817, 24605, 12290]
```

4.5.4 filter()函数

filter()也称为过滤函数，形式上和 map()较为相似。它对序列中每一个元素应用指定的条件，返回满足条件的元素构成的序列。filter()的使用格式为：

```
filter (func, seq)
```

【实例 4-65】filter()函数和 map()函数的对比。

```
test=[1,2,3,4,5]
test_map=list(map(lambda p:p>2,test))
test_filter=list(filter(lambda p:p>2,test))
print(test_map)
print(test_filter)
```

本实例第 2 行代码借助 map()函数将 lambda()函数分别作用在 test 列表的每一个元素上，此时返回的列表对象的每个元素是 lambda()函数的计算结果。第 3 行代码借助 filter()函数将 lambda()函数分别作用在 test 列表的每一个元素上，此时返回的列表只保留 lambda()函数计算结果为 True 位置上的 test 元素。本实例的输出结果如下：

```
[False, False, True, True, True]
[3, 4, 5]
```

4.6 综合案例：社会主义核心价值观

4.6.1 案例概述

2006 年 10 月，中国共产党第十六届中央委员会第六次全体会议第一次明确提出了

"建设社会主义核心价值体系"的重大命题和战略任务，明确提出了社会主义核心价值体系的内容，并指出社会主义核心价值观是社会主义核心价值体系的内核。2012 年 11 月，中共十八大报告明确提出"三个倡导"，即"倡导富强、民主、文明、和谐，倡导自由、平等、公正、法治，倡导爱国、敬业、诚信、友善，积极培育和践行社会主义核心价值观"。2018 年 3 月 11 日，第十三届全国人民代表大会第一次会议通过了中华人民共和国宪法修正案，载明了"国家倡导社会主义核心价值观，提倡爱祖国、爱人民、爱劳动、爱科学、爱社会主义的公德"。本案例以社会主义核心价值观为素材，全面展示列表、元组、字典、集合等数据类型的使用。

4.6.2 案例详解

1．列表嵌套

社会主义核心价值观涉及国家、社会、公民 3 个层面，富强、民主、文明、和谐是国家层面的价值目标，自由、平等、公正、法治是社会层面的价值取向，爱国、敬业、诚信、友善是公民个人层面的价值准则。为此我们可以用 3 个列表来记录这 3 个层面的内容：

```
list1=['富强', '民主', '文明', '和谐']
list2=['自由', '平等', '公正', '法治']
list3=['爱国', '敬业', '诚信', '友善']
```

列表中的元素也可以是列表对象。例如，我们可以以前述 3 个列表对象为基础，构造一个包含社会主义核心价值观全部内容的新列表对象：

```
list4=[list1, list2, list3]
print(list4)
```

上述代码输出的结果如下：

```
[['富强', '民主', '文明', '和谐'], ['自由', '平等', '公正', '法治'], ['爱国', '敬业',
'诚信', '友善']]
```

由输出结果不难看出，这是一种列表嵌套。外层的列表包含 3 个元素，每个元素又是一个由 4 个元素构成的列表。如果要遍历上述嵌套列表，需要设计两层循环，代码如下：

```
for i in list4:
    print(i)
    for j in i:
        print(j, end=" ")
    print()
```

第 1 行代码开始的外层循环提取了外层列表的 3 个列表对象元素。第 2 行代码依次输出了这 3 个列表对象元素。第 3 行代码开始的内层循环依次输出外层循环，获取了前述列表对象的 4 个字符串元素。本实例的输出结果如下：

```
['富强', '民主', '文明', '和谐']
富强 民主 文明 和谐
['自由', '平等', '公正', '法治']
自由 平等 公正 法治
['爱国', '敬业', '诚信', '友善']
爱国 敬业 诚信 友善
```

2．元组和字典嵌套

为了节省篇幅，我们将元组和字典整合在一起举例。承接上面内容，我们直接以列表为基础创建元组对象：

```
tuple1=tuple(list1)
tuple2=tuple(list2)
tuple3=tuple(list3)
print(tuple1, tuple2, tuple3)
```

本段代码的输出结果如下：

```
('富强', '民主', '文明', '和谐') ('自由', '平等', '公正', '法治') ('爱国', '敬业', '诚信',
'友善')
```

我们先创建只有一个元素的字典，然后通过不同的方法在字典中添加其他两个元素：

```
dict1={"国家层面" : tuple1}
dict2=dict(社会层面=tuple2)
dict1.update(dict2)
dict1['个人层面']=tuple3
print(dict1)
```

本段代码的输出结果如下：

```
{'国家层面': ('富强', '民主', '文明', '和谐'), '社会层面': ('自由', '平等', '公正', '法
治'), '个人层面': ('爱国', '敬业', '诚信', '友善')}
```

3．集合与字典

我们直接以前述字典对象为基础创建 2 个集合：

```
set1=set(dict1.keys())
print(set1)
print(dict1.keys())
set2=set(dict1.values())
print(set2)
print(dict1.values())
```

第 1 行代码创建的集合由字典中所有元素的键构成，第 4 行代码创建的集合由字典中所有元素的值构成。本段代码的输出结果如下（细心的读者可以发现，最后两行代码输出的元素顺序并不相同）：

```
{'国家层面', '社会层面', '个人层面'}
dict_keys(['国家层面', '社会层面', '个人层面'])
{('爱国', '敬业', '诚信', '友善'), ('自由', '平等', '公正', '法治'), ('富强', '民主',
'文明', '和谐')}
dict_values([('富强', '民主', '文明', '和谐'), ('自由', '平等', '公正', '法治'), ('爱国',
'敬业', '诚信', '友善')])
```

4.7 综合案例：线性代数的中国根源

4.7.1 案例概述

中国科学院院士、数学家吴文俊先生在《中国古代数学对世界文化的伟大贡献》一文中指出："西方的大多数数学史家，除了言必称希腊以外，对于东方的数学，则歪曲历史，制造了不少巴比伦神话和印度神话，把中国数学的辉煌成就尽量贬低，甚至视而不见，一笔抹煞。"吴文俊院士指出："微积分的发明乃是中国式数学战胜了希腊式数学的产物。"甚至可以说："近代数学之所以能够发展到今天，主要是靠中国的数学，而非希腊的数学，

决定数学发展进程的主要是中国的数学而非希腊的数学。"

《线性代数的中国根源（The Chinese Roots of Linear Algebra）》是罗杰·哈特的一部专著。该书记录了古代中国的线性代数成就，并就其对现代线性代数的影响进行了研究。

本案例将探讨一些简单线性代数问题的 Python 实现。需要说明的是，本案例意在对本章知识进行综合演示。在工程实践中，我们通常采用 Numpy 之类的库来实现，这在后续章节还会介绍。

4.7.2　案例详解

1．向量的表示

向量因为只有一行，可以用列表表示：

```
vector01=[1, 2, 3, 4]
vector02=list(range(6,14,2))
vector03=[[1], [2], [3], [4]]
print(vector01, vector02, vector03)
```

第 1、2 行代码分别创建了行向量，第 3 行创建了一个列向量，输出结果如下：

```
[1, 2, 3, 4] [6, 8, 10, 12] [[1], [2], [3], [4]]
```

2．向量的加法运算

直接使用加法运算符对两个列表对象进行加法运算，进行的是一种序列加运算：

```
print(vector01+vector02)
```

输出结果为[1, 2, 3, 4, 6, 8, 10, 12]。两个列表的元素被合并在一起，并返回一个新的列表对象。这并不是线性代数中的向量加法运算。

为了将向量元素对应相加，可以使用如下方式：

```
#向量的加法运算1
vector_add01=[]
for i,e in enumerate(vector01):
    vector_add01.append(e+vector02[i])
print(vector_add01)
#向量的加法运算2
vector_add02=[x+y for x,y in zip(vector01, vector02)]
print(vector_add02)
#向量的加法运算3
vector_add03=list(map(lambda x,y: x+y, vector01, vector02 ))
print(vector_add03)
#向量的加法运算4
import numpy as np
vector_add04= list(np.add(vector01, vector02))
print(vector_add04)
```

这 4 种方式的输出结果都是[7, 10, 13, 16]。

3．向量的数量乘法运算

下面的代码对比演示了序列乘运算和向量的数量乘法运算。

（1）序列乘

```
print(vector01*2, 2*vector02 )
```

输出结果如下：

```
[1, 2, 3, 4, 1, 2, 3, 4] [6, 8, 10, 12, 6, 8, 10, 12]
```

（2）向量的数量乘法运算：示例1

```
vector_mult01=[]
for e in vector01:
    vector_mult01.append(e*3)
print(vector_mult01)
```

（3）向量的数量乘法运算：示例2

```
vector_mult02=[x*3 for x in vector01]
print(vector_mult02)
```

（4）向量的数量乘法运算：示例3

```
vector_mult03=list(map(lambda x: x*3, vector01 ))
print(vector_mult03)
```

（5）向量的数量乘法运算：示例4

```
import numpy as np
vector_mult04= list(3*np.array(vector01))
print(vector_mult04)
```

这4个示例的输出结果都是[3, 6, 9, 12]。

4．向量的内积

在数学中，内积是两个向量之间的二元运算，也称为点积或数量积。下面是4种计算方法，这4种方式的输出结果都是100：

```
#向量的内积运算1
tmp=[]
for i,e in enumerate(vector01):
    tmp.append(e*vector02[i])
vector_dot01=sum(tmp)
print(vector_dot01)
#向量的内积运算2
tmp=[x*y for x,y in zip(vector01, vector02)]
vector_dot02=sum(tmp)
print(vector_dot02)
#向量的内积运算3
tmp=list(map(lambda x,y: x*y, vector01, vector02 ))
vector_dot03=sum(tmp)
print(vector_dot03)
#向量的内积运算4
import numpy as np
vector_dot04= np.dot(vector01, vector02)
print(vector_dot04)
```

5．多维列表与矩阵乘法

【思考】C语言中通常使用二维数组来存储矩阵，如 A=[1,2,3;4,5,6;7,8,9]。Python中如何存储，如何访问呢？

通过列表嵌套可以构造多维列表。例如，我们可以将二维列表看作每一个元素都是一维列表的列表，可以将三维列表看作每一个元素都是二维列表的列表。与列表类似，在多维列表中，每个维度计数都是从0开始的。二维列表的第0维和第1维分别对应于行和列。在访问多维列表中的元素时，可使用如下格式：

```
列表对象[索引][索引]...
```

其中第1个"[]"为列表的第0维，第2个为第1维……以此类推。

列表嵌套可以构建矩阵。矩阵可以通过二维列表的形式表示，内部嵌套的列表元素作为矩阵的行元素，而行列表的每一个元素编号对应的位置就是矩阵的列号。通过列表索引来访问矩阵中具体位置的元素，如下所示：

```
A=[[1, 2, 3, 4], [5, 6, 7, 8], [9, 10, 11, 12]]
print(A)
print(A[0])
print(A[1][2])
```

第 1 行代码创建了一个二维列表，用于表示矩阵 **A**。第 3 行代码访问获取第 0 维索引为 1 的数据，是一个一维列表（即矩阵的第 0 行元素），得到的是一个一维列表。第 4 行代码获取第 0 维索引为 1、第 1 维索引为 2 的数据，即访问矩阵第 1 行第 2 列元素。本实例的输出结果如下：

```
[[1, 2, 3, 4], [5, 6, 7, 8], [9, 10, 11, 12]]
[1, 2, 3, 4]
7
```

接下来讨论矩阵的乘法。**C** = **A*B** 是 **A** 和 **B** 的矩阵乘积。如果 **A** 是 $m×p$ 矩阵，**B** 是 $p×n$ 矩阵，则 **C** 是 $m×n$ 矩阵，其元素为 $C(i,j) = \sum_{k=1}^{p} A(i,k)B(k,j)$。该定义说明 $C(i,j)$ 是 **A** 第 i 行与 **B** 第 j 列的内积。

```
B=[[1,2,3],[4,5,6],[7,8,9],[10,11,12]]
print("B=",B)
B_T=list(map(list,zip(*B)))
print("B_T=",B_T)
C=[]
for row_A in A:
    C_row=[]
    for row_B_T in B_T:
        C_ij=sum(list(map(lambda x,y: x*y, row_A, row_B_T )))
        C_row.append(C_ij)
    C.append(C_row)
print("C=",C)
```

第 1 行代码创建了一个二维列表，用于表示矩阵 **B**。第 3 行代码将其进行转置。第 5 行代码初始化 **C** 为空矩阵。第 6～11 行代码由两重 for 循环构成，外层 for 循环每次从 **A** 中取一行数据，如第一次取[1, 2, 3, 4]；内层 for 循环每次从 B_T 中取一行数据，也就相当于从 **B** 中取一列数据，如第一次取[1, 4, 7, 10]。第 9 行代码计算两者的内积，前文已经介绍了多种内积计算方法。本实例的输出结果如下：

```
B=[[1, 2, 3], [4, 5, 6], [7, 8, 9], [10, 11, 12]]
B_T=[[1, 4, 7, 10], [2, 5, 8, 11], [3, 6, 9, 12]]
C=[[70, 80, 90], [158, 184, 210], [246, 288, 330]]
```

本章小结

本章介绍了 Python 容器数据类型相关知识。容器数据类型是 Python 特色性的数据结构类型，被广泛应用于各类 Python 程序中。本章介绍了序列、字典、集合等容器数据类型的基本知识和使用方法，以及可变数据类型、不可变数据类型、浅复制、深复制等高阶知识。读者学习完本章后，可以借助容器数据类型进一步提升 Python 程序设计能力。

习题 4

1. 已知字符串 str1="以中国式现代化全面推进中华民族伟大复兴"，则 str1[-1]的值为（   ），str1[1:3]的值为（   ）。

2. 语句 str1="zhangping";print(max(str1))的执行结果为（   ）。

3. 已知 lst01=["3.14","12,自强不息",5,22]，则 lst01[3]为（   ）。

4. 序列类型不包括（   ），可变数据类型不包括（   ）。

A. 字符串　　　　　　B. 列表　　　　　　　C. 元组　　　　　　　　D. 字典

5. 解释 Python 列表的特点及用法，举例说明如何创建和操作列表。

实训 4

1. 给定列表 lst=list（"加强基础研究，是实现高水平科技自立自强的迫切要求，是建设世界科技强国的必由之路。"），分别进行以下切片操作：（1）从索引 3 开始，连续取 5 个元素；（2）取前 5 个元素；（3）取最后 5 个元素；（4）取索引号为偶数的元素。

2. 使用字典保存多名员工的姓名和对应工资，然后分别完成以下任务：（1）查找某个员工的工资；（2）找出工资最高的员工的姓名。

3. 创建一个元组，存储 1～10 中的整数，创建另一个元组，存储 1～20 中的偶数，合并两个元组的内容，并去除其中的重复元素。

4. 构造由 12 个随机整数组成的列表，找出列表元素的最大值和最小值；按从大到小的顺序给列表排序，并输出排序后的列表。

5. 编写一个 Python 程序，完成以下元组相关操作：（1）拼接；（2）重复扩展；（3）元素的计数；（4）元素的访问；（5）元素的查找；（6）将元组转换为列表。

6. 编写 Python 程序，完成如下列表相关操作：（1）反转；（2）排序；（3）扩展。

7. 假定有字典对象 d = {"name": "Tom", "age": 20, "gender": "male"}。请编写 Python 程序，实现以下字典相关操作：（1）元素的添加；（2）元素的删除；（3）元素的修改；（4）键值对的遍历；（5）键的查找。

8. 假定有集合对象 s1 = {1, 2, 3}，s2 = {2, 3, 4}。请编写 Python 程序，实现以下集合相关操作：（1）元素添加；（2）元素删除；（3）交集；（4）并集；（5）差集。

9. 假定有字符串对象 s1 = "Hello"，s2 = " World"，s = "Hello World"。请编写 Python 程序，实现以下字符串相关操作：（1）拼接；（2）替换；（3）翻转；（4）查找；（5）切片。

10. 假定列表为 lst = [1, 2, 3, 2, 4, 3, 5, 1, 6, 7]，编写一个 Python 程序，实现列表的去重。

11. 假定 lst1 = [1, 2, 3]，lst2 = [4, 5, 6]，编写一个 Python 程序，将两个列表按照相同位置元素相加的方式进行合并。

12. 编写一个 Python 程序，实现列表中元素的前移 k 位操作，其中 k 为给定的非负整数，从列表头部移出的元素将添加到列表的末尾。

第5章 函数与模块化编程基础

函数是实现代码重用的基本方式。用户可以将一组操作语句作为一个整体封装成一个函数，以方便后续多次调用。模块是 Python 程序组织的高级单位，用于实现数据、代码、函数等内容的封装。模块提供了将独立文件连接起来，构建更大、更复杂的 Python 程序架构的方式。本章主要介绍 Python 中函数的定义和调用方法、变量的作用域和函数参数传递等内容，并介绍一些模块化编程的基础知识。

5.1 函数的定义和调用

函数是用于实现某一特定功能的代码集合。函数通常用于实现代码的重用，并可以确保代码的一致性。

5.1.1 函数的基本用法

定义函数使用关键字 def，后跟函数名与括号内的形式参数（形参）列表。函数语句从下一行开始，并且必须缩进。函数定义的基本格式如下：

```
def   函数名([形参列表]):
    语句块
    [return 返回值]
```

函数定义并不会执行函数体，只有当函数被调用时才会执行此操作。函数可以没有参数，上述的形参列表可以省略。需要注意的是，即使是无参数函数，函数名后面的圆括号也是不能省略的。

函数通过 return 语句返回值，其中的返回值可以用表达式代替，此时将返回表达式的值。return 语句可以省略。

函数调用的基本格式如下：

```
函数名([实参列表])
```

⚠️ **注意**：调用函数时，传入的实际参数（实参）列表要和定义函数的形参列表匹配。当出现函数调用时，将会暂停调用语句，转去执行被调用函数，被调用函数执行完后恢复执行调用语句。

下面我们通过两个实例分别展示无参数函数和有参数函数的使用方法。

【实例 5-1】无参数函数。

```
def func():
    print("从此忧来非一事, 岂容华发待流年。" )
func()
```

本实例的输出结果如下：

从此忧来非一事，岂容华发待流年。

函数调用时一定要有小括号。没有小括号在 Python 中不会报告语法错误，但这已经不是函数调用，而相当于函数重命名。

【实例 5-2】 有参数函数。

```
def func(a):
    b="{}：故闻伯夷之风者，顽夫廉，懦夫有立志。".format(a)
    return b
a="廉顽立懦"
print(func(a))
```

本实例的输出结果如下：

廉顽立懦：故闻伯夷之风者，顽夫廉，懦夫有立志。

【实例 5-3】 函数的执行过程。

```
def func():
    print("厚德修心，善以众生。")
print("天行健，君子以自强不息。")
a=func
print("地势坤，君子以厚德载物。")
a()
```

请读者注意观察不同语句的执行顺序。注意观察第 4 行和第 6 行代码。第 4 行并没有调用函数，真正的调用位置其实在第 6 行代码中。本实例的输出结果如下：

天行健，君子以自强不息。
地势坤，君子以厚德载物。
厚德修心，善以众生。

5.1.2 函数返回值

函数通过 return 语句返回值。return 语句有下面 4 种常见的用法。

1．return 语句指定返回值

【实例 5-4】 return 语句指定返回值。

```
def func(a, b):
    return a+b
a="业精于勤，荒于嬉；"
b="行成于思，毁于随。"
print(func(a,b))
```

本实例的输出结果如下：

业精于勤，荒于嬉；行成于思，毁于随。

2．return 语句没有返回值

return 语句没有指定返回值，则默认返回 None。

【实例 5-5】 return 语句没有指定返回值。

```
def func():
    print( "君子学以聚之，问以辩之，宽以居之，仁以行之。" )
    return
print(func())
```

本实例的输出结果如下：

君子学以聚之，问以辩之，宽以居之，仁以行之。
```
None
```

3. return 语句指定返回多个值

函数也可以返回多个值。定义时将需要返回的多个值依次放在 return 的后面，用逗号隔开。此时，实质上返回了一个元组。

【实例 5-6】return 语句指定多个返回值。

```
def func(a, b):
    return a+b, a*b
print(func(1,2))
```

本实例的输出结果如下：

```
(3, 2)
```

4. 多个 return 语句

一个函数的函数体中可以有多个 return 语句。当执行其中任意一个 return 语句后，本函数体的执行就结束，即本次函数调用结束并返回调用者。

【实例 5-7】多个 return 语句。

```
Def func(a, b):
    If len(a)<len(b):
        return a
    elif len(a)>len(b):
        return b
    return 0
a="木受绳则直，金就砺则利。"
b="君子博学而日参省乎己，则知明而行无过矣。"
print(func(a,b))
```

本实例的输出结果如下：

```
木受绳则直，金就砺则利。
```

5.1.3 函数的递归调用

一个函数在内部对自己进行直接或间接地调用就构成了递归调用。直接递归调用就是一个函数直接调用该函数自身。间接递归调用可以是一个函数调用另一个函数，该函数又调用原函数。

递归算法一般通过子程序或函数来设计实现。递归函数的设计就是基于这样层层剖解的思想。实际中能用递归解决的问题通常有这样的特征：对于规模为 N 的问题，可以将其分解成规模较小的问题，然后用小问题的解构造出大问题的解；小问题也能采用和大问题类似的分解和综合方法，分解成更小规模的问题，并且用更小问题的解构造出规模较大问题的解。当规模等于 1 时，能够直接得到解。

实现递归，要解决以下两个关键问题。

第 1 个问题是该任务的基本问题是什么，基本问题有没有解？

第 2 个问题是递归的构成，包括如何将问题分解、函数递归调用自己的位置、在哪里合并问题的部分解等子问题。

【实例 5-8】函数递归调用：求阶乘。

```
def func(n):
    if n == 1:
        return 1
    return n * func(n-1)
n = 5
```

```
print("{}! = {}".format(n, func(n)))
```

本实例给定了一个自然数 n，求它的阶乘（$n!$）。本实例的输出结果如下：

```
5! = 120
```

【实例 5-9】函数递归调用：文字三角形。

```
def func(n):
    if n:
        print(n)
        return func(n[:-8])
x="积土成山，风雨兴焉；积水成渊，蛟龙生焉；积善成德，而神明自得，圣心备焉。"
func(x)
```

本实例的输出结果如下：

```
积土成山，风雨兴焉；积水成渊，蛟龙生焉；积善成德，而神明自得，圣心备焉。
积土成山，风雨兴焉；积水成渊，蛟龙生焉；积善成德，而神明
积土成山，风雨兴焉；积水成渊，蛟龙生焉；
积土成山，风雨兴焉；积水
积土成山
```

5.1.4 常用的内置函数

Python 提供了许多内置函数，如 print()、input()。这些内置函数可以自动加载，直接使用。读者如果需要查看内置函数的信息，可以使用下面两种方法。

第 1 种方法，读者可以使用内置函数"dir(__builtins__)"查看 Python 提供的内置标识符列表（此列表包括但不限于内置函数的信息）。需要注意的是，builtins 左右的下划线都是两个。

第 2 种方法，读者也可以先输入"import builtins"，然后输入"dir(builtins)"查看 Python 内置标识符列表。本书在后面章节还会详细讲解 import 的用法。

使用以上两种方法得到的列表中包括内置变量、内置函数等不同元素，其中内置函数位于列表的末尾部分，以小写字母开头。

【实例 5-10】查看内置函数。

```
#查看内置函数，方法 1
dir(__builtins__)
#查看内置函数，方法 2
import builtins
print(dir(builtins))
```

实际上，我们并不需要显式地导入 builtins 模块便可以使用其中的内置函数。例如，【实例 5-10】中的 dir()和之前反复使用的 print()都是内置函数，我们都没有提前使用 import 导入 builtins 模块。常见的内置函数如表 5-1 所示，大多数已经在前文中出现过。

表 5-1 常用的内置函数

函数名	功能
input()/print()	输入/输出函数
help([object])	返回指定 object 的帮助信息
dir([object])	无 object 时，返回当前范围内的变量、方法和定义的类型列表；带 object 时，返回 object 的属性、方法列表
id(object)	返回 object 对象的唯一标识符
type(object)	返回 object 对象的数据类型

【实例 5-11】查看内置函数的帮助信息。

```
help(print)       #使用内置函数 help()获取 print()函数的帮助信息
help(id)          #使用内置函数 help()获取 id()函数的帮助信息
```

5.2 函数的参数传递

5.2.1 参数的传递模式

Python 中参数的传递模式分为传值和传址两种。Python 中的数据类型分为两种，即不可变数据类型和可变数据类型。数字、字符串和元组是不可变数据类型，列表、集合和字典等是可变数据类型。不可变数据类型作为函数实参时，如果在函数体内改变形参的值，不会导致实参值发生改变；可变数据类型作为函数实参时，如果在函数体内改变形参的值，将导致实参的值发生改变。

1．传值模式

如果参数是不可变数据类型，如数值、字符串、元组等，则相当于传入值。此时，由于参数的不可改变特性，实际需要创建一份参数的副本再传递，这一点相当于通过值传递参数，即传值。

【实例 5-12】传值模式。

```
def func(x):
    x=x*2
    print("x =", x)
print("---数值---")
y=10
func(y)
print("y=", y)
print("---字符串---")
y="积善之家，必有余庆"
func(y)
print("y=", y)
print("---元组---")
y=(10,20)
func(y)
print("y=", y)
```

📝 **注意**：代码中共有三行"print("y=", y)"。它们分别位于三处 func(y)函数调用之后，但输出的 y 的值没有因为 func(y)函数的调用而发生变化，仍然与 func(y)函数执行之前的值相同。

本实例的输出结果如下：

```
---数值---
x=20
y=10
---字符串---
x=积善之家，必有余庆积善之家，必有余庆
y=积善之家，必有余庆
---元组---
x=(10, 20, 10, 20)
y=(10, 20)
```

2．传址模式

如果参数是可变数据类型，如列表、字典等，则相当于传入引用。此时，这些参数是

可以原地修改的。函数对于这样的参数，实际传入的是对象的引用。也就是在函数中如果修改了这些对象，调用者中的原始对象也将受到影响。可见，这种参数传递方法相当于通过指针传递参数，传递的是引用，又称传址。

【实例 5-13】传址模式。

```
def func(x):
    for i in range(len(x)):
        x[i]=x[i] +3
    print("x =", x)
y=[1, 2, 3]
print("y =", y)
func(y)
print("y =", y)
```

⚠ **注意**：最后一行输出的 y 的值已经发生变化。

本实例的输出结果如下：

```
y=[1, 2, 3]
x=[4, 5, 6]
y=[4, 5, 6]
```

3．传址模式与对象复制

通过引用进行参数传递使得不必创建多个参数的副本就可实现对参数的更新。如果我们不希望可变参数在原地被修改，则此时可以创建一个明确的对象副本传递给函数。我们仍然使用【实例 5-13】中的函数定义，但是本次函数调用方式有变化。我们将列表的一个副本传入函数，因此原来列表并没有发生改变。

【实例 5-14】传址模式与对象复制。

```
def func(x):
    for i in range(len(x)):
        x[i]=x[i] +3
    print("x=", x)
y=[1, 2, 3]
print("y=", y)
func13(y[:])
print("y=", y)
```

⚠ **注意**：最后一行输出的 y 值没有改变，与上一个实例不同。

本实例的输出结果如下：

```
y=[1, 2, 3]
x=[4, 5, 6]
y=[1, 2, 3]
```

5.2.2　参数的匹配

调用函数时，需要将实参传入。传入的实参要和定义函数时的形参进行匹配。根据参数传递和匹配方式的不同，可以将参数分为两类。

第 1 类是位置参数。在函数调用时，要求传入的实参和函数定义时的形参在位置上一一对应。系统将根据参数的位置从左到右对实参和形参进行匹配。如果出现多余的数据或者有的形参未被赋值，则会触发异常。位置参数最常用，前面的例子基本都是属于这一类。

第 2 类是关键字参数。在调用函数时，按照 key=value 的形式为指定的参数传值。参数传递时，系统通过关键字而不是参数的位置进行匹配。使用关键字参数时，对参数的次序没有要求，是根据名字匹配的。调用者不必关心参数的次序问题，通过关键字为参数赋值即可。

关键字参数和位置参数也可以混合使用，但是位置参数要放在关键字参数前，否则系统会报语法错误。毕竟位置参数是对参数次序敏感的参数。参数匹配时，系统首先根据位置关系进行参数匹配，然后再根据关键字匹配参数。

【实例5-15】位置参数与关键字参数。

```python
def func(a, b, c):
    print("a={}, b={}, c={}".format(a, b, c))
func(3, 2, 1)              #位置参数
func(c=3, b=2, a=1)        #关键字参数
func(3, c=2, b=1)          #混合使用
#func(3, c=2, a=1)         #错误示例
#func(c=2, a=1,3)          #错误示例
```

本实例前两行代码定义了一个函数 func()。第 3 行代码采用的是位置参数，传入的实参列表的值将按照形式列表的顺序依次赋值。第 4 行代码采用的是关键字参数，在调用函数时指定形参的名字，可以实现实参不按照形参的顺序书写。第 5 行代码采用位置参数和关键字参数的混用方式。本实例的输出结果如下：

```
a=3, b=2, c=1
a=1, b=2, c=3
a=3, b=1, c=2
```

第 6 行和第 7 行分别给出了两个错误示例。第 6 行的错误示例实际上为函数传入了两个 a，因此会提示如下错误：

```
TypeError: func() got multiple values for argument 'a'
```

在第 7 行的错误示例中，位置参数位于关键字参数之后，因此会提示如下错误：

```
SyntaxError: positional argument follows keyword argument
```

5.2.3   参数的默认值

在 Python 中定义函数时，可以为形参设置默认值。当调用函数时，如果没有传入该参数，就自动使用函数定义时的值作为默认值。

1．设置参数默认值

给形参设置默认值的一般形式如下：

```
def 函数名(…, 形参名=默认值):
    函数体
```

当一个或多个形参具有"形参名=默认值"这样的形式时，该函数就被称为具有默认形参值。对于一个具有默认值的形参，其对应的参数可以在调用中被省略，在此情况下会用形参的默认值来替代。注意：在定义具有默认形参值的函数时，具有默认值的参数右边不能再出现没有默认值的参数。

```python
def f(x, y=10, z)    #错误示例，y 的右边不能再出现没有默认值的 z
def f(x, y, z=5)     #正确
```

【实例5-16】参数默认值。

```python
def func(a, b="论语"):
    print("《{1}》: {0}".format(a, b))
str1="不迁怒，不贰过。"
str2="君子不怨天，不尤人。"
func(str1)
func(str2, "孟子")
```

本实例的输出结果如下：

《论语》：不迁怒，不贰过。
《孟子》：君子不怨天，不尤人。

2. 查看参数默认值

对于设置了默认形参值的函数，可以使用"函数名.__defaults__"查看函数所有默认形参的设置值，返回值是一个元组，其中每个元素依次表示每个默认形参的设置值。

【实例5-17】查看默认的参数值。

```
def func(a,b=12, c=22):
    pass
x=func.__defaults__
```

本实例的输出结果如下：

```
(12, 22)
```

3. 可变类型参数的初始化

设置了默认形参值的参数只在定义时解释和初始化一次。一个形参如果设置了列表、集合及字典等可变类型的默认值，那么第1次使用默认值时，形参的值为设置的默认值，以后继续调用函数则不会再次对默认值初始化。

【实例5-18】可变类型参数的默认值初始化。

```
def func(a, b=[]):
    b.append(a)
    print("b=",b)
func(1)
func(2)
func(3)
```

本实例中共对func()函数进行了3次调用，仅在第1次调用func()函数时进行了初始化，并将 b 初始化为默认值的空列表；其余两次调用 func()函数不再进行初始化。本实例的输出结果如下：

```
b=[1]
b=[1, 2]
b=[1, 2, 3]
```

如果调用时给默认值形参传了值，那么它对默认值形参的变化情况没有影响。

【实例5-19】可变类型参数的非默认值初始化。

```
def func(a, b=[0]):
    b.append(a)
    print("b=", b)
func(1, [2])
func(3)
func(4, [5])
func(6)
func(7, [8])
func(9)
```

相对于上一个实例，本实例故意将形参 b 的默认值改为[0]，目的是让读者知道，默认值并不一定得是空列表。读者也可以改为"b=[]"，对比一下输出结果。

本实例共对 func()函数进行了 6 次调用，奇数次调用和偶数次调用的方式不同，效果也存在较大差异。第1、3、5 次调用时，都为参数 b 传入了指定值。这3次调用输出表明每一次调用，输出的列表 b 的第 1 个元素都被设置成了指定值。第2、4、6 次调用时，参数 b 都使用了默认值。第 2 次调用 func()函数时进行了初始化，并将 b 初始化为默认值的列表[0]。此后第 4、6 次调用时，系统并没有对其进行重新初始化。本实例的输出结果如下：

```
b=[2, 1]
b=[0, 3]
b=[5, 4]
b=[0, 3, 6]
b=[8, 7]
b=[0, 3, 6, 9]
```

5.2.4　不定长参数

实际应用中，可能存在定义函数时不能确定形参数量的情形。这时需要存在一种不定长参数的定义方式，允许函数定义时参数数量不确定，只有在函数被调用的时候，才能确定参数的数量。

Python 提供了此类实现机制，针对位置参数和关键字参数又可以分为两种实现形式。如果形参列表中存在"*identifier"这样的参数，它会被初始化为一个元组，来接收任何额外的位置参数，默认为一个空元组。参数收集结果是包含位置信息的元组。如果形参列表中存在"**identifier"这样的参数，它会被初始化为一个新的有序映射，来接收任何额外的关键字参数，默认为一个相同类型的空映射。参数收集的结果是一个有序映射变量，其中有序映射的键就是关键字参数名，值就是关键字的参数值。

1．初始化为元组

第 1 种定义不定长参数方案中，系统将传递进来的任意数量的位置参数组合成一个元组。函数定义形式如下：

```
def 函数名(*形参名):
    函数体
```

【实例 5-20】不定长参数：初始化为元组。

```
def func(*p):
    print(p)
func(1, 2, 3)
func("ab", [4, 5], "c",6)
```

本实例的输出结果如下：

```
(1, 2, 3)
('ab', [4, 5], 'c', 6)
```

2．合成字典传入

第 2 种定义不定长参数方案中，系统将传递进来的任意数量的关键字参数组合成一个有序映射。函数定义形式如下：

```
def 函数名(**形参名):
    函数体
```

【实例 5-21】不定长参数：初始化为有序映射。

```
def func(**p):
    print(p)
func(a=1, b=2, c=3)
func(x=1, y=2, z=3)
```

本实例的输出结果如下：

```
{'a': 1, 'b': 2, 'c': 3}
{'x': 1, 'y': 2, 'z': 3}
```

5.2.5 实参序列解包

当函数具有多个形参时，在函数调用时，可以使用列表、元组、集合、字典及其他可迭代对象作为实参，并在实参名称前面加上一个星号（*）。Python 解释器会首先将实参序列解包，然后将序列中的值分别传递给形参变量。需要注意的是，此时实参序列中的元素个数仍然要与形参列表中的元素个数保持一致，否则会报错。

【实例 5-22】实参序列解包：列表和集合。

```
def func(x, y, z):
    print(x,y,z)
    print("x+y+z is {}".format(x+y+z))
a=[1, 2, 3]
func(*a)
b={1, 2, 3}
func(*b)
```

本实例分别演示了对列表和集合进行解包的过程，输出结果如下：

```
1 2 3
x+y+z is 6
1 2 3
x+y+z is 6
```

【实例 5-23】实参序列解包：字典 1。

```
def func(x, y, z):
    print(x,y,z)
    print("x+y+z is {}".format(x+y+z))
#c={1:"r", 2:"s", 3:"t", 4:"u"} #错误示例：元素数量不一致
c={1:"r", 2:"s", 3:"t"}
func(*c)
func(*c.keys())
func(*c.values())
```

本实例分别演示了对字典、字典的键、字典的值进行解包的过程，其中字典的键 keys 为数字，而值 values 为字符串。直接对字典解包，其效果与对字典的键 keys 进行解包是一样的。本实例的输出结果如下：

```
1 2 3
x+y+z is 6
1 2 3
x+y+z is 6
r s t
x+y+z is rst
```

【实例 5-24】实参序列解包：字典 2。

本实例也分别演示了对字典、字典的键、字典的值进行解包的过程。与上一个实例不同的是，本实例中字典的键 keys 为字符串，而值 values 为数字。

```
def func(x, y, z):
    print(x,y,z)
    print("x+y+z is {}".format(x+y+z))
d={"r":1, "s":2, "t":3 }
func(*d)
func(*d.keys())
func(*d.values())
```

直接对字典解包，其效果与对字典的键 keys 进行解包是一样的。本实例的输出结果如下：

```
r s t
x+y+z is rst
r s t
x+y+z is rst
1 2 3
x+y+z is 6
```

5.3 函数变量的作用域

变量的作用域是指变量起作用的范围，它由定义变量的位置决定。不同作用域内的变量之间互不影响。根据变量定义的位置，变量分为局部变量和全局变量。

5.3.1 局部变量

局部变量是指在函数内部定义的变量，它只在定义该变量的函数内部起作用，作用范围从定义该变量的位置开始到函数结束。

【实例 5-25】函数内部变量的作用域。

```
def func():
    local_a=3
    print("local_a = {}".format(local_a))  #正常：函数之内
func()
#print(local_a)                              #错误示例：函数之外
```

如果读者使用交互模式开发，并且已经在之前执行的其他代码片段中定义了 local_a 变量，那么为了防止之前这个 local_a 变量的影响，读者应当在执行本实例代码之前，先执行 del local_a。本实例的输出结果如下：

```
local_a=3
```

本实例最后一行给出了一个错误示例，执行该行代码将会提示如下错误：

```
NameError: name 'local_a' is not defined
```

函数的形参变量也是局部变量，它的作用范围也只限于该函数内部。

【实例 5-26】函数形参的作用域。

```
def func(local_b):
    print("local_b = {}".format(local_b))  #正常：函数之内
func(2)
#print(local_b)                             #错误示例：函数之外
```

如果读者使用交互模式开发，并且已经在之前执行的其他代码片段中定义了 local_b 变量，那么为了防止之前这个 local_b 变量的影响，读者应当在执行本实例代码之前，先执行 del local_b。本实例的输出结果如下：

```
local_b=2
```

本实例最后一行给出了一个错误示例，执行该行代码将会提示如下错误：

```
NameError: name 'local_b' is not defined
```

在 if 语句和循环语句的语句块中定义的变量及 for 循环的循环变量都是局部变量，它们的作用范围都持续到函数结束。

【实例 5-27】 复合语句中的变量作用域。

```
def func(a):
    if a > 0:
        local_c=3
        print(local_c)      #正常：if 语句块之内
    print(local_c)          #正常：if 语句块之外，函数之内
func(3)
#print(local_c)             #错误示例：函数之外
```

如果读者使用交互模式开发，并且已经在之前执行的其他代码片段中定义了 local_c 变量，那么为了防止之前这个 local_c 变量的影响，读者应当在执行本实例代码之前，先执行 del local_c。本实例的输出结果为两个 3，其中第 1 个 3 由第 4 行代码输出，第 2 个 3 由第 5 行代码输出。由此可见，尽管 local_c 变量位于 if 语句内部，但是第 5 行代码仍然受其影响。

然而，第 7 行代码位于函数之外，此时将无法访问函数体部定义的 local_c 变量的值。本实例最后一行给出了一个错误示例，执行该行代码将会提示如下错误：

```
NameError: name 'local_c' is not defined
```

5.3.2　全局变量

全局变量是指在函数外部定义的变量，其作用范围从定义该变量的位置开始到程序结束。如果在函数内只需要引用全局变量，那么可用它给其他变量赋值或直接输出它的值。

【实例 5-28】 全局变量的作用域。

```
a=10            #全局变量
def func():
    b=a         #全局变量 a
    print("a={}, b={}".format(a, b))
func()
print(a)        #全局变量 a
```

本实例的输出结果如下：

```
a=10, b=10
10
```

局部变量和全局变量可以同名。在这种情况下，在函数体内部给该变量赋值时，全局变量不起作用，只是改变局部变量的值。

【思考】 上述实例中，第 3 行代码 "b=a" 的下面可以插入一条 "a=20" 的语句吗？

【实例 5-29】 全局变量和局部变量重名。

```
a=10            #全局变量
def func():
    a=20        #局部变量 a
    b=a
    print("a={}, b={}".format(a, b))
func()
print(a)        #全局变量 a，注意：a 的值没有被修改
```

本实例的输出结果如下：

```
a=20, b=20
10
```

如果要在函数体内部修改全局变量 a 的值，那么要用关键字 global 声明变量 a。

【实例 5-30】用关键字 global 声明全局变量。

```
a=10
def func():
    global a
    a=20
    b=a
    print("a={}, b={}".format(a, b))
func()
print(a)
```

本实例第 1 行的 a 是全局变量。第 3 行代码声明该处的 a 是全局变量。第 4 行代码将 20 赋给全局变量 a，因此，全局变量 a 的值从原来的 10 变成了 20。最后一行对全局变量 a 进行输出，验证了 a 的值确实被修改成了 20。本实例的输出结果如下：

```
a=20, b=20
20
```

5.4 函数进阶

5.4.1 函数的嵌套定义

Python 函数可以嵌套定义，即在函数体内再定义另一个函数。嵌套函数的定义形式与一般函数的一样，只是要位于一个函数的函数体内。

【实例 5-31】直接调用嵌套函数的外部函数。

```
def outer():
    def inner():
        print("inner: 志者，欲之使也。欲多则心散，心散则志衰，志衰则思不达")
    print("outer: 内以养志，外以知人。养志则心通矣，知人则识分明矣。")
outer()
```

被嵌套的函数不会随着外部函数的执行而自动执行。本实例的输出结果如下：

```
outer: 内以养志，外以知人。养志则心通矣，知人则识分明矣。
```

如果要执行被嵌套的函数，则需要在外部函数的函数体内显式地调用它。

【实例 5-32】显式调用内部函数。

```
def outer():
    def inner():
        print("inner: 志不养，则心气不固；心气不固，则思虑不达。")
    inner()
    print("outer: 养志之始，务在安己；己安，则志意实坚。")
outer()
```

本实例的输出结果如下：

```
inner: 志不养，则心气不固；心气不固，则思虑不达。
outer: 养志之始，务在安己；己安，则志意实坚。
```

5.4.2 修饰器

嵌套函数的一个重要应用是修饰器。修饰器涉及设计模式，是比较高阶的用法，初学者了解一下即可。修饰器也是一个函数，它接收其他函数作为参数，在此基础上加上一些功能作为修饰后返回新函数。要使用该修饰器，需要在定义函数之前加上修饰标识。

【实例 5-33】 嵌套函数与修饰器。

```
def decorator(fun):
    def wrapper(*args, **kwargs):
        print("前：君子之所谓贤者，非能遍能人之所能之谓也。")
        result = fun(*args, **kwargs)
        print("后：凡事行，有益于理者，立之；无益于理者，废之。")
        return result
    return wrapper
@decorator    #修饰标识
def main():
    print("主：志忍私，然后能公；行忍情性，然后能修，知而好问然后能才。")
main()
```

本实例中，前 7 行代码定义了一个修饰器函数 decorator()。修饰器函数中嵌套了一个包装函数 wrapper ()，用于在目标函数执行之前（第 3 行代码）或者之后（第 5 行代码）进行包装修饰。在 main()函数之前的第 8 行，我们为 main()函数添加了修饰标识@decorator，以使用该修饰器。这使得 main()函数执行之前和执行之后分别额外执行了第 3 行和第 5 行代码。本实例的输出结果如下：

```
前：君子之所谓贤者，非能遍能人之所能之谓也。
主：志忍私，然后能公；行忍情性，然后能修，知而好问然后能才。
后：凡事行，有益于理者，立之；无益于理者，废之。
```

5.4.3 lambda 表达式

def 常用来设计功能复杂的一般性函数，而 lambda 表达式用于创建简单的函数，以适应更灵活的应用。例如，有时我们需要使用一个函数，但只使用这个函数一次。在这种情况下，比较适合用 lambda 表达式定义一个匿名函数。

lambda 表达式是一种定义简单函数的简化写法，常用来定义匿名函数。lambda 定义的函数一般没有函数名，生成的是一个表达式形式的匿名函数，表达式的结果是 lambda 的返回值。lambda 函数表达式的一般格式如下：

```
lambda 形参列表:表达式
```

lambda 函数可以赋值给一个变量,从而将 lambda 表达式变成命名函数,一般形式如下：

```
函数名=lambda 形参列表:表达式
```

将 lambda 表达式变成命名函数后，它也支持函数的一些特性，如默认参数、关键字参数等。

【实例 5-34】 使用 lambda 表达式构造命名函数。

```
f = lambda x, y: x+y
print(f(1,2)) #结果为 3
```

lambda 可以作为列表常量，还可以参数的形式出现在一般函数调用中。例如，可利用 lambda 表达式构建 sort()方法的排序关键字。

【实例 5-35】 lambda 表达式用作函数参数。

```
from random import randint,seed
seed("zp")
list1=[randint(-20,20) for i in range(10)]
```

```
print('原始数据: ', list1)
list1.sort()
print('默认排序: ', list1)
list1.sort(key=lambda x:x**2)
print('平方排序: ', list1)
```

本实例的第 3 行生成了一个随机数列表。第 5 行对其进行了排序，默认为升序排列。第 7 行按元素平方值进行排序。sort()默认并不支持这种自创的排序方法，因此我们通过 lambda 表达式实现了这种简单的排序方法，并以参数的形式传递给 sort()。本实例的输出结果如下：

```
原始数据: [-16, -3, 10, 16, 4, -3, -16, -10, 12, 7]
默认排序: [-16, -16, -10, -3, -3, 4, 7, 10, 12, 16]
平方排序: [-3, -3, 4, 7, -10, 10, 12, -16, -16, 16]
```

lambda 还经常和 map()、filter()和 reduce()等内置函数联合使用。下面以内置函数 map() 为例进行说明。内置函数 map()的语法如下：

```
map(func, *iterables) --> map object
```

func 是一个函数。iterables 是一个或多个可迭代项，通常是序列。返回一个 map 对象。函数 map()将构造一个迭代器，使用每个可迭代项中的参数来计算函数。当遍历完最短的可迭代项时停止。

【实例 5-36】lambda 表达式与 map()函数结合。

```
map1=map(lambda x: x**3, [1, 2, 3, 4, 5])
map2=map(lambda x, y: x + y, [0, 1, 2, 3, 4, 5], [6, 7, 8, 9, 10])
print(list(map1))
print(list(map2))
```

本实例第 1、2 行代码构造了两个 map 对象。这两行代码中，map()函数的第 1 个参数均由 lambda 表达式构造，其中第 1 行的 lambda 表达式包含一个形参 x，而第 2 行的 lambda 表达式包含了 x 和 y 两个形参。第 2 行代码中，我们给出了两个长度不相等的列表作为可迭代项。根据输出结果不难发现，最终的迭代次数以其中较短的列表为准。由于 map()函数返回的是一个迭代器，第 3、4 行代码在输出结果之前，我们分别将 map 对象转换成 list 对象，以方便查看结果。本实例的输出结果如下：

```
[1, 8, 27, 64, 125]
[6, 8, 10, 12, 14]
```

5.4.4   生成器函数

生成器函数是指包含 yield 语句的函数，可以用来创建生成器对象。生成器函数通过 yield 语句返回值并暂停函数的运行。通过生成器对象的__next__()函数、内置函数 next()或 for 循环遍历生成器对象时将再恢复函数执行，此时将从 yield 语句的后一条语句继续执行。

【实例 5-37】生成器函数。

```
def g():
    a=1
    while True:
        yield a
        a=a+1
print("第 1 种用法: ")
c=g()
for i in range(10):
```

```
        print(next(c), end = ' ')
print("\n 第 2 种用法: ")
c=g()    #【思考】这一行可以注释掉吗?
for i in c:
    if i >=15:
        break
    print(i, end=' ')
print("\n 第 3 种用法: ")
c=g()    #【思考】这一行可以注释掉吗?
for i in range(20):
    print(c.__next__(), end=' ')
```

本实例的输出结果如下:

```
第 1 种用法:
1 2 3 4 5 6 7 8 9 10
第 2 种用法:
1 2 3 4 5 6 7 8 9 10 11 12 13 14
第 3 种用法:
1 2 3 4 5 6 7 8 9 10 11 12 13 14 15 16 17 18 19 20
```

【思考】本实例中一共出现了 3 条 c = g()语句,请问第 2、第 3 条 c = g()语句可以注释掉吗?请试一试。

5.5 模块化编程基础

Python 提供了强大的模块(module)支持。Python 标准库中包含大量的标准模块,网络中还存在大量的第三方模块,开发者自己也可以开发自定义模块。通过这些强大的模块,开发者可以极大地提高开发效率。

5.5.1 模块概述

模块是 Python 程序组织的高级单位,用于实现数据和代码的封装。封装这个词听起来非常专业和术语化。下面为读者给出封装的不同类型实现形式,读者已经接触过它们中的一部分。

① 容器类型(如列表、元组、字符串、字典等)是对数据的封装。

② 函数是对代码的封装。

③ 类是对方法和属性的封装,也可以说是对函数和数据的封装。

模块可以理解为是对数据和代码更高级的封装,可以包含上述列表中的部分或者全部。随着程序功能的复杂,程序体积会不断变大,为了便于维护,开发者通常会将其分为多个文件(模块),这样不仅可以提高代码的可维护性,还可以提高代码的可重用性。代码的可重用性体现在:当开发者编写好一个模块后,如果编程过程中需要用到该模块中的某个功能(由变量、函数、类等元素实现),无须做重复性的编写工作,只需要在程序中导入该模块即可使用该功能。模块提供了将独立文件连接起来,构建更大、更复杂的 Python 程序架构的方式。用户程序可以组织成模块架构,形成功能清晰的脚本程序,提高代码的可重用性,也便于将复杂任务分解,分块调试。

模块是 Python 程序的顶层架构,一个 Python 程序可由若干模块构成。一个模块可以使用其他模块的变量或标准模块的变量(包括变量、函数和类等)。经过前面的学习,读者应已经能够将 Python 代码写到一个文件中。而 Python 模块可以就是一个 Python 文件。读者把能够实现某一特定功能的代码编写在同一个 Python 文件中，并将其作为一个独立的模块，这样既可以方便地导入其他程序或脚本并使用，同时还能有效避免函数名和变量名发生冲突。

Python 标准库中提供了很多模块。Python 中具有相关功能的模块和包都可以被称作库。Python 提供了功能强大的标准库，它会随 Python 解释器一起被安装在系统中。网络上还存在大量第三方库，Python 也允许用户自定义模块。现实应用中的各类模块、库一般非常复杂。为了给读者一个直观的印象，下面设计一个简单的实例。

【实例 5-38】用户自定义模块。

如图 5-1 所示，本实例包含 main.py 和 zp.py 两个文件。main.py 是一个顶层文件，也称主模块；zp.py 是一个用户自定义模块。主模块 main.py 中使用了 zp.py 模块中的变量 str01 和函数 func01()。main.py 和 zp.py 模块中都使用了 Python 标准模块库中的 print()函数。

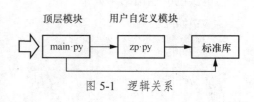

图 5-1　逻辑关系

创建一个名为 zp.py 的文件，该文件包含的代码如下：

```
str01="口说不如身逢，耳闻不如目睹。"
def func01():
    print("莫道桑榆晚，为霞尚满天。")
```

在同一目录下创建一个名为 main.py 的文件，该文件包含的代码如下：

```
import zp
zp.func01()
print(zp.str01)
```

运行 main.py 文件。本实例的输出结果如下：

```
莫道桑榆晚，为霞尚满天。
口说不如身逢，耳闻不如目睹。
```

读者可能注意到，main.py 文件中使用了原本在 zp.py 文件中才有的 func01()函数和变量 str01，相对于 main.py 来说，zp.py 就是一个自定义的模块。我们只需要将 zp.py 模块导入 main.py 文件中，就可以直接在 main.py 文件中使用 zp.py 模块中的资源。当调用模块中的 func01()函数和变量 str01 时，使用的语法格式为"模块名.函数"或者"模块名.变量"。这是因为，相对于 main.py 文件，zp.py 文件中的代码组成了一个独立的命名空间。因此，在调用其他模块中的函数时，需要明确指明函数的出处，否则 Python 解释器将会报错。

5.5.2　模块的导入

编程时如果需要使用模块，需要将该模块导入。一个模块被导入后，它的变量就可以被导入者共享，从而实现代码和功能的重用。模块化的架构也使得程序的逻辑很清晰。导入模块一般有 import 语句和 from 语句两种方法。

1．import 语句

import 是一种整体导入模块的方法。此时将整个模块直接导入，模块的所有变量、对象和函数在编程时都可以使用。用 import 导入模块的语句格式有两种：

```
import 模块名
```

```
import 模块名 as 别名
```

后一种方法在导入模块时，给模块取了一个简单的别名，程序调用时可以用简短的别名代替模块名。

使用 import 导入模块后，我们可以使用模块中的变量和方法。引用时，其中的变量前面一定要加模块名或别名，如果没有使用模块名，就会触发 NameError 异常。因为 import 导入时模块形成了自己的命名空间，变量名和函数都以模块名为前缀，使用圆点运算符访问，格式如下：

```
模块名或别名.变量名
模块名或别名.函数名
```

【实例 5-39】import 语句。

```
import math
print(math.pi)
print(math.sin(math.pi/6))
```

注意：本实例使用 math 模块中的变量 pi 和 sin()函数时，都需要加前缀"math."，否则会报错。本实例的输出结果如下：

```
3.141592653589793
0.49999999999999994
```

【思考】本实例最后一条语句的计算结果并不是大家预期的 0.5，这是什么原因？

【实例 5-40】import as 语句。

```
import random as rnd
rnd.seed("zp")
print(rnd.random())
print(rnd.choice(range(10)))
```

本实例的第 2~4 行代码分别使用了 random 模块中的 seed()、random()、choice()函数。seed()函数用于设置随机数种子，以便使本实例的结果具有可重复性。本实例的输出结果如下：

```
0.06787461992648214
7
```

2．from 语句

前面的 import 语句是一种整体导入模块的方法。整体导入模块的开销是比较大的，因此，上述方法一般适用于导入简单模块。from 语句可以实现模块的选择性导入，即只导入模块中的部分成员。from 语句常用的格式有 3 种：

```
from 模块名 import 变量名/函数名
from 模块名 import 变量名/函数名 as 别名
from 模块名 import *
```

前两种方法不导入整个模块，只导入程序中需要使用的变量、对象或函数。如果有多个指定导入的变量名、对象名或函数名，则用逗号（,）隔开。第 2 种方法可以给导入的变量名、对象名或函数名取别名。而第 3 种方法会将模块的所有变量、对象或函数都导入进来。对于复杂的项目，并不推荐使用第 3 种方法。用 from 导入模块时应尽量明确列出想要的变量名，以避免和本地变量冲突。

无论使用 import 和 from 哪种导入方式，模块都只能一次导入。也就是说，即使用 import 多次导入一个模块，也不会重新执行模块的代码，一些初始化的操作只能在导入时执行一次。

【实例 5-41】使用 from 语句部分导入。

```
from math import pi,sin
```

```
from random import seed,random,choice
seed("zp")
print(pi, sin(pi/6))
print(random(), choice(range(10)))
```

本实例中，我们直接使用了函数或者变量名称。注意与前面两个实例进行比较。本实例的输出结果如下：

```
3.141592653589793 0.49999999999999994
0.06787461992648214 7
```

【实例 5-42】使用 from 语句为导入的变量名、对象名或函数名取别名。

```
from math import pi as pai
from random import seed as sed,random as rnd
sed("zp")
print(pai)
print(rnd())
```

本实例中，我们为导入函数或者变量设置了别名。不恰当的别名可能会增加理解难度，请谨慎使用。本实例的输出结果如下：

```
3.141592653589793
0.06787461992648214
```

【实例 5-43】使用 from 语句将模块内的所有成员全部导入。

```
from math import *
print(pi, sin(pi/6))
```

本实例中，我们导入了模块内的所有成员。然而，对于比较复杂的项目，这种方法容易引发命名冲突，不建议使用。本实例的输出结果如下：

```
3.141592653589793 0.49999999999999994
```

5.5.3 Python 库及用法举例

本小节对 jieba 库、wordcloud 库、turtle 库进行简单介绍，供有兴趣的读者扩展知识。后两者是 Python 第三方库。Python 第三方库可以使用 pip 等工具进行安装。Python 的第三方库数量众多，无法一一列举。读者可以根据自己的研究领域，选择合适的库进行学习。

> 💡 **注意:** 在 Python 第三方库的安装过程中，可能会因为各种原因出错。这在使用 Python 第三方库时经常会遇到，读者应当有心理准备。读者如果在安装本小节某个第三方库时遇到错误，可以先跳过，这不影响对后续章节的学习。初学者可以等有一定基础后，再根据需要决定是否回头处理。由于各人的系统配置并不完全一样，编者也不能给出统一的解决方案，有兴趣的读者可以自行搜索解决方案。

1. turtle 库

turtle 库是 Python 内置的一个简易绘图库，它通过模拟一只乌龟在画板上的爬行来绘制图形。画板采用笛卡儿坐标系，原点(0, 0)位于画板中央。最初，乌龟位于坐标系的原点，朝向 X 轴的正方向。只需设定乌龟爬行的方向和距离，就能沿指定的方向绘制一条直线或曲线。turtle 库的距离参数单位为像素。turtle 库中常用的函数如表 5-2 所示。

表 5-2　turtle 库中常用的函数

函数	说明
forward()或 fd()	向前移动指定的距离，参数为数值，单位为像素
backward()或 bk()	向后移动指定的距离，参数为数值，单位为像素

函数	说明
right()或 rt()	以角度单位向右转动
left()或 lt()	以角度单位向左转动，参数为一个数值
goto()或 setposition()	移动到绝对坐标位置
setx()	设置乌龟沿 X 轴方向移动的距离，参数为数值
sety()	设置乌龟沿 Y 轴方向移动的距离，参数为数值
setheading()或 seth()	设置乌龟前进的方向，参数为数值
home()	将乌龟移回原点(0,0)，并将方向设置为初始的正东方向，无参数
circle()	从当前点出发绘制一个给定半径的圆或圆弧
dot()	以当前点为圆心画一个给定直径的圆点（实心圆）
penup()或 up()	抬起画笔，这样移动笔时就不会画出线条
pendown()或 down()	放下画笔，这样绘图时将画出线条
pencolor()	设置笔的颜色，参数为一个表示颜色的字符串
pensize()	设置画笔的宽度，参数为一个数值
speed()	设置绘图速度
hideturtle()或 ht()	隐藏画笔的 turtle 形状
done()	表示绘图结束

【实例 5-44】绘制向日葵轮廓。

```python
import turtle as t
t.speed(0)
t.color("red", "yellow")
t.begin_fill()
for _ in range(40):
    t.forward(100)
    t.left(70)
t.end_fill()
t.done()
```

本实例第 2 行代码将绘图速度设置为 0,这是最快的速度。第 3 行代码将线条颜色和填充颜色分别设置为红色和黄色。第 4 行代码开始填充。第 5 行代码开始的循环结构将绘制图形。第 6 行代码绘制一条长度为 100 像素的线条。第 7 行代码将前进方向向左转 70 度。第 8 行代码结束填充。第 9 行代码结束绘图。本实例的输出结果如图 5-2 所示。

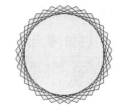

图 5-2　绘制向日葵轮廓

2. jieba 库

jieba 库用于对中文文章进行分词，提取中文文章中的词语。在线安装命令如下：

```
pip install jieba
```

💡 注意：pip 是一个命令行工具。对于 Windows 用户，使用 "Winkey+r" 组合键打开运行对话框，然后输入 "cmd"，回车即可打开一个命令行终端。

命令执行效果如图 5-3 所示。

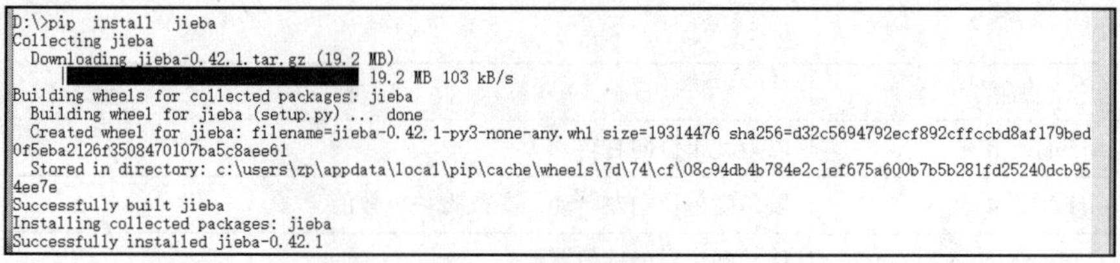

```
D:\>pip install jieba
Collecting jieba
  Downloading jieba-0.42.1.tar.gz (19.2 MB)
     |██████████████████████████████| 19.2 MB 103 kB/s
Building wheels for collected packages: jieba
  Building wheel for jieba (setup.py) ... done
  Created wheel for jieba: filename=jieba-0.42.1-py3-none-any.whl size=19314476 sha256=d32c5694792ecf892cffccbd8af179bed
0f5eba2126f3508470107ba5c8aee61
  Stored in directory: c:\users\zp\appdata\local\pip\cache\wheels\7d\74\cf\08c94db4b784e2c1ef675a600b7b5b281fd25240dcb95
4ee7e
Successfully built jieba
Installing collected packages: jieba
Successfully installed jieba-0.42.1
```

图 5-3 安装 jieba 库

jieba 库中提供了 cut() 函数，用于对中文字符串进行分词操作，其语法格式如下：

```
cut(字符串, cut_all, HMM)
```

其中字符串是要进行分词的字符串对象。参数 cut_all 为 True 表示采用全模式分词，为 False 表示采用精确模式分词，默认值为 False。在全模式下，字符串中的所有可能词语都会被提取出来；在精确模式下，字符串中最长的一个词语被提取出来。参数 HMM 为 True 表示采用 HMM 模型，为 False 则表示不采用，默认值为 True。HMM 模型即隐马尔可夫模型（Hidden Markov Model, HMM），表示 jieba 库将使用该模型来处理未登录到词库的词。

【实例 5-45】使用精确模式分词。

```
import jieba
words=jieba.cut("知人者智，自知者明。胜人者有力，自胜者强。", cut_all=False)
print(type(words))
print(list(words))
```

本实例中，cut() 函数使用参数 "cut_all=False"，此时将采用精确模式进行分词操作。读者可以将其修改为 "cut_all=True"，以对比输出结果的差别。本实例的输出结果如下：

```
<class 'generator'>
['知人者', '智', '，', '自知', '者', '明', '。', '胜人者', '有力', '，', '自', '胜者',
'强', '。']
```

【实例 5-46】使用隐马尔可夫模型。

```
import jieba
words=jieba.cut("知之者不如好之者，好之者不如乐之者。", HMM=True)
print(type(words))
print(list(words))
```

本实例的输出结果如下：

```
<class 'generator'>
['知之者', '不如', '好之者', '，', '好之者', '不如', '乐之者', '。']
```

3. wordcloud 库

wordcloud 库可以将一组给定的词语按照词频转换为一张图片，其中高频词显示的占比较大，从而突出重点词汇。wordcloud 库的在线安装命令如下：

```
pip install wordcloud
```

如前所示，pip 安装过程中可能出现各种错误提示。编者在使用上述命令安装 wordcloud 库的过程中遇到了许多错误，其中就包括下面两种：

```
error: Failed building wheel for wordcloud
error: Microsoft Visual C++ 14.0 or greater is required. Get it with "Microsoft
C++ Build Tools"
```

编者最后是下载与系统配置对应的 whl 文件，然后利用 pip 进行安装，才最终解决了遇到的问题。这里所提到的 whl 文件是一种以 wheel 格式保存的 Python 安装包。

使用 wordcloud 库时，首先需构造一个 WordCould 对象，然后调用该对象的 generate() 函数生成词云，最后调用该对象的 to_file() 函数保存生成的图片。

构造 WordCloud 对象的格式如下：

```
wc=WordCloud(width=1000, height=800, background_color='white')
```

WordCould 对象的 generate 函数()的使用格式如下：

```
wc.generate(字符串)
```

其参数是用空格分隔的字符串。

【实例 5-47】英文词云。

```
from wordcloud import WordCloud
str1 = """
Why you want to tell me that! She told you that has nothing to do with me.
Do you think I'm poor, not good-looking, without feelings?
I will, if god had gifted me with wealth and beauty,
I must make you to leave me as it is now for me to leave you! God did not so.
Our spirit is same, just like you with my grave,
will equally by standing in front of god!
"""
wc = WordCloud(background_color='white', width=1000, height=800,).generate(str1)
wc.to_file('wc_en.png')
```

本实例的输出结果如图 5-4 所示。

图 5-4 英文词云图

5.6 综合案例：五星红旗迎风飘扬

5.6.1 案例概述

看到这个标题，估计读者脑海里有一个旋律已经响起。其实还有一部电视剧也以这个标题命名，演员阵容强大。该剧讲述了我国研制"两弹一星"前后的曲折历程，再现了钱学森、钱三强、邓稼先等科学家的传奇人生。该片为中国共产党建党 90 周年献礼片，2011 年 1 月 26 日于央视一套播出，建议读者抽时间观看。

"五星红旗迎风飘扬"这句歌词出自王莘老前辈于 1950 年 9 月创作的歌曲《歌唱祖国》。1951 年 9 月 12 日，周恩来总理亲自签发中央人民政府令：在全国广泛传唱《歌唱祖国》。该歌曲曾在神舟五号载人航天飞船、嫦娥一号绕月人造卫星、第 29 届奥林匹克运动会开幕式、庆祝中华人民共和国成立 70 周年、纪念志愿军抗美援朝 70 周年大会、2022 年北京冬季奥运会等诸多重要场合播放。

本案例将以《歌唱祖国》歌词为基础，演示本章介绍的 jieba 库和 wordcloud 库的使用，并带领读者体会 Python 模块化编程的便捷。

5.6.2 案例详解

《歌唱祖国》歌词是中文，由于中文句子中各个词语之间并没有英文句子中常见的空格分隔符，wordcloud 并不知道如何提取词语，因而不能直接生成词云。前面学习的 jieba 库恰好可以解决这一问题。我们可以使用 jieba 库对该歌曲的歌词进行分词，并处理成类似于英文句子的空格分割效果，这样就可以采用与生成英文词云类似的方法进行处理了。需要注意的是，制作中文词云时，需要明确指定中文字体，否则中文无法正常显示。本案例代码如下：

```
import jieba
from wordcloud import WordCloud
str1 = """
五星红旗迎风飘扬
胜利歌声多么响亮
歌唱我们亲爱的祖国
从今走向繁荣富强
歌唱我们亲爱的祖国
从今走向繁荣富强
越过高山 越过平原
跨过奔腾的黄河长江
宽广美丽的土地
是我们亲爱的家乡
英雄的人民站起来了
我们团结友爱坚强如钢
"""
words=jieba.lcut(str1)
jbstr=' '.join(words)
wc=WordCloud(font_path='simkai.ttf',
             background_color='white',
             width=500,
             height=400)
wc.generate(jbstr)
wc.to_file('wxhq.png')
```

完整的《歌唱祖国》歌词篇幅较长，本实例仅截取了其中的一小段。有兴趣的读者可以将歌词换成其他中文片段。本案例的输出结果如图 5-5 所示。

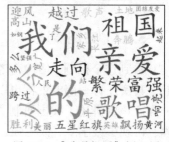

图 5-5　《歌唱祖国》词云图

5.7　综合案例：伏羲八卦与二进制

5.7.1　案例概述

二进制是现代计算机的基石之一。二进制思想的最早发明者是华夏民族人文始祖、位居三皇之首的伏羲。伏羲生活在上古时期，他以我国中原地区为中心的山川地理特征为基础，创建了伏羲八卦图，是为先天八卦。后天八卦是周文王被纣王囚于羑里时所作，又名文王八卦，它描述了昼夜变化、四季轮回的规律。构成先天八卦与后天八卦的基本元素是相同的。

《易经·系辞》有云：“易有太极，是生两仪，两仪生四象，四象生八卦。”太极即天地未开、混沌未分的状态。太极有很多表示方法，最常见的是阴阳鱼图。阴阳二爻称作两仪。两仪在《易经》中指阴（- -）阳（—）二爻。如果将阴爻记为 0，阳爻记为 1，就是大家熟悉的二进制。对于两仪生四象，直观的理解就是两位二进制数可以表示四个数。三位二进制数也就是三爻，恰好可以表示八卦。而六位二进制（六爻）可以表达六十四卦。

德国自然科学家、数学家戈特弗里德·威廉·莱布尼茨受到伏羲八卦的启发，发现并完善了二进制。他在《论中国人的自然哲学》中写道："我和白晋神父发现了这个帝国的奠基者伏羲所创造卦图的原本意义，它们由一些虚线和实线组成，共有六十四个符号，算是中国最古老的文字，也是最简单的文字。伏羲以后的几个世纪，周文王与其子周公以及再晚五个世纪的孔子，都在卦图里探寻过哲理，还有人要从中引申出风水和迷信之类的东西。其实，六十四卦图就是伟大的立法家伏羲创立的二进制算术，在几千年之后，由我重新发现了。"

本案例中，我们将通过绘制太极八卦图展示本章涉及的函数、模块等知识的用法。

5.7.2 案例详解

1．问题分解

太极八卦图整体可以分为位于中心的太极图和环绕四周的八卦图两个部分。我们可以定义 taiji()、bagua() 两个函数分别绘制这两个部分。考虑到函数的重用性，我们可以将一些可调整的内容通过形参的形式进行设置。此外，我们还可以增加一个函数 title()，为绘制的八卦图添加标题。这 3 个函数的形参列表如下所示：

```
#def taiji(radius=50, penSize=2):
#def bagua(xianTian=True, radius=50, length=55, penSize=5):
#def title(xianTian=True, radius=50, penSize=2):
```

参数 radius 表示太极图的尺寸，penSize 表示绘图时的笔尖尺寸。由于太极图嵌套在八卦图中心，为了避免两者重叠，我们通过太极图的尺寸来确定八卦图的尺寸，因此 radius 也出现在函数 bagua() 的形参列表中。xianTian 用于表示绘制先天八卦图还是后天八卦图，length 代表八卦图中爻线的长度。

上面 3 个函数绘制的结果存在于同一张图片中，因此如何对绘制位置进行协调，以确保三者不会错位，就显得非常重要了。我们的方案是找到一个基准点，然后所有绘制过程都以该基准点为基础计算各自的起始落笔点。本实例采用的基准点就是坐标原点。实现该功能的函数为 gohome()，该函数的代码如下：

```
from turtle import *
def gohome():
    up()
    home()
    down()
```

由于本案例功能比较单一，主要调用 turtle 中的函数，不存在命名冲突的问题。为了方便后续函数调用，我们在第 1 行代码中使用 from 语句导入了 turtle 模块的全部内容。

2．绘制太极部分

太极部分由阴阳二鱼组合而成，两者唯一的差别在于填充颜色和头部方位。因此我们可以设计一个函数 fish()，通过传入不同参数来绘制它们，从而实现代码重用。由于只有太极图绘制过程才会用到阴阳鱼的绘制函数，因此我们可以使用函数的嵌套定义，将函数 fish() 定义在 taiji() 内部。函数 fish() 只有一个参数 yan，默认值为 True，代表绘制阳鱼，否则绘制阴鱼。阴阳鱼的绘制函数 fish() 主要包括 3 个部分，其一是确定鱼头的方向，其二是绘制鱼身部分，其三是绘制鱼眼睛。函数 taiji() 调用函数 fish() 两次即可完成太极图的绘制。绘制太极部分的函数 taiji() 的完整代码如下：

```
def taiji(radius=50, penSize=2):
    #绘制阴阳鱼
```

```
        def fish(yan=True):
            gohome()
            #阳鱼头朝上
            if not yan:
                left(180)
            #鱼身绘制
            if yan:
                fillcolor('white')     #鱼身填充颜色
            else:
                fillcolor('black')     #鱼身填充颜色
            begin_fill()
            circle(radius / 2, 180)
            circle(radius, 180)
            left(180)
            circle(-radius/2, 180)
            end_fill()
            #鱼眼绘制起点定位
            left(90)
            up()
            forward(radius*0.35)
            right(90)
            down()
            #鱼眼绘制
            if yan:
                fillcolor('black')     #鱼眼填充颜色
            else:
                fillcolor('white')     #鱼眼填充颜色
            begin_fill()
            circle(radius*0.15)
            end_fill()
        pencolor('black')
        pensize(penSize)
        #绘制阴阳鱼，得到太极图
        fish(yan=False)
        fish()
```

3．绘制八卦部分

八卦部分的绘制较为复杂。八卦部分环绕在太极部分外部的 8 个方位上，每一卦又包含卦形和卦名两个部分。绘制的基本思路是先确定某一卦的方位，再在该方位上绘制卦形和卦名。函数 posGua()用于确定绘制某一卦的方位。每一卦又分为三爻，我们用 0 代表阴爻，1 代表阳爻。函数 posYao()用于确定每一爻的具体位置。对于阴爻，在对应位置绘制一对断线；对于阳爻，绘制一根连线。由于卦名标示在上爻的外围，因此同样可以调用函数 posYao()确定其位置。函数 posGua()和 posYao()均采用嵌套函数定义的形式实现。

八卦分为先天八卦和后天八卦，它们的八卦顺序和方位不同。我们可以按照方位顺序组成列表，列表中的每一个元素是一个包含 4 个元素的元组，分别代表三爻和卦名。函数执行时，根据 bagua()函数第 1 个参数的取值选择性地调用先天八卦或后天八卦对应的列表。

绘制通过两层循环实现，外层遍历列表的元素，内层遍历元组的元素。外层遍历时调用函数 posGua()确定某一卦的方位，内层遍历时调用函数 posYao()确定三爻和卦名的具体位置。

绘制八卦部分的函数 bagua()的完整代码如下：

```
def bagua(xianTian=True, radius=50, length=55, penSize=5):
    #先天八卦
    lst1=[(0, 1, 0, '坎'), (0, 1, 1, '巽'),  (1, 1, 1, '乾'),(1, 1, 0, '兑'),
          (1, 0, 1, '离'),(1, 0, 0, '震'),  (0, 0, 0, '坤'), (0, 0, 1, '艮')]
```

```
#后天八卦
lst2=[(1, 1, 0, '兑'), (0, 0, 0, '坤'), (1, 0, 1, '离'), (0, 1, 1, '巽'),
      (1, 0, 0, '震'), (0, 0, 1, '艮'), (0, 1, 0, '坎'), (1, 1, 1, '乾')]
guaList=lst1 if xianTian else lst2
#确定每一卦的画笔起始点
def posGua(angle=0):
    gohome()
    penup()
    left(angle)                        #旋转到该卦对应的角度
    fd(radius + length/3)              #为避免与太极图重合,向外偏离 length/3
    left(90)
    bk(length/2)                       #笔点在爻线中心点,偏移到一端以便起笔
    pendown()
#确定每一爻的画笔起始点
def posYao():
    penup()
    bk(length/2)
    right(90)
    fd(length/2)
    left(90)
    bk(length/2)
    pendown()
pensize(penSize)
pencolor('black')
#双重遍历,完成绘制
for i, j in enumerate(guaList):        #遍历列表,获取下标 i 和元素 j
    angle=i * 45                       #计算该卦所在方位
    posGua(angle)
    for k in j:                        #遍历元组
        ifk==1:                        #1 为阳爻,一条连线
            fd(length)
        elif k==0:                     #0 为阴爻,一对断线
            fd(length/3)
            penup()
            fd(length/3)
            pendown()
            fd(length/3)
        elif isinstance(k, str):       #获取卦名
            penup()
            fd(length/2)
            if i > 4:                  #避免卦名与爻线重叠,增加额外偏移
                right(90)
                fd(15)
            pendown()
            write(k, align='center', font=('黑体', 15))
    posYao()
```

4．收尾工作和效果展示

为所绘制八卦图添加标题需要使用函数 title()，其代码如下：

```
def title(xianTian=True, radius=50, penSize=2):
    strTitle="先天八卦" if xianTian else "后天八卦"
    gohome()
    penup()
    left(135)
    fd(radius*4.4)
    right(135)
    pendown()
    pensize(penSize)
```

```
        write(strTitle, align='left', font=('楷体', 15))
        fd(80)
```

使用下面代码可以调用上面的函数完成效果测试：

```
if __name__ == '__main__':
    speed(0)        #设置绘图速度为0，最快的速度
    taiji()
    bagua()
    title()
    hideturtle()
    done()
```

【思考】上述代码使用的是默认参数，绘制的是先天八卦图，读者可以自行尝试修改参数，绘制出后天八卦图，并适当调大或者调小八卦图的整体尺寸。

本程序绘制出的先天八卦图和后天八卦图如图5-6所示。

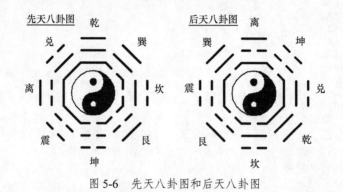

图5-6　先天八卦图和后天八卦图

本章小结

本章介绍了Python函数与模块化编程的相关知识，包括函数定义和调用、参数传递、作用域等函数基础知识，以及修饰器、生成器函数等函数高阶知识。此外，本章还介绍了模块化编程的基础知识，包括模块导入和常用的Python库的使用。Python生态环境成熟，存在大量成熟的第三方库，这是Python的重要特色之一。开发者借助这些第三方库可以显著提升Python开发效率。

习题5

1. Python中使用____关键字定义函数。
2. Python中使用____关键字创建匿名函数。
3. 函数内定义全局变量的关键字为____。
4. 如果函数未返回值，则默认情况下返回____。

实训5

1. 定义并使用温度转换函数，该函数用于将华氏温度值转换成摄氏温度值

（$F=1.8C+32$）。

2. 设计如下分段函数，对输入的 x 值，返回函数值 y。

$$y = \begin{cases} \sin x & x>5 \\ x^2+1 & -4 \leqslant x \leqslant 5 \\ \dfrac{1}{x} & x<-4 \end{cases}$$

3. 编写一个 lambda 表达式，对于给定的某个整数列表生成一个新列表，新列表的元素是原来列表元素的平方值。

4. 定义一个生成器函数，返回 1～100 之间的所有偶数。

5. 设计一个函数，用于绘制五角星，其中边长默认值为 10，填充颜色为默认值红色，线条颜色默认值也为红色，并且边长、填充颜色、线条颜色的值都可以修改。

6. 编写 3 个 Python 函数，分别对两个整数进行加法、乘法和求平方差运算。

7. 编写 6 个 Python 函数，分别实现如下列表相关操作：（1）对输入的列表进行去重并求和；（2）求列表中元素的平均值；（3）求列表中最大值和最小值的差；（4）对输入的列表进行去重；（5）对输入的列表进行排序；（6）对输入的列表进行去除空值并排序。

8. 编写 5 个 Python 函数，分别对字符串进行如下操作：（1）对输入的字符串进行去重；（2）对输入的字符串进行大小写转换；（3）对输入的字符串进行单词首字母大写；（4）对输入的字符串进行反转；（5）对输入的字符串进行反转并去除空格。

9. 编写 2 个 Python 函数，分别对输入的字符串进行如下判断：（1）是否为回文字符串；（2）是否为数字。

10. 编写一个 Python 函数，实现对字符串中的不同字符进行计数，并返回字典。

11. 编写一个 Python 函数，实现对输入的字符串进行词频统计并返回前 n 个高频词及其出现次数。

12. 编写一个 Python 函数，实现对输入的字符串进行简单加密。加密规则为将每个字符替换为其 ASCII 码。

13. 编写一个 Python 函数，实现对输入的字符串进行随机排列。

第6章 文件

文件是指存储在外部存储器中的一组信息集合。按照文件的数据组织形式，文件分为文本文件和二进制文件。文本文件将处理的数据视为一个字符串，把字符串中每个字符的编码保存到文件中。二进制文件把数据的二进制值存储到文件中。常见的二进制文件包括声音、图像和视频文件等。

6.1 文件基本操作

6.1.1 文件操作的基本流程

文件操作的基本流程如下：首先，使用 open()函数打开指定文件，此时将返回一个文件对象；然后，读者可以利用该文件对象提供的常用成员方法对文件进行读/写操作；最后，关闭文件对象。关于 open()函数和文件对象的更多信息，将在后面小节中介绍。

根据是否显式地关闭文件对象，上述文件操作的基本流程在具体实现时又可以进一步分为两种方法：第 1 种方法是显式调用文件对象的成员方法 f.close()来关闭文件对象；第 2 种方法是使用 with 语句来进行自动化管理。with 是 Python 2.5 起引入的一种上下文管理协议，我们可以把它理解成 try-except-finally 的简化版。用 with/as 打开文件是个好习惯，当文件处理语句块执行结束时，文件就自动关闭了。

【实例 6-1】使用成员方法关闭文件对象。

本实例将在当前目录中创建一个"zp.txt"文件，并将 str1 中的内容写入该文件。注意：本实例中，open()函数采用的文件打开模式是"w"，表示只写。

为保持一致性，请读者不要在其他编辑器中修改"zp.txt"文件的任何内容。如果后续报错，请再次执行本实例代码，重新生成该"zp.txt"，而不要手动创建该文件。

```
str1="""上善若水。
水善利万物而不争，处众人之所恶，故几于道。
居，善地；心，善渊；与，善仁；言，善信；
政，善治；事，善能；动，善时。
夫唯不争，故无尤。
"""
f=open("zp.txt","w")
f.write(str1)
f.close()
```

该函数正常执行完毕后，内容已经被写入硬盘文件，屏幕上不会有其他输出。读者可以在代码执行目录下找到该"zp.txt"文件。

【实例 6-2】使用 with 语句关闭文件对象。

本实例中，我们将读取上一个实例生成的"zp.txt"文件，并将文件内容输出在屏幕上。注意：在本实例中，open()函数采用的文件打开模式是"r"，表示只读。

```
with open("zp.txt","r") as f:
    print(f.read())
```

本实例的输出结果如下：

```
上善若水。
水善利万物而不争，处众人之所恶，故几于道。
居，善地；心，善渊；与，善仁；言，善信；
政，善治；事，善能；动，善时。
夫唯不争，故无尤。
```

本实例使用 with 语句自动管理文件对象。with 语句中的代码执行完毕后，将会自动关闭打开的文件对象 f。

6.1.2   open()函数和文件对象

在 Python 中，可以使用内置函数 open()打开文件。open()函数的用法如下：

```
open(file, mode='r', buffering=-1, encoding=None, errors=None, newline=None,
closefd=True, opener=None)
```

open()函数有很多参数，实际上平时用到的一般只有前面几个。文件名（file）参数是唯一的必选参数，其他所有参数都是可选参数。open()函数最简单的用法就是只给出 file 参数。

函数 open()返回的是一个文件对象。文件对象的常用属性如表 6-1 所示。

表 6-1   文件对象的常用属性

属性	功能
f.closed	判断文件是否关闭，关闭为 True，否则为 False
f.mode	文件的打开模式
f.name	文件的名称

【实例 6-3】使用默认参数打开文件。

```
f=open("zp.txt")
print(f)
print(f.name, f.mode, f.closed)
f.close()
print(f.closed)
```

本实例第 1 行代码将采用默认模式"rt"打开当前目录下的"zp.txt"文件，也就是以文本模式打开该文件，用于读取文件内容。第 2 行代码返回的是一个文本类型的文件对象，默认的编码方式是 cp936，且为只读。读者的系统环境不同，显示的编码格式未必与编者的相同。使用不正确的编码方式打开文本文件，通常会导致乱码，甚至报错。关于这个方面的话题，请参考后续章节。第 3 行代码查看了该文件对象的常用属性值。第 4 行代码关闭了该文件。第 5 行代码验证是否关闭。本实例的输出结果如下：

```
<_io.TextIOWrapper name='zp.txt' mode='r' encoding='cp936'>
```

```
zp.txt r False
True
```

函数 open()的模式（mode）参数描述了文件的打开模式，主要模式参数有读（r、默认）、写（w）、追加（a）、更新（+）、二进制模式（b）、文本模式（t，默认）。如果没有指定任何模式参数，则使用默认模式"rt"。实际应用时，一般对上述基本模式参数进行组合使用，表 6-2 给出了一些常用的模式组合。

表 6-2 常用的模式组合

模式	说明
rt	默认模式，文本模式，读操作
r+	同时支持文件读和写
rb	二进制模式，读操作
wb	二进制模式，写操作
r+b	二进制模式，同时支持文件读和写

缓冲（buffering）参数用于设置缓冲策略的可选参数，初学者一般不会用到。

编码（encoding）参数用于设置解码或编码文件的编码名称，这只能在文本模式下使用。默认编码依赖于平台，但可以传递任何 Python 支持的编码格式。读者可能会经常接触这个参数，操作不当还会引发错误，尤其是进行跨平台文件读/写操作时。后面还会详细介绍。

函数 open()的其他参数初学者很少涉及，可以直接使用默认值。

函数 open()返回的是一个可迭代的文件对象。文件对象提供了一些与文件读/写等操作相关的成员方法。文件对象的常用成员方法如表 6-3 所示。

表 6-3 文件对象的常用成员方法

f.read([size])	从当前文件的指针位置读取 size 个字符并返回，包括换行符等控制字符；size 未指定则返回整个文件，此时如果文件大小大于 2 倍内存，则可能诱发问题。f.read()读到文件末尾时返回空字串
f.readline()	从当前文件的指针位置读取文件的一行，返回以换行符结束的字符串
f.readlines([size])	返回包含 size 行的列表，size 未指定则返回全部行构成的一个列表。列表的一个元素为文件的一行字符串
f.write("hello\n")	文件对象写入，参数部分是要写入的字符串。除了字符串，还可以将一个列表的内容一次性写入文件中。如果要写入字符串以外的数据，应先将其转换为字符串
f.tell()	返回一个整数，表示当前文件指针的位置（就是到文件头的字节数），文件指针是一个用来标示文件当前读/写位置的变量。每当读/写文件时，都从文件指针指向的位置开始读/写。读/写完成后，根据读/写的数据量向后移动文件指针
f.seek(偏移量，[起始位置])	用来移动文件指针，偏移量单位为字节。起始位置：默认值为 0，表示相对于文件头；1 表示相对于当前位置；2 表示相对于文件尾。当前文件指针的位置可以用 tell 方法获取。Python 3 中，对于没有使用 b 模式选项打开的文件，只允许从文件头开始计算相对位置，否则引发异常
f.close()	关闭文件

【实例 6-4】使用 read()读取指定数量的字符。

在【实例 6-2】中，我们使用文件对象的 read()方法一次读取所有文件内容。如果希望按指定的字符数量读取文件内容，则可以将代码修改如下：

```
with open("zp.txt","r") as f:
    print(f.read(8))
```

本实例的输出结果如下：

```
上善若水。
水善
```

程序读取了文件的前 8 个字符。注意：换行符"\n"也算一个字符。

【实例 6-5】使用 readlines()遍历文件的所有行。

本实例将遍历文件的所有行，代码如下：

```
with open("zp.txt", "r") as f:
    a=f.readlines()
    for line in a:
        print(line)
```

本实例输出结果如下（注意：下面的空白行是输出结果的一部分）：

```
上善若水。

水善利万物而不争，处众人之所恶，故几于道。

居，善地；心，善渊；与，善仁；言，善信；

政，善治；事，善能；动，善时。

夫唯不争，故无尤。
```

【思考】从功能上而言，【实例 6-5】与前面的【实例 6-2】是一样的，然而输出结果会有一定的区别。【实例 6-5】输出结果中，每一行之间增加了一个空行。请问它们的差别是如何产生的？

【实例 6-6】直接使用文件对象遍历文件的所有行。

因为函数 open()返回的文件对象是一个可迭代对象，所以用函数 readlines()读取文件的语句可以省略。该段程序可以修改如下：

```
with open("zp.txt", "r") as f:
    for line in f:
        print(line, end='')
```

本实例的输出结果与【实例 6-2】相同。

文件对象的函数 seek()把文件指针移动到新位置，其一般使用形式如下：

```
f.seek(偏移值[,起点])
```

其中，偏移值表示移动的距离；起点表示从哪里开始移动，0 表示从文件头开始，1 表示从当前位置开始，2 表示从文件尾开始，默认值为 0。

【实例 6-7】使用 seek()选择性读取内容。

⚠️ 注意：seek()函数中的数字和 read()函数中的数字含义是不一样的。seek()函数的单位是字节，而 read()函数的单位是字符。由于本实例读/写的"zp.txt"文件是中文文本，因此 f.seek(4)将跳过前两个汉字，而 f.read(3)读取的是 3 个字符。

```
with open("zp.txt", "r") as f:
    print(f.tell())
    f.seek(4)
    print(f.read(3))
    f.seek(20,0)
    print(f.tell())
    print(f.read(3))
```

本实例的输出结果如下：

```
0
若水。
20
物而不
```

【思考】【实例 6-7】中，3 和 4 两个数值参数的位置可以换过来吗？为什么？

前面给出的实例大多数是对文本文件进行读/写。然而，现实中，还存在大量的二进制文件，如图片、音频、视频等。open()、write()等函数同样可以支持二进制文件的读/写，但由于涉及编解码等更多知识，限于篇幅，这里不做展开。

6.1.3 字符编码

计算机系统中的字符编码格式较为复杂。在实际应用中接触比较多的字符编码格式有 3 种：ASCII（American Standard Code for Information Interchange，美国信息交换标准代码）、ANSI 和 Unicode。ASCII 码是最基础的字符编码方式，它是一个 7 位的编码标准，包括 26 个小写字母、26 个大写字母、10 个数字、32 个符号、33 个控制代码和 1 个空格，共 128 个字符。ASCII 编码的字符数量有限。为使计算机支持更多语言，于是诞生了一种扩展的 ASCII 编码，即 ANSI 编码。ANSI 是美国国家标准学会（American National Standards Institute）的简称。ANSI 编码使用 0x00～0x7f 范围的 1 个字节来表示 1 个英文字符，超出此范围的使用多个字节来表示 1 个字符。通常不同的国家和地区制定了不同的标准，由此产生了 GB 2312—1980、GBK、GB 18030—2000、Big5、Shift_JIS 等编码标准。不同 ANSI 编码之间互不兼容。为解决这一问题，Unicode 统一了所有字符的编码。UTF-8 是 Unicode 编码的一种具体实现，这是一种变长编码方式，有利于节省空间。

用记事本之类的工具打开【实例 6-1】创建的"zp.txt"文件，可以查看其编码格式。图 6-1 是编者系统里的显示结果，右下角显示其编码格式为 ANSI。读者的系统环境可能不同，看到的结果并不一定会跟编者的相同。

Python 默认按操作系统平台的编码处理文件。【实例 6-1】中，编者采用系统默认的编码格式生成了该"zp.txt"文件，并且编者并没有中途更换计算机或操作系统，因此使用系统默认的格式可以再次打开该文件。open()函数也可以通过 encoding 参数指定编码格式。如果使用的编码格式不一致，将会导致错误。

【实例 6-8】编码格式错误示例。

使用 Windows 自带的记事本软件在当前目录下创建一个新的文本文件"zp01.txt"，内容如图 6-2 所示。

图 6-1　查看文本文件的编码格式

图 6-2　新建文本文件"zp01.txt"

然后使用与前面类似的代码读取该文件：

```python
with open("zp01.txt","r") as f:
    print(f.read())
```

编者运行该实例时得到了如下错误：

```
UnicodeDecodeError: 'gbk' codec can't decode byte 0xae in position 2: illegal
multibyte sequence
```

读者的系统环境可能与编者的存在差异，遇到的错误不一定与编者相同。部分读者也可能没有遇到错误，这都是正常现象。本案例旨在展示解决问题的方法。读者以后遇到类似问题时，可以参考本实例的解决方案。

为探明错误原因，编者用记事本打开了刚才创建的文件"zp01.txt"，结果如图 6-2 所示。由图 6-2 右下角可知，该文件的编码格式为 UTF-8。编者目前系统中，Python 采用的默认解码格式为 GBK，两者不一致，因此报错。为解决上述错误，编者修改代码如下：

```
with open("zp01.txt","r", encoding="utf-8") as f:
    print(f.read())
```

再次执行，正确输出了结果：

```
修身以为弓，矫思以为矢，立义以为的，奠而后发，发必中矣。
```

6.1.4 文件路径

前面的各个实例中，为 open()函数提供的文件名相对比较简单。这是因为这些文件位于当前路径。如果要读/写的文件在当前工作路径下，可以省略路径部分，只给出文件名。如果需要读/写的文件位于其他路径，那么 open()函数的文件参数就需要给出文件名所在的路径。在 Windows 环境中，读者不论是使用绝对路径，还是使用相对路径来表示，都必然会引入字符"\"来表达文件的路径层次关系。而字符"\"可以用作转义字符，可能会导致不正确的文件路径表达方式，进而导致文件读/写失败。

例如，下面的表示方法就是错误的，因为"\t"已经被识别成一个转义字符，整个字符串已经变成一个非法路径：

```
f=open("d:\test.txt", "w")    #错误示例
```

读者可以用如下两种方式解决这一问题：

```
f=open(r"d:\test.txt", "w")
f=open("d:\\test.txt", "w")
```

第 1 种方法中，通过字符串前面的 r 来声明该字符串表示原始字符串，从而可以保证字符串在使用的时候不被转义。第 2 种方法中，通过"\\"来显式地生成"\"，从而避免单一"\"不正确的转义风险。

【实例 6-9】操作非当前路径下的文件。

```
str1="""孤云将野鹤，岂向人间住。
莫买沃洲山，时人已知处。
"""
with open(r"d:\test1.txt","w") as f:
    f.write(str1)
with open("d:\\test2.txt","w") as f:
    f.write(str1)
```

本实例完成后，将在 D 盘根目录下生成"test1.txt"和"test2.txt"两个文件。

6.2 文件操作的相关模块

6.2.1 pickle 模块

pickle 模块主要用于数据持久化,可以实现对象数据的序列化存取。pickle 模块生成二进制文件,因此不适合使用记事本之类的工具查看。在该模块中,初学者最常用的函数有如下两个,分别用于数据存储和数据读取:

```
dump(obj, file, protocol=None, *, fix_imports=True, buffer_callback=None)
```

dump()函数用于将对象(obj)的 pickle 表示写入打开的文件,obj 可以是整数、实数、字符串、列表、字典等。文件(file)是函数 open()打开的文件对象,obj 将写入其中。其他 3 个参数初学者可以忽略。

```
load(file, *, fix_imports=True, encoding='ASCII', errors='strict', buffers=())
```

load()函数用于从文件中读取存储的 pickle 数据,并返回对象。初学者一般只需要关注文件参数 file。

【实例 6-10】pickle 模块用于数据存储。

```
import pickle
a=1234
b=3.14159
c="天下有三好:众人好己从,贤人好己正,圣人好己师。"
d=['麻', '辣', '小', '龙', '虾']
e={'菜品ID': '001', '菜品名称': '姜葱炒花蟹', '单价': 45}
with open("zp03.dat", "wb") as f:
    pickle.dump(a, f)
    pickle.dump(b, f)
    pickle.dump(c, f)
    pickle.dump(d, f)
    pickle.dump(e, f)
```

本实例将 5 种不同类型的数据存入文件"zp03.dat"。读者可以使用记事本之类的工具打开文件"zp03.dat",但会发现显示的将是一堆乱码。注意:在查看过程中,请勿修改该文件内容。

【实例 6-11】pickle 模块用于数据读取。

```
import pickle
with open("zp03.dat", "rb") as f:
    a=pickle.load(f)
    b=pickle.load(f)
    c=pickle.load(f)
    d=pickle.load(f)
    e=pickle.load(f)
print(a); print(b); print(c); print(d); print(e)
```

本实例重新从上一个实例生成的文件中读取数据。本实例的输出结果如下:

```
1234
3.14159
天下有三好:众人好己从,贤人好己正,圣人好己师。
['麻', '辣', '小', '龙', '虾']
{'菜品ID': '001', '菜品名称': '姜葱炒花蟹', '单价': 45}
```

6.2.2　os 和 shutil 模块

Python 的 os 和 shutil 模块是用于处理操作系统和文件系统相关任务的模块。

1．os 模块

os 模块提供了许多与操作系统交互的函数。通过导入 import os 可以使用该模块。借助 os 模块，我们可以直接调用操作系统的可执行文件、命令，直接操作文件、目录等。os 模块内容非常多，本小节仅介绍与文件系统相关的操作。如果在指定路径或当前路径下没有找到相应的文件，则触发 I/O 错误信息。如果对指定目录或者文件没有访问权限，则会触发 PermissionError 之类的错误。

OS 模块常用的函数如下。

① os.getcwd()：获取当前工作目录的路径。

② os.chdir(path)：改变当前工作目录到指定路径。

③ os.listdir(path)：返回指定目录下的所有文件和文件夹列表。

④ os.mkdir(path)：创建一个目录。

⑤ os.makedirs(path)：递归地创建多层目录。

⑥ os.remove(path)：删除文件。

⑦ os.rmdir(path)：删除空目录。

⑧ os.removedirs(path)：递归地删除目录树。

⑨ os.rename(src, dst)：重命名文件或目录。

2．shutil 模块

shutil 模块是高级的文件操作模块，通过导入 import shutil 可以使用该模块。shutil 模块常用的函数如下。

① shutil.copy(src, dst)：将文件从源路径复制到目标路径。如果目标路径不存在，则创建目标路径。

② shutil.copy2(src, dst)：在复制文件时保留元数据，如权限、时间戳等。

③ shutil.move(src, dst)：移动文件或重命名文件/目录。

④ shutil.rmtree(path)：递归地删除整个目录树。

⑤ shutil.make_archive(base_name, format, root_dir)：创建压缩包，支持多种格式，如 zip、tar 等。

⑥ shutil.unpack_archive(archive_name, extract_dir)：将压缩包解压缩到指定目录。

【实例 6-12】文件重命名和创建文件夹。

```
#前期准备:
#第一，确保当前文件夹中存在文件"zp.txt"
#第二，确保存在一个盘符为 d 的分区
import os
os.rename("zp.txt", "zpnew.txt")
#将当前文件夹下的文件"zp.txt"重命名为"zpnew.txt"
os.mkdir("d:\\zpdir")
#在 d 盘根目录下建一个文件夹"d:\\zpdir"
```

执行上述代码后，请查看重命名文件"zpnew.txt"和新创建文件夹" d:\\zpdir "是否存在。

【实例 6-13】删除文件和文件夹。

```
#前期准备：确保已成功执行【实例 6-12】，并且保持路径不变
```

```
os.remove("zpnew.txt ")
#删除当前文件夹中的文件"zpnew.txt"
os.rmdir("d:\\zpdir\\")
```

os.path 模块提供了关于路径判断、连接及切分的方法。

【实例 6-14】os.path 相关函数。

```
import os
print(os.path.dirname('D:\\zpdir\\zpdir1\\zp.txt'))
#返回该路径的文件夹部分'D:\\zpdir\\zpdir1'
print(os.path.basename(' D:\\zpdir\\zpdir1\\zp.txt'))
#返回该路径的最后一个组成部分'zp.txt'，这部分是该路径的文件名
print(os.path.basename('D:\\zpdir\\zpdir1'))
#返回该路径的最后一个组成部分'zpdir1'，这部分是该路径的最后一个文件夹名
print(os.path.join('D:\\zpdir', 'zpdir1'))
#将两个路径连接成一个路径，加上路径分割符，即'D:\\zpdir\\zpdir1'
print(os.path.join('D:\\zpdir\\zpdir1', 'zp.txt'))
#将两个路径连接成一个路径，加上路径分割符，即'D:\zpdir\zpdir1\zp.txt'
print(os.path.splitext('D:\\zpdir\\zpdir1\\zp.txt'))
#从路径中分割出文件的扩展名
#它的返回值是一个包含两个元素的元组('D:\\zpdir\\ zpdir1\\zp','.txt')
```

【实例 6-15】修改并查看当前工作目录。

```
import os
original_dir = os.getcwd()      #备份当前工作目录
os.chdir("d:")                  #进入新目录（与 original_dir 不同分区，或者同分区但不同目录）
print(os.getcwd())              #查看修改后的工作目录
os.chdir(original_dir)          #返回之前工作目录
```

6.2.3 Python-docx 模块

读/写.docx 文件可以使用第三方库 Python-docx。由于是第三方库，本书不打算过多展开，有兴趣的读者可以了解一下。Python-docx 的安装命令如下。

```
pip install python-docx
```

如果速度较慢的话，读者也可以更换国内源：

```
pip install python-docx -i https://mirrors.aliyun.com/pypi/simple/
```

不过使用该安装方式并不一定能安装成功，可能需要反复尝试。图 6-3 表明，编者在安装过程中就遇到了一些错误，而该错误甚至有点无厘头，编者只是重新执行一下该命令，就成功了。

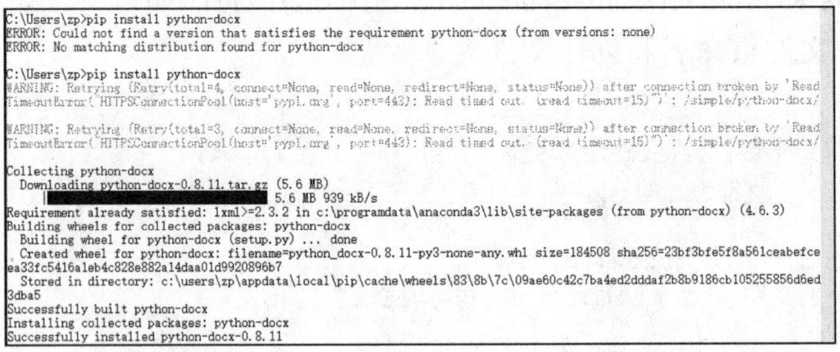

图 6-3　第三方包 Python-docx 的安装错误举例

一个 Document 对象代表一个 Word 文档。建立新 Word 文档需要实例化 Document，并调用 Document 对象的 save()方法，该方法的参数是保存的文件名。

调用 Document 对象的 add_paragraph()方法，返回值是一个 Paragraph 对象。调用 Paragraph 对象的 add_run()方法为该段落添加文字。add_run()方法的返回值是一个 Run 对象，需要设置该对象的属性，如粗体、斜体等。

【实例 6-16】创建 Word 文档。

```
from docx import Document
doc=Document()
p=doc.add_paragraph('细雨潇潇欲晓天，半床花影伴书眠。')
p=doc.add_paragraph()
p.add_run('----')                    #默认
p.add_run('张坚').bold =True         #粗体
p.add_run('《偶成》').italic =True   #斜体
doc.save("zp04.docx")
```

本实例的输出结果如图 6-4 所示。

【实例 6-17】读取 Word 文档。

Document 对象的 paragraphs 属性是一个包含文档所有 Paragraph 对象的列表对象，一个 Paragraph 对象代表文档的一个段落。对 paragraphs 属性进行循环遍历可以操作文档的所有段落。Paragraph 对象的 text 属性代表该段落的文字。

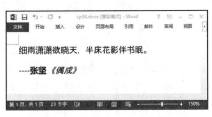

图 6-4　创建 Word 文档

```
from docx import Document
doc=Document("zp04.docx")
for p in doc.paragraphs:
    print(p.text)
```

本实例的输出结果如下：

```
细雨潇潇欲晓天，半床花影伴书眠。
----张坚《偶成》
```

Document 对象的 tables 属性是一个包含文档所有 Table 对象的列表对象，一个 Table 对象代表文档的一个表格。Table 对象的 cells 属性是一个包含表格所有_Cell 对象的列表，一个_Cell 对象代表表格的一个单元格。对表格的 cells 属性进行循环遍历可以操作表格的所有单元格。_Cell 对象的 text 属性代表该单元格中的文字。

【实例 6-18】读取文档表格中的文字。

手动创建一个名为"zp05.docx"的 word 文件，文件中包含一个表格，表格内容如图 6-5 所示。

板块涨幅排行

排名	板块名称	涨跌幅/（%）	换手率/（%）	涨跌家数	领涨股票	涨跌幅/（%）
1	贵金属	4.32	2.34	12/1	银泰黄金	10.00
2	工程建设	4.16	3.16	61/8	北新路桥	10.00

图 6-5　包含表格的 Word 文档

使用如下代码，可以读取表格中的内容：

```
from docx import Document
doc=Document("zp05.docx")
for t in doc.tables:
    for c in t._cells:
        print(c.text)
```

6.2.4　openpyxl 模块

读/写.xlsx 文件可以使用第三方库 openpyxl，该包的安装命令如下：

```
pip install openpyxl
```

编者使用的 Anaconda 版本已经包含了该第三方包，因此自动跳过安装，结果如图 6-6 所示。

```
C:\Users\zp>pip install openpyxl
Requirement already satisfied: openpyxl in c:\programdata\anaconda3\lib\site-packages (3.0.9)
Requirement already satisfied: et-xmlfile in c:\programdata\anaconda3\lib\site-packages (from openpyxl) (1.1.0)
```

图 6-6　安装第三方库 openpyxl

一个 Workbook 对象代表一个 Excel 工作簿。建立新 Excel 文档需要实例化 Workbook，并调用 Workbook 对象的 save 方法，该方法的参数是保存的文件名。

一个 Excel 工作簿中可以包括多个工作表。创建工作表需要调用 Workbook 对象的 create_sheet 方法，该方法的参数是工作表的名称。

获取一个 Cell 对象后，访问 Cell 对象的 value 属性就可读/写该单元格中的数据。

【实例 6-19】创建工作簿和工作表。

```
from openpyxl import Workbook
wb=Workbook()
wb.create_sheet("人民币外汇即期报价")
wb.create_sheet("人民币外汇远掉报价")
ws=wb["人民币外汇即期报价"]
ws['A1']="货币对"
ws['a2']="买报价"
ws['b1']="USD/CNY"
ws['b2']=6.3644
ws.cell(1, 3, "EUR/CNY")
ws.cell(2, 3, 6.9195)
ws.append(["卖报价",6.3655,6.9210])
wb.save("zp06.xlsx")
```

本实例的输出结果如图 6-7 所示。本案例数据来源于中国外汇交易中心，数据日期为 2022 年 4 月 9 日。

如果要修改表格数据，需要先调用 load_workbook()函数打开工作表。有 3 种方法从 Workbook 对象中得到一个工作表。

图 6-7　创建工作簿和工作表

第 1 种是用 Workbook 对象的 get_sheet_by_name()方法，其参数是工作表的名称。

第 2 种是用 Workbook 对象的 worksheets 属性，该属性是一个 Worksheet 对象列表，如 ws=wb.worksheets[1]。

第 3 种是通过索引方式，下标为工作表的名字，如 ws=wb['first']。

【实例 6-20】查看并修改指定工作表的内容。

```
from openpyxl import load_workbook
wb=load_workbook("zp06.xlsx")
ws=wb["人民币外汇即期报价"]
print(ws['a2'].value)
```

```
print(ws['c1'].value)
print(ws['c2'].value)
ws['b4']="=b3-b2"
ws['c4']="=c3-c2"
ws=wb["人民币外汇远掉报价"]
ws['A1']="USD/CNY"
ws['a2']="买报价"
ws['a3']="卖报价"
ws['b1']="1周"
ws['b2']=23.15
ws['b3']=23.30
wb.save("zp06.xlsx")
```

本实例的输出结果如图 6-8 和图 6-9 所示。

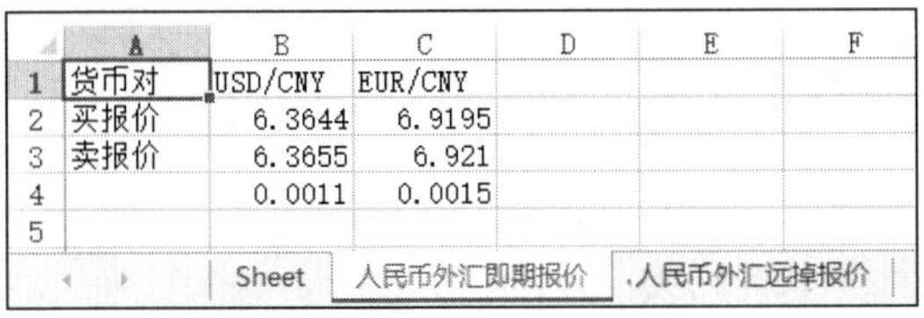

	A	B	C	D	E	F
1	货币对	USD/CNY	EUR/CNY			
2	买报价	6.3644	6.9195			
3	卖报价	6.3655	6.921			
4		0.0011	0.0015			
5						

Sheet　人民币外汇即期报价　人民币外汇远掉报价

图 6-8　工作表内容 1

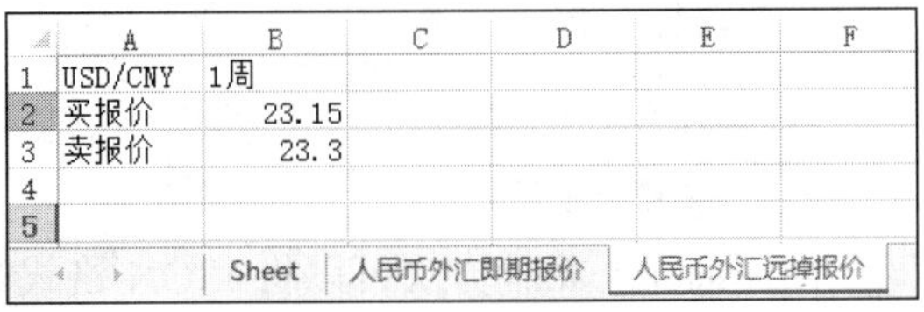

	A	B	C	D	E	F
1	USD/CNY	1周				
2	买报价	23.15				
3	卖报价	23.3				
5						

Sheet　人民币外汇即期报价　人民币外汇远掉报价

图 6-9　工作表内容 2

6.2.5　CSV 模块

CSV（Comma-Separated Values，逗号分隔值）模块是用于读/写 CSV 文件的模块。CSV 文件是以逗号分隔的文本文件，常用于数据交换和存储，它们不需要特殊的软件就能打开和阅读。CSV 文件也可以使用 Excel 等电子表格程序打开和编辑。

1. 写入 CSV 文件

使用 csv.writer() 函数可以创建一个写入 CSV 文件的对象，然后将数据逐行写入该文件。

【实例 6-21】写入 CSV 文件。

```
import csv
data=[['Name1', 'Age1'], ['Name2', 'Age2']]
with open('file.csv', 'w', newline='') as f:
    writer=csv.writer(f)
    writer.writerows(data)
```

在写入 CSV 文件时，可以使用参数来控制文件的分隔符、引用符等属性。例如，代码 "csv.writer(f, delimiter=',', quotechar='"', quoting=csv.QUOTE_MINIMAL)" 可以指定逗号为分隔符，双引号为引用符，并且使用 csv.QUOTE_MINIMAL 模式避免单元格中出现特殊字符。

2. 读取 CSV 文件

使用 csv.reader() 函数可以打开 CSV 文件并返回一个可迭代的对象，可以使用循环遍历文件中的所有行。

【实例 6-22】读取 CSV 文件。

```
import csv
with open('file.csv') as f:
    reader=csv.reader(f)
    for row in reader:
        print(row)
```

在读取 CSV 文件时，也可以使用参数来控制文件的分隔符、引用符等属性。例如，代码 "csv.reader(f, delimiter=',', quotechar='"')" 可以指定逗号为分隔符，双引号为引用符。

6.2.6 JSON 模块

JSON 模块是用于处理 JSON（JavaScript Object Notation，JS 对象简谱）格式数据的模块。JSON 是一种轻量级的数据交换格式，常用于 Web 应用程序之间的数据传输。

1. JSON 编码

使用 json.dumps() 方法可以将 Python 对象转换为 JSON 格式的字符串。

【实例 6-23】JSON 编码。

```
import json
data={'name': 'zp', 'age': 100, 'city': 'Changsha'}
json_str=json.dumps(data)
print(json_str)
```

2. JSON 解码

使用 json.loads() 方法可以将 JSON 格式的字符串解码为 Python 对象。

【实例 6-24】JSON 解码。

```
import json
json_str='{"name": "zp", "age": 100, "city": "Changsha"}'
data = json.loads(json_str)
print(data['name'])
```

> 💡 **注意**：json_str 是一种字符串，最外侧有单引号，而【实例 6-23】中的 data 是一个字典，外侧是没有单引号的。

3. 写入 JSON 文件

使用 json.dump() 方法可以将 Python 对象编码为 JSON 格式，并将其写入 JSON 文件。

【实例 6-25】写入 JSON 文件。

```
import json
data={'name': 'ZP', 'age': 100, 'country': 'China'}
with open('data.json', 'w') as f:
    json.dump(data, f)
```

4. 读取 JSON 文件

使用 json.load() 方法可以从 JSON 文件中读取数据，并将其解码为 Python 对象。

【实例 6-26】读取 JSON 文件。

```
import json
with open('data.json') as f:
    data=json.load(f)
print(data)
```

6.3 综合案例：文件搜索和批量重命名

6.3.1 案例概述

我们经常需要搜索某一类型的文件。例如，我们电脑里有许多照片，但可能忘记保存在哪个文件夹中，这时我们有必要搜索一下图片类型的文件。我们也经常需要将大量的文件修改为有规律的名称，以方便管理，例如，我们可能通过爬虫从网络上下载了很多图片，如果仍然使用它们原来的命名，看起来就会杂乱无章。

本案例中我们将演示如何进行文件搜索和批量重命名。我们首先设计一个搜索函数，用来在某个给定的文件夹中搜索指定类型的文件；然后设计一个函数，用来将找到的这些文件统一重命名为"zp+编号+扩展名"的形式。

6.3.2 案例详解

1．文件搜索

```
import os
import shutil
def search_files(root_dir, extensions):
    file_list=[]
    for root, dirs, files in os.walk(root_dir):
        for file in files:
            if any(file.lower().endswith(ext) for ext in extensions):
                file_path=os.path.join(root, file)
                file_list.append(file_path)
    return file_list
```

第 3 行代码定义的 search_files()函数用于实现文件搜索功能，参数 root_dir 用于指定搜索的起始路径，参数 extensions 用于给定扩展名列表。第 4 行的 file_list 用于存储搜索到的文件清单。第 5 行代码用于获取 root_dir 及其子目录中的内容，其中 files 用于保存文件清单。第 6、7 行代码遍历了该文件清单，并判断文件扩展名是否为参数 extensions 给定的扩展名。第 8、9 行代码将满足扩展名条件的文件加入 file_list 中。第 10 行代码返回 file_list。

2．批量重命名

```
def rename_files(file_list, new_folder):
    log_file=open('data\\06 文件\\rename_log.txt', 'w')
    for i, file_path in enumerate(file_list):
        file_name=os.path.basename(file_path)
        new_name=f"zp{i+1}.{file_name.split('.')[-1]}"
        new_path=os.path.join(new_folder, new_name)
        shutil.copyfile(file_path, new_path)
        log_file.write(f"原始文件地址: {file_path}\n")
        log_file.write(f"原始文件名: {file_name}\n")
        log_file.write(f"新文件名: {new_name}\n\n")
    log_file.close()
```

第 1 行代码定义的 rename_files()函数用于将 file_list 中的所有文件复制到 new_folder 目录中并重命名。第 2 行代码打开了一个日志文件 log_file，用于保存重命名记录。第 3 行代码遍历了 file_list 中的所有文件，并在循环体中完成了重命名操作和日志记录操作。第 4～7 行代码完成了重命名操作。第 8～10 行代码将重命名操作记录到了日志文件中。第 11 行代码关闭了打开的日志文件对象。

3．测试验证

```
root_directory='E:\\'
file_extensions=['.txt', '.docx']
file_list=search_files(root_directory, file_extensions)
new_folder='data\\06 文件\\批量重命名'
os.makedirs(new_folder, exist_ok=True)
rename_files(file_list, new_folder)
```

第 1 行代码设置了根目录。建议读者不要轻易将系统盘（如 C 盘）或程序安装盘等子文件夹数量较多的路径设为根目录，以免搜索时间过长。编者的 E 盘内容不多，搜索耗时较短。第 2 行代码设置了文件扩展名。本案例中我们将搜索到的文件复制到新文件夹中，建议大家不要将扩展名设为视频类等尺寸较大文件的扩展名，以免复制过程耗费太多时间。第 3 行代码用于搜索文件。第 4 行代码设置了新文件的保存路径。第 5 行代码创建了该文件夹。第 6 行代码批量重命名并保存了操作记录。

6.4 综合案例：《论语》二十篇

6.4.1 案例概述

《论语》是儒家学派的经典著作之一，由孔子的弟子及其再传弟子编撰而成。它以语录体和对话文体为主，记录了孔子及其弟子的言行，集中体现了孔子的政治主张、伦理思想、道德观念及教育原则等。它与《大学》《中庸》《孟子》并称"四书"。现存《论语》共计二十篇，分别为学而篇、为政篇、八佾篇、里仁篇、公冶长篇、雍也篇、述而篇、泰伯篇、子罕篇、乡党篇、先进篇、颜渊篇、子路篇、宪问篇、卫灵公篇、季氏篇、阳货篇、微子篇、子张篇、尧曰篇。

本案例以《论语》数据集为例展示文件的相关操作。

6.4.2 案例详解

1．查看文件列表

本案例的数据文件存放在"data\06 文件"文件夹中。该文件夹中包含"论语_处理前"和"论语_处理后"两个文件，前者存放了编者提供的原始数据集，代码如下：

```
import os
str_src_path="data\\06 文件\\论语_处理前"
str_dest_path=str_src_path.replace("处理前","处理后")
for dirpath,dirnames,filenames in os.walk("data\\06 文件"):
    print(f"dir={dirpath},dirnames={dirnames},filenames={filenames}")
```

第 2～3 行代码分别将两个文件夹的地址保存到两个字符串中。第 4～5 行代码通过 os.walk()函数遍历查看了"data\06 文件"文件夹的内容。输出结果如下：

```
dir=data\06 文件,dirnames=['论语_处理前', '论语_处理后'],filenames=[]
dir=data\06 文件\论语_处理前,dirnames=[],filenames=['01 学而篇.txt', '02 为政篇.txt',
'03 八佾篇.txt', '04 里仁篇.txt', 'readme.txt']
dir=data\06 文件\论语_处理后,dirnames=[],filenames=[]
```

根据输出结果可知，目前文件夹"data\06 文件"中包含两个文件夹，0 个文件。文件夹"论语_处理前"包含 0 个文件夹，5 个文件，其中 readme.txt 给出了更多文件的获取地址；文件夹"论语_处理后"目前为空。

2．合并文件

模块 os 中的 listdir()函数用于列出指定目录中的所有文件。此函数将指定的目录路径作为输入参数，并返回该目录中所有文件的名称。我们可以使用 os.listdir() 函数遍历特定目录中的所有文件，并使用 open()函数打开它们。

```
with open(os.path.join(str_dest_path, "论语_All.txt"), 'w',encoding="utf-8") as fo:
    for filename in os.listdir(str_src_path):
        fo.write("\n")
        fo.write(os.path.join(str_src_path, filename))
        fo.write("\n")
        with open(os.path.join(str_src_path, filename), 'r',encoding="utf-8") as fi:
            text=fi.read()
            fo.write(text)
```

第 1 行代码利用 with 语句打开了"data\06 文件\论语_处理后\论语_All.txt"，以保存合并后的内容。第 2 行代码遍历了"data\06 文件\论语_处理前"，以获取该目录下的各个文件名。第 3～5 行代码将文件名保存到文件中。第 6～8 行代码打开并读取了"data\06 文件\论语_处理前"下的各个文件内容，然后将其保存到 fo 对象对应的文件中。

3．分离原文和翻译

提取"论语_All.txt"文件中的原文内容，输出保存到"论语_原文.txt"中。读者也可以提取翻译文字并保存到对应文件中。代码如下：

```
with open(os.path.join(str_dest_path, "论语_All.txt"),"r",encoding="utf-8") as fi,\
    open(os.path.join(str_dest_path, "论语_原文.txt"),"w",encoding="utf-8") as fo:
    for line in fi:
        if "曰" in line or "篇" in line:
            fo.write(line)
        if "说" in line:
            pass
```

第 1 行代码打开了"论语_All.txt"和"论语_原文.txt"，分别用于输入 fi 和输出 fo。第 2 行代码遍历了 fi 文件的各行文字。第 3～4 行代码分离出了包含文件标题（"篇" in line）和包含论语原文（"曰" in line）的各行文字，并将其保存到 fo 中。第 5～6 行代码分离出了包含翻译文字（"说" in line）的各行文字，但这里并没有保存翻译文字，而是直接跳过（pass）。

4．查看处理结果

```
print(os.listdir(str_src_path))
print(os.listdir(str_dest_path))
```

这两行代码分别用于查看处理前和处理后相关文件夹中的文件列表。本实例的输出结果如下：

```
['01学而篇.txt', '02为政篇.txt', '03八佾篇.txt', '04里仁篇.txt', 'readme.txt']
['论语_All.txt', '论语_原文.txt']
```

本章小结

本章介绍了 Python 文件操作的相关知识，包括 open()函数、字符编码等基本知识，以及 pickle、os 等文件相关模块的使用。读者学习完本章后，可以掌握一定的文件读/写操作知识。

习题 6

1．在读/写文件之前，用于创建文件对象的函数是_____。
2．执行语句 f=open("zp")时，文件 zp 的打开模式是_____。

3. Python 中用于关闭文件的函数是_____。

4. 使用专门的____语句，文件在语句结束会自动关闭。

5. 使用____函数可以追加内容到已有的文件中。

6. 解释 Python 中的文件操作及其用法，举例说明如何读取和写入文件。

实训 6

1. 将字符串"君子周而不比，小人比而不周。"分别写入文本文件和二进制文件中，并比较两个文件的不同之处。

2. 打开一个文本文件，将一个实数写入该文件，然后关闭文件；再次打开该文件，读取该实数并输出，然后关闭该文件。

3. 找一篇英文文档，保存成文本文件，利用 Python 编程完成如下任务。

（1）统计文档中每个单词的出现频次。

（2）将频次统计结果保存到一个二进制文件中。

4. 以第 3 题保存的频次统计结果为基础，完成如下任务。

（1）读取频次统计结果文件。

（2）输出频次排序前 5% 左右的单词，分析这类单词的共性特点。

（3）输出频次排序后 50% 左右的单词，分析这类单词的共性特点。

（4）输出频次排序中间 45% 左右的单词，分析这类单词的共性特点。

5. 使用 Python 完成如下文件操作：（1）创建一个新的文本文件，并写入一段文字；（2）追加内容到已有的文本文件末尾；（3）打开一个文本文件，并将文件内容输出到控制台。

6. 使用 openpyxl 模块完成 Excel 文件读/写的相关操作：（1）将数据写入 Excel 文件；（2）读取 Excel 文件中的数据。

7. 使用 pickle 模块完成如下数据序列化相关操作：（1）将数据序列化并保存到文件中；（2）从文件中加载序列化的数据。

8. 使用 CSV 模块完成以下操作：（1）写入数据到 CSV 文件；（2）读取 CSV 文件，并将内容存储为列表。

9. 使用 JSON 模块完成以下操作：（1）将字典或列表数据写入 JSON 文件；（2）读取 JSON 文件，并将内容解析为字典或列表。

10. 使用 Python 完成文件和文件夹相关操作：（1）创建一个新的文件夹；（2）列出指定文件夹中的所有文件和子文件夹；（3）判断指定文件是否存在；（4）删除指定文件；（5）删除指定文件夹及其内容；（6）将指定文件夹中的所有文件移动到另一个文件夹中。

11. 使用 Python 统计指定文本文件中的单词数。

12. 使用 Python-docx 模块读取 Word 文档内容并输出。

第 **7** 章 NumPy 科学计算库

本章介绍 NumPy 科学计算库的使用。NumPy 是 Python 科学计算的重要组成部分，可以用来存储和处理大型矩阵。它提供了高效的数组操作和数学函数，为数据科学、机器学习、深度学习等领域的工作提供了强大的支持。

7.1 NumPy 基础

NumPy（Numerical Python）是一个开源的 Python 科学计算库，主要用于处理大规模的多维数组和矩阵运算。它提供了高效的数组操作接口，包括数值计算、线性代数、傅里叶变换等功能。NumPy 的核心是多维数组对象（ndarray），它是一个固定大小的数组，可以容纳同一类型的元素。在 NumPy 中，数组的维度称为轴（axis），轴的个数称为秩（rank）。NumPy 提供了丰富的函数和方法来操作数组，能够方便地进行数据分析、统计计算、数值模拟等任务。除了数组对象，NumPy 还提供了许多高级的数学函数，如线性代数运算、傅里叶变换、随机数生成等。此外，NumPy 还与其他科学计算库（如 SciPy、Matplotlib）紧密集成，可以方便地进行数据的处理、可视化和分析。

【实例 7-1】安装 NumPy。

我们一般建议读者安装 Anaconda，因为 NumPy 已经包含在 Anaconda 之中，无须另外安装。输入如下 Python 代码，可以查看 NumPy 的版本号：

```
import numpy as np
np.__version__
```

本实例第 1 行代码也是导入 NumPy 的最常用写法。第 2 行代码中，version 的前后分别是两根下划线。如果 NumPy 安装成功，将会返回正确的 NumPy 版本信息。因此，这两行代码一般用来验证 NumPy 是否安装成功。

如果需要单独安装 NumPy，可以在命令行中输入如下指令：

```
pip install numpy
```

7.1.1 NumPy 数组概述

NumPy 的核心是 ndarray 对象（N-dimensional array object），简称 NumPy 数组。它是一组相同类型的元素的集合。NumPy 数组比 Python 列表等序列类型要高效得多。

NumPy 数组和 Python 列表之间有许多区别，具体如下。

① 创建 NumPy 数组对象时，其大小是固定的。更改 NumPy 数组对象的大小将创建一

个新数组并删除原来的数组。而 Python 列表对象是可以动态增长的。

② NumPy 数组中的元素都具有相同的数据类型，因此在内存中的大小相同。Python 列表允许不同类型的元素同时存在。

③ NumPy 数组有助于对大量数据进行高级数学和其他类型的操作。通常，使用 NumPy 数组操作的执行效率更高，且比使用 Python 列表的代码更少。

【实例 7-2】NumPy 的性能测试。

```
import numpy as np
list1=list(range(1000000))    #列表
np1=np.arange(1000000)        #Numpy 数组
%time list2=list1*2
%time list3=[x*2 for x in list1]
%time np2=np1*2
```

本实例第 1 代码导入了 Numpy。与列表不同，Numpy 需要导入后才能使用。第 2 行和第 3 行代码分别创建了列表对象和 NumPy 数组。第 4~6 行代码前面的 "%time" 用于计算后面指令的执行时间。注意：即便在同一台计算机上，执行时间也并不是固定的。根据输出的时间信息，我们不难发现，使用 NumPy 数组进行运算时效率最高。而从第 5 行代码可以看出，for 循环操作的执行效率并不高。本实例的输出结果如下：

```
CPU times: total: 31.2 ms
Wall time: 35.9 ms
CPU times: total: 78.1 ms
Wall time: 94.7 ms
CPU times: total: 0 ns
Wall time: 1.99 ms
```

【思考】【实例 7-2】中，list2 和 list3 的内容相同吗？np2 和 list2 的内容相同吗？

NumPy 数组所有元素的类型都是相同的，而 Python 列表中的元素类型是任意的。这虽然导致了 NumPy 数组在通用性方面不及 Python 列表，但是，由于元素类型相同，NumPy 数组的数据存储也更为简单。图 7-1 是 NumPy 数组和 Python 列表数据存储方式示意图。Python 列表由于元素类型可以不相同，需要通过寻址方式找到下一个元素；而 NumPy 数组中元素的地址都是连续的，这使得批量操作 NumPy 数组元素时速度更快。在科学计算中，NumPy 数组的这种设计可以省掉很多循环语句，使用方面比 Python 列表简单得多。Numpy 底层使用 C 语言编写，数组中直接存储对象，而不是存储对象指针，所以其运算效率远高于 Python 内置的列表类型。NumPy 内置了并行运算功能，对于多核系统会自动根据需要进行并行计算。

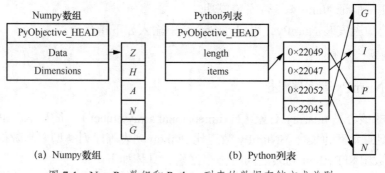

(a) Numpy 数组　　　　　　　(b) Python 列表

图 7-1　NumPy 数组和 Python 列表的数据存储方式差别

7.1.2 创建 NumPy 数组

NumPy 支持许多创建数组的不同方法。使用 array()/arange() 是比较常见的创建数组的方法。读者可以使用 array() 函数从常规 Python 列表或元组中创建数组，得到的数组类型是从 Python 列表中元素的类型推导出来的。NumPy 提供了一个类似于 range() 的函数，用于创建数组。

【实例 7-3】使用 array() 创建数组。

```
import numpy as np
arr1=np.array(range(3))
arr2=np.array(list("见素抱朴，少私寡欲。"))
arr3=np.array("知人者智，自知者明。")
#arr4=np.array(1, 2, 3)                        #错误示例：传入的不是列表
arr5=np.array([[1, 2, 3],[4, 5, 6], [7, 8, 9]]) #创建二维数组
arr6=np.array(list("至人无己，神人无功，圣人无名。")).reshape(3,5)
print(type(arr1),arr1)
print(type(arr2),arr2)
print(type(arr3),arr3)
print(type(arr5),"\n",arr5)
print(type(arr6),"\n",arr6)
```

本实例第 2~4 行代码分别创建了一个一维数组，注意比较 arr2 和 arr3 的区别。第 5 行被注释掉的代码给出了一个错误示例，该代码错误地传入了多个数字参数，而不是提供单个的列表类型作为参数。第 6、7 行代码分别创建了一个二维数组。第 8~12 行代码输出了前述各个数组类型和内容。最后 2 行代码中的 "\n" 是为了优化输出效果，可以省略。本实例的输出结果如下：

```
<class 'numpy.ndarray'> [0 1 2]
<class 'numpy.ndarray'> ['见' '素' '抱' '朴' '，' '少' '私' '寡' '欲' '。']
<class 'numpy.ndarray'> 知人者智，自知者明。
<class 'numpy.ndarray'>
 [[1 2 3]
 [4 5 6]
 [7 8 9]]
<class 'numpy.ndarray'>
 [['至' '人' '无' '己' '，']
 ['神' '人' '无' '功' '，']
 ['圣' '人' '无' '名' '。']]
```

【实例 7-4】使用 arange() 创建数组。

```
import numpy as np
arr1=np.arange(1, 5)
arr2=np.arange(10).reshape(2, 5)
print(type(arr1),arr1)
print(type(arr2),"\n",arr2)
```

本实例第 2、3 行代码分别创建了一个一维和二维数组。本实例的输出结果如下：

```
[1 2 3 4]
[[0 1 2 3 4]
 [5 6 7 8 9]]
```

函数 arange() 也可以使用浮点数作为参数。但是，由于浮点数浮点精度有限，通常不可能预测所获得的元素数量。出于这个原因，通常最好使用 linspace() 函数来接收我们想要的元素数量的函数，而不是步长（step）。linspace() 函数生成的是等差数列，我们还可以使用 logspace() 函数生成等比数列。

【实例 7-5】使用 arange()、linspace()、logspace()生成数组。

```
import numpy as np
arr1=np.arange(1.2, 2.5, 0.3)
arr2=np.linspace(1,2,5)
arr3=np.linspace(-np.pi, np.pi, 10)
arr4=np.sin(arr3)
arr5=np.logspace(1,2,5)
print(arr1); print(arr2); print(arr3); print(arr4); print(arr5)
```

本实例第 2 行代码使用浮点数作为 arange()函数的参数。第 3 行代码创建了由均匀分布于[1,2]间的 5 个数构成的数组。第 4 行代码创建的数组中，10 个数均匀分布于[-pi, pi]间。第 5 行代码计算了 sin(x)。第 6 行代码创建了包含 5 个数的等比数列，第 1 个元素为 10**1，第 2 个元素为 10**1.25，最后一个元素为 10**2。读者可以对比 arr2 和 arr5两者的差别。本实例的输出结果如下：

```
[1.2 1.5 1.8 2.1 2.4]
[1.    1.25 1.5  1.75 2.  ]
[-3.14159265 -2.44346095 -1.74532925 -1.04719755 -0.34906585  0.34906585
  1.04719755  1.74532925  2.44346095  3.14159265]
[-1.22464680e-16 -6.42787610e-01 -9.84807753e-01 -8.66025404e-01
 -3.42020143e-01  3.42020143e-01  8.66025404e-01  9.84807753e-01
  6.42787610e-01  1.22464680e-16]
[ 10.          17.7827941   31.6227766   56.23413252 100.         ]
```

【思考】请问【实例 7-5】中，sin(pi)和 sin(-pi)的值是多少？为什么出现这样的结果？

7.1.3 NumPy 数组的属性

NumPy 的主要对象是同构多维数组（N-dimensional array）。数组元素通常是数字，所有数组元素的类型都相同，由非负整数元组索引。NumPy 数值维度通常也称为轴（axes）。例如，数组[1, 2, 3]有一个轴，该轴有 3 个元素，即其长度为 3；数组[[1, 2, 3], [4, 5, 6]]有 2 个轴，第 1 个轴的长度为 2，第 2 个轴的长度为 3。

NumPy 的数组类被称为 ndarray，简称为数组（array）。numpy.array 与标准 Python 库类 array.array 并不相同，后者只处理一维数组，并且仅提供较少的功能。ndarray 对象常见的属性如下。

① ndarray.ndim：数组的轴（维度）的个数。

② ndarray.shape：这是一个整数的元组，表示每个维度中数组的大小。对于一个 n 行 m 列的矩阵，其形状为 n 行 m 列。因此，shape 元组的长度就是 ndim 的值。

③ ndarray.size：数组元素的总数，等于 shape 的元素的乘积。

④ ndarray.dtype：一个描述数组中元素类型的对象。可以使用标准的 Python 类型创建或指定 dtype。NumPy 也提供自己的类型，如 numpy.int32、numpy.int16 和 numpy.float64。

⑤ ndarray.itemsize：数组中每个元素的字节大小。例如，元素为 float64 类型的数组的itemsize 为 8（=64/8），而 complex32 类型的数组的 itemsize 为 4（=32/8）。它等于 ndarray.dtype.itemsize 。

⑥ ndarray.data：该缓冲区包含数组的实际元素。通常，我们不需要使用此属性，因为我们一般使用索引访问数组中的元素。

【实例 7-6】查看数组维度和形状。

```
import numpy as np
```

```
arr1=np.array(list("丧己于物，失性于俗者，谓之倒置之民。"))
print('数组维度: ',arr1.ndim)
print('数组形状: ',arr1.shape)
arr2=np.array(list("众人重利，廉士重名，贤士尚志，圣人贵精。")).reshape(4,5)
print('数组维度: ',arr2.ndim)
print('数组形状: ',arr2.shape)
```

本实例的输出结果如下：

```
数组维度: 1
数组形状: (18,)
数组维度: 2
数组形状: (4, 5)
```

【实例 7-7】查看数组其他属性。

```
import numpy as np
arr1=np.array(list("人生天地之间，若白驹过隙，忽然而已。"))
print('数组元素类型: \t',arr1.dtype)
print('数组元素个数: \t',arr1.size)
print('数组元素大小: \t',arr1.itemsize)
print('数组元素: \t',arr1.data)
arr2=np.array(list("君子之交淡若水，小人之交甘若醴。")).reshape(2,8)
print('数组元素类型: \t',arr2.dtype)          #查看数组类型
print('数组元素个数: \t',arr2.size)           #查看数组元素个数
print('数组元素大小: \t',arr2.itemsize)       #查看数组每个元素大小
print('数组元素: \t',arr2.data)              #查看数组元素
```

本实例第 2 行和第 7 行代码分别创建了一个一维和二维数组。第 3、8 行代码分别查看了各数组的元素类型，结果均为 "<U1"，表示数组元素为 Unicode 字符串，长度为 1。如果读者将 arr1 和 arr2 分别替换成【实例 7-3】中的 arr1 和 arr5，则元素类型将变为 int32。第 4、9 行代码分别查看了数组元素个数。第 5、10 行代码分别查看了数组中每个元素的大小。第 6、11 行代码分别查看了数组元素，Numpy 数组元素存储在一片连续区域中，这里显示了该区域的首地址。本实例的输出结果如下：

```
数组元素类型:      <U1
数组元素个数:      18
数组元素大小:      4
数组元素:          <memory at 0x00000281C622B1C0>
数组元素类型:      <U1
数组元素个数:      16
数组元素大小:      4
数组元素:          <memory at 0x00000281C3D01D80>
```

创建数组时可以用 dtype 参数指定数组元素的数据类型，可以用 astype()方法转换其类型。

【实例 7-8】数组元素类型。

```
import numpy as np
arr1=np.arange(3)
print('数组 arr1:{}, \t\t 元素类型{}'.format(arr1,arr1.dtype))
arr2=np.arange(3, dtype='float')
print('数组 arr2:{}, \t\t 元素类型{}'.format(arr2,arr2.dtype))
arr3=arr2.astype('int')
```

```
print('数组 arr3:{}, \t\t 元素类型{}'.format(arr3,arr3.dtype))
arr4=arr2.astype('bool')
print('数组 arr4:{}, \t 元素类型{}'.format(arr4,arr4.dtype))
print('数组 arr2:{}, \t\t 元素类型{}'.format(arr2,arr2.dtype))
```

本实例第 2 行创建了数组 arr1，元素默认为 int32 类型。第 4 行代码指定 arr2 的元素类型为 float。第 6 行代码将类型转为 int。第 8 行代码将类型转为 bool 型，其中 0 对应 False，非 0 对应 True。注意：在第 6、8 行代码转换过程中，arr2 类型不变，一直为 float64，这可以从第 10 行代码的输出结果得到确认。本实例的输出结果如下：

```
数组 arr1:[0 1 2],               元素类型 int32
数组 arr2:[0. 1. 2.],            元素类型 float64
数组 arr3:[0 1 2],               元素类型 int32
数组 arr4:[False True True],     元素类型 bool
数组 arr2:[0. 1. 2.],            元素类型 float64
```

7.1.4 创建特殊数组

通常，数组的元素最初是未知的，但它的大小是已知的。因此，NumPy 提供了多个函数来创建具有初始占位符内容的数组。这就减少了数组增长的必要，因为数组增长的操作花费的时间过长。

【实例 7-9】创建全 1 数组。

函数 ones() 可创建一个内容全为 1 的数组。函数 ones_like() 可以按照给定数组的形状，创建一个全为 1 的数组。

```
import numpy as np
arr1=np.ones(3)
print('数组 arr1: ',arr1)
arr2=np.ones((2, 3))
print('数组 arr2: \n',arr2)
arr3=np.array(list("举世誉之而不加劝，举世非之而不加沮。")).reshape(2,9)
#print('数组 arr3: \n',arr3)
arr4=np.ones_like(arr3)
print('数组 arr4: \n',arr4)
```

本实例第 2 行代码生成了含有 3 个 1 的一维数组。第 4 行代码生成了 2×3 的二维全 1 数组。第 6 行代码创建了一个二维数组。第 8 行代码生成了维数和 arr3 相同的全 1 数组。注意：由于 arr3 中的元素是 "<U1"，此处 arr4 中的元素尽管都是 1，但其类型也是 "<U1"。本实例的输出结果如下：

```
数组 arr1: [1. 1. 1.]
数组 arr2:
 [[1. 1. 1.]
 [1. 1. 1.]]
数组 arr4:
 [['1' '1' '1' '1' '1' '1' '1' '1' '1']
 ['1' '1' '1' '1' '1' '1' '1' '1' '1']]
```

【实例 7-10】创建全 0 数组和未初始化数组。

用函数 zeros() 可创建一个由 0 组成的数组。函数 empty() 可创建一个未初始化的数组，其初始内容是不确定的，取决于内存的状态。默认情况下，所创建数组的 dtype 是 float64 类型的。

```
import numpy as np      #导入 NumPy 库
```

```
arr1=np.zeros((2, 3)) #生成2×3的二维全0数组
print('数组arr1: \n',arr1)
arr2=np.empty((2,4) ) #未初始化数组
print('数组arr2: \n',arr2)
```

本实例的输出结果如下（注意不同计算机中，arr2的输出效果并不一致）：

```
数组arr1:
 [[0. 0. 0.]
 [0. 0. 0.]]
数组arr2:
 [[0.00000000e+000 0.00000000e+000 0.00000000e+000 0.00000000e+000]
 [0.00000000e+000 7.88528771e-321 1.59149684e-311 1.59149684e-311]]
```

【**实例7-11**】创建单位矩阵和对角矩阵数组。

```
import numpy as np #导入 NumPy 库
arr1=np.eye(3)
print('数组arr1: \n',arr1)
arr2=np.diag( (1,2,3,4) )
print('数组arr2: \n',arr2)
```

本实例第2行代码生成了单位矩阵数组，第4行代码生成了对角矩阵数组。本实例的输出结果如下：

```
数组arr1:
 [[1. 0. 0.]
 [0. 1. 0.]
 [0. 0. 1.]]
数组arr2:
 [[1 0 0 0]
 [0 2 0 0]
 [0 0 3 0]
 [0 0 0 4]]
```

NumPy 提供了随机数模块 numpy.random，可以用来生成各种类型的随机数。这些随机数本质上都是伪随机数。通过在代码中加入 np.random.seed()设置随机数种子，读者可以得到可以重复的输出结果。

【**实例7-12**】创建随机数组。

```
import numpy as np
np.random.seed(10)
arr1=np.random.rand(2,4)
print('数组arr1: \n',arr1)
arr2=np.random.randint(1,100,5)
print('数组arr2: \n',arr2)
arr3=np.random.randint(1,100,(2,3))
print('数组arr3: \n',arr3)
arr4=np.random.randn(2,3)
print('数组arr4: \n',arr4)
```

本实例第3行代码生成了2×4数组，元素为[0,1)内均匀分布的小数。第5行代码生成了由5个[1,100)内的随机整数构成的数组。第7行代码生成了2×3数组，元素取值范围为[1,100)。第9行代码生成了2×3数组，元素符合标准正态分布 N(0,1)。本实例的输出结果如下：

```
数组arr1:
 [[0.77132064 0.02075195 0.63364823 0.74880388]
 [0.49850701 0.22479665 0.19806286 0.76053071]]
```

```
数组 arr2:
 [ 1 41 37 17 12]
数组 arr3:
 [[55 89 63]
 [34 73 79]]
数组 arr4:
 [[ 0.31085074  1.72937588 -0.24066194]
 [-1.02735202  0.42401507  1.40862087]]
```

7.2 数组元素访问

7.2.1 索引、切片和迭代

使用者可以对数组进行索引、切片和迭代等操作。数组的此类操作与列表等 Python 序列类型的基本类似。

【实例 7-13】一维数组的索引、切片和迭代操作。

```python
import numpy as np
arr1=np.array(list("万物作而弗始，生而弗有，为而弗恃，功成而不居。"))
print('arr1: \t\t',arr1)
print('arr1[1]: \t',arr1[1])
print('arr1[-1]: \t',arr1[-1])
print('arr1[2:5]: \t',arr1[2:5])
print('arr1[:6:2]: \t',arr1[:6:2])
print('arr1[::-1]: \t',arr1[::-1])
```

本实例的输出结果如下：

```
arr1:          ['万' '物' '作' '而' '弗' '始' '，' '生' '而' '弗' '有' '，' '为' '而'
'弗' '恃' '，' '功' '成' '而' '不' '居' '。']
arr1[1]:        物
arr1[-1]:       。
arr1[2:5]:      ['作' '而' '弗']
arr1[:6:2]:     ['万' '作' '弗']
arr1[::-1]:     ['。' '居' '不' '而' '成' '功' '，' '恃' '弗' '而' '为' '，' '有'
'弗' '而' '生' '，' '始' '弗' '而' '作' '物' '万']
```

多维数组的每个轴都可以有一个索引，这些索引以逗号分隔。当所提供的索引少于轴的数量时，缺失的索引被认为是完整的切片。例如，二维数组可以分行、列两个维度，分别用[行,列]、[行]、[:,列]等形式进行访问。

【实例 7-14】二维数组的索引和切片。

```python
import numpy as np
arr1=(np.arange(15).reshape(3,5))**2
print('arr1: \n',arr1)
print('arr1[1]: \t',arr1[1])
print('arr1[-1]: \t',arr1[-1])
print('arr1[2,3]: \t',arr1[2,3])
print('arr1[1:2,:-1]: \t',arr1[1:2,:-1])
print('arr1[:,:2]: \n',arr1[:,:2])
```

本实例第 2 行代码首先创建了由 0～14 组成的二维数组，然后对每个元素求平方。第

4～8 行代码分别以不同方式访问了数组的元素。本实例的输出结果如下:

```
arr1:
 [[  0   1   4   9  16]
 [ 25  36  49  64  81]
 [100 121 144 169 196]]
arr1[1]:        [25 36 49 64 81]
arr1[-1]:       [100 121 144 169 196]
arr1[2,3]:       169
arr1[1:2,:-1]: [[25 36 49 64]]
arr1[:,:2]:
 [[  0   1]
 [ 25  36]
 [100 121]]
```

7.2.2　布尔索引

使用布尔索引可以筛选出满足特定条件的数据。

【实例 7-15】布尔索引。

```
import numpy as np
np.random.seed(10)
arr1=np.random.randint(40, 100, size=10)
print("成绩列表: ",arr1)
c=arr1< 60
print("是否挂科: ",c)
print("挂科分数: ",arr1[c])
print("60~90 之间: ",arr1[(arr1>=60) & (arr1<=90)])
print("60~90 之外: ",arr1[(arr1<60) | (arr1>90)])
```

本实例的第 2 行代码将随机数种子设置为 10。使用相同的随机数种子值,可确保每次执行时生成的随机数是相同的。第 3 行代码生成了 10 个随机整数,整数取值范围为 40～100。第 5 行代码判断数组中的各个元素是否小于 60。第 7 行代码以第 6 行代码得到的索引为基础,提取了数组 arr1 中对应位为 True 的元素。第 8 行代码提取了 60～90 之间的元素,注意此处用 "&",不能用 and。第 9 行代码提取了 60～90 之外的元素,注意此处用 "|",不能用 or。本实例的输出结果如下:

```
成绩列表: [49 76 55 40 89 99 68 65 69 88]
是否挂科: [ True False  True  True False False False False False False]
挂科分数: [49 55 40]
60~90 分数: [76 89 68 65 69 88]
60~90 之外: [49 55 40 99]
```

7.3　数组常用函数

NumPy 提供了很多通用函数和成员函数。它们是一种能够对数组中所有元素进行操作的函数,无须引入循环语句。

许多 NumPy 函数都支持两种不同的用法:其一是采用通用函数形式,即采用 "np.函数名(数组名)" 的形式;其二是采用成员函数形式,即 "数组名.函数名()" 的形式。但仍然有许多函数只支持其中一种用法,具体用法以 NumPy 参考手册为准。例如,大多数统计函数都支持上述两种用法，但是计算中位数时，"np.median(数组名)"是正确的，而"数组名.median()"却暂未实现。

7.3.1 统计函数

NumPy 支持常见的统计运算，如 max()、min()、ptp()、sum()、var()、std()、argmax()、argmin()等。其中 ptp()表示极差，即用最大值减去最小值；argmax()和 argmin()分别表示最大值、最小值所对应的索引下标。大多数统计函数均采用聚合计算，计算可直接得出最终结果。另外还有 cumsum()和 cumprod()两个函数采用的不是聚合计算，它们分别计算数组元素的累计和、累计积，并且保留所有中间计算结果，返回一个数组。

【实例7-16】统计函数（通用函数形式）。

```python
import numpy as np
np.random.seed(10)
arr1=np.random.randint(0, 20, size=8).reshape(2,4)
print("arr1=\n",arr1)
print("最大值: \t",np.max(arr1))
print("最小值: \t",np.min(arr1))
print("最大值索引: \t",np.argmax(arr1))
print("最小值索引: \t",np.argmin(arr1))
print("平均值: \t",np.mean(arr1))
print("中位数: \t",np.median(arr1))
print("标准差: \t",np.std(arr1))
print("极差: \t\t",np.ptp(arr1))#（极差=最大值-最小值）
print("方差: \t\t",np.var(arr1))
print("累加: \t\t",np.sum(arr1))
print("累乘: \t\t",np.prod(arr1))
print("累计和: \t",np.cumsum(arr1))
print("累计积: \t",np.cumprod(arr1))
```

本实例的输出结果如下：

```
arr1=
 [[ 9  4 15  0]
 [17 16 17  8]]
最大值:       17
最小值:       0
最大值索引:       4
最小值索引:       3
平均值:       10.75
中位数:       12.0
标准差:       6.077622890571609
极差:       17
方差:       36.9375
累加:       86
累乘:       0
累计和:       [ 9 13 28 28 45 61 78 86]
累计积:       [ 9 36 540  0  0  0  0  0]
```

【实例7-17】统计函数（成员函数形式）。

```python
import numpy as np
np.random.seed(10)
arr1=np.random.randint(0, 20, size=8).reshape(2,4)
```

```
print("arr1=\n",arr1)
print("最大值: \t",arr1.max())
print("最小值: \t",arr1.min())
print("最大值索引: \t",arr1.argmax())
print("最小值索引: \t",arr1.argmin())
print("平均值: \t",arr1.mean())
print("标准差: \t",arr1.std())
print("极差: \t\t",arr1.ptp())#（极差=最大值-最小值）
print("方差: \t\t",arr1.var())
print("累加: \t\t",arr1.sum())
print("累乘: \t\t",arr1.prod())
print("累计和: \t",arr1.cumsum())
print("累计积: \t",arr1.cumprod())
```

本实例的输出结果如下：

```
arr1=
 [[ 9  4 15  0]
 [17 16 17  8]]
最大值:          17
最小值:          0
最大值索引:            4
最小值索引:            3
平均值:          10.75
标准差:          6.077622890571609
极差:            17
方差:            36.9375
累加:            86
累乘:            0
累计和:          [ 9 13 28 28 45 61 78 86]
累计积:          [ 9  36 540   0   0   0   0   0]
```

进行统计分析时，默认是不指定计算的轴，此时即使是二维数组，也将只计算一个最终结果。函数计算时还可指定计算的轴 axis。对于二维数组，如果 axis=0，则沿竖直方向求和；如果 axis=1，则沿水平方向求和。

【实例 7-18】指定计算轴向。

```
import numpy as np
np.random.seed(10)
arr1=np.random.randint(0, 20, size=8).reshape(2,4)
print("arr1=\n",arr1)
print("最大值: \t\t",arr1.max())
print("最大值(axis=0): \t",arr1.max(axis=0))
print("最大值(axis=1): \t",arr1.max(axis=1))
print("最小值: \t\t",np.min(arr1))
print("最小值(axis=0): \t",np.min(arr1,axis=0))
print("最小值(axis=1): \t",np.min(arr1,axis=1))
```

本实例的输出结果如下：

```
arr1=
 [[ 9  4 15  0]
 [17 16 17  8]]
最大值:              17
最大值(axis=0):  [17 16 17  8]
```

```
最大值(axis=1): [15 17]
最小值:         0
最小值(axis=0): [ 9  4 15  0]
最小值(axis=1): [0 8]
```

7.3.2 集合函数

两个数组间可以进行集合运算，常见的集合运算包括交集、并集、差集、异或等。异或也称为对称差集，它由不同时存在于两集合中的元素组成。

【实例 7-19】集合函数。

```
import numpy as np
np.random.seed(10)
arr1=np.random.randint(0, 10, size=8)
arr2=np.random.randint(0, 10, size=8)
print("arr1: \t",arr1)
print("arr2: \t",arr2)
print("交集: \t",np.intersect1d(arr1,arr2))
print("并集: \t",np.union1d(arr1,arr2))
print("差集: \t",np.setdiff1d(arr1,arr2))
print("异或: \t",np.setxor1d(arr1,arr2))
```

本实例的输出结果如下：

```
arr1:    [9 4 0 1 9 0 1 8]
arr2:    [9 0 8 6 4 3 0 4]
交集:    [0 4 8 9]
并集:    [0 1 3 4 6 8 9]
差集:    [1]
异或:    [1 3 6]
```

7.3.3 多项式

Numpy 可以构造多项式，这些多项式可代入数值进行计算，还可求微分、积分、解方程。

【实例 7-20】构造多项式。

```
import numpy as np
y=np.poly1d([1, -5, 4])
print("多项式 y=\n",y)
print("y([1, 2, 3])=\t",y([1, 2, 3]))
print("方程 y=0 的根: \t",np.roots(y))
z=np.poly1d([2, 2, 1, 2])
print("多项式 z=\n",z)
p=z+y
print("多项式 p=z+y=\n",p)
print("p 的微分\n",p.deriv() )
print("p 的积分\n",p.integ() )
```

本实例第 2 行代码构造了多项式 y，函数调用时以列表形式给出多项式系数，列表最后一个元素为 0 次项系数，倒数第 2 个元素为 1 次项系数，依次增加。第 3 行代码输出了所创建的多项式 $y = x**2 - 5x + 4$。输出结果为文本形式，多项式分两行显示，其中 2 的位置相对于 $1x$ 的位置略有偏离，读者可以结合正文中给出的多项式表达式来理解输出结果的表述方式。第 4 行代码分别计算 x 取 1、2、3 时多项式 y 的值。第 5 行代码求解方程 $y=0$ 时的根，得到的根为 4 和 1。第 6 行代码构造了多项式 z。第 8 行代码进行了多项式相加运算，得到 $z+y$。第 10～11 行代码分别求解多项式的微分和积分。本实例的输出结果如图 7-2 所示。

```
多项式y=
       2
1 x - 5 x + 4
y([1, 2, 3])=      [ 0 -2 -2]
方程y=0的根:       [4. 1.]
多项式z=
       3       2
2 x + 2 x + 1 x + 2
多项式p=z+y=
       3       2
2 x + 3 x - 4 x + 6
p的微分
       2
6 x + 6 x - 4
p的积分
         4     3     2
0.5 x + 1 x - 2 x + 6 x
```

图 7-2　多项式

polyfit 可以实现多项式拟合，利用给定的自变量和因变量数据，按指定的最高次方拟合出一个多项式。

【实例 7-21】多项式拟合。

```
import numpy as np
np.random.seed(10)
x=np.arange(20)
y1=30*x+20+np.random.rand(20)
y1_fit=np.polyfit(x, y1, 1)
print("y1 的拟合结果为",y1_fit)
y2=9*x**2+30*x+10+np.random.rand(20)
y2_fit=np.polyfit(x, y2, 2)
print("y2 的拟合结果为",y2_fit)
```

本实例第 4 行代码构造了测试数据 $y1$，并加入随机干扰。该代码中使用的多项式是一个一次多项式，系数为[30,20]。第 5 行代码指定按照一次多项式拟合。第 6 行代码输出了拟合得到的多项式系数。相对于第 4 行代码所使用的真实系数[30,20]，该拟合结果的误差较小。第 7 行代码使用一个二次多项式构造测试数据 $y2$，并加入随机干扰。二次多项式系数为[9,30,10]。第 8 行代码指定按二次多项式拟合。第 9 行代码输出了拟合得到的多项式系数，该拟合结果的误差同样比较小。本实例的输出结果如下：

```
y1 的拟合结果为 [30.01248383 20.3983983 ]
y2 的拟合结果为 [ 8.99765809 30.04042178 10.38282584]
```

7.3.4　数组排序

数组排序既可以采用成员函数方式"数组名.sort()"，也可以采用通用函数方式"np.sort(数组名)"。前者将改变原有的数组顺序；后者并不改变数组本身，而是返回新的有序数组。调用函数"np.argsort(数组名)"将返回一个代表原数据顺序的有序下标数组。数组顺序将按照从小到大的方式排列。数组排序不支持 reverse=True 参数。如果需要得到从大到小的排序结果，可以借助 np.argsort()函数间接实现。

【实例 7-22】排序。

```
import numpy as np
np.random.seed(10)
arr1=np.random.randint(1,20,size=10)
print("arr1=\n",arr1)
arr2=np.sort(arr1)
print("arr2=\n",arr2)
idx=np.argsort(arr1)
print("idx=\n",idx)
arr3=arr1[np.argsort(-arr1)]
print("arr3=\n",arr3)
arr1.sort()     #将改变数组本身
print("排序后 arr1=\n",arr1)
```

本实例第 3 行代码创建了 10 个元素的随机数组。第 5 行代码调用 sort()函数对数组进行了排序。注意：该排序过程不改变数组 arr1 本身，此时将返回新的有序数组。第 7 行代码调用 argsort()函数对数组进行了排序，将返回一个代表原数据顺序的有序下标数组。由于数组排序不支持 reverse=True 参数，第 9 行代码我们借助 argsort()函数间接地实现了逆序排序，注意参数前的负号。第 11 行代码直接调用 arr1 的成员函数 sort()进行排序，此时将改变数组 arr1 的元素顺序，请比较其与第 5 行代码的区别。本实例的输出结果如下：

```
arr1=
 [10 5 16 1 18 17 18 9 10 1]
arr2=
 [1 1 5 9 10 10 16 17 18 18]
idx=
 [3 9 1 7 0 8 2 5 4 6]
arr3=
 [18 18 17 16 10 10 9 5 1 1]
排序后 arr1=
 [1 1 5 9 10 10 16 17 18 18]
```

多维数组排序时可指定一个 axis 参数，使 sort()函数可以沿着指定轴进行排序。如果不指定 axis 参数，则默认 axis=-1，即按最大轴排序。对于二维数组，axis=1 为沿横轴排序，axis=0 为沿纵轴排序。

【实例 7-23】多维数组排序。

```
import numpy as np
np.random.seed(10)
arr1=np.random.randint(1,20,size=10).reshape(2,5)
print("arr1=\n",arr1)
arr2=np.sort(arr1)
print("arr2=\n",arr2)
arr3=np.sort(arr1,axis=0)
print("arr3=\n",arr3)
arr4=np.sort(arr1,axis=1)
print("arr4=\n",arr4)
```

本实例第 3 行代码创建了 2 行 5 列的二维随机数组。第 5 行代码调用 sort()函数对数组进行了排序。默认 axis=-1，即按最大轴进行排序，此处为水平方向。第 7 行代码调用 sort()函数指定在竖直方向上进行排序。第 9 行代码指定在水平方向上进行排序。本实例的输出结果如下：

```
arr1=
 [[10  5 16  1 18]
```

```
 [17 18  9 10  1]]
arr2=
 [[ 1  5 10 16 18]
 [ 1  9 10 17 18]]
arr3=
 [[10  5  9  1  1]
 [17 18 16 10 18]]
arr4=
 [[ 1  5 10 16 18]
 [ 1  9 10 17 18]]
```

7.3.5　增加与删除数组元素

【实例 7-24】数组元素的增加、插入和删除。

```
import numpy as np
arr1=np.array([1,3,5,7])
print("arr1=\n",arr1)
arr2=np.append(arr1, [2, 4])
print("arr2=\n",arr2)
arr3=np.insert(arr1, 2,4)
print("arr3=\n",arr3)
arr4=np.delete(arr1, [0,2])
print("arr4=\n",arr4)
print("arr1=\n",arr1)
```

本实例第 4 行代码在数组的末尾添加了新元素。注意：由于添加了两个元素，这两个元素用列表的形式给出。此时 arr1 不变，返回新数组。第 6 行代码在数组的第 2 个元素之后插入了新元素 4。尽管参数与第 4 行代码非常类似，但含义是不一样的。此时 arr1 不变，返回新数组。第 8 行代码删除了第[0,2]位置上的元素，arr1 不变，返回新数组。最后 1 行代码输出了 arr1，可以发现 arr1 的内容实质上一直没变化。本实例的输出结果如下：

```
arr1=
 [1 3 5 7]
arr2=
 [1 3 5 7 2 4]
arr3=
 [1 3 4 5 7]
arr4=
 [3 7]
arr1=
 [1 3 5 7]
```

7.4　数组基本运算

数组之间常见的运算包括算术运算、比较运算和逻辑运算。

7.4.1　数组形状相同时的运算

当两个数组形状（shape）相同时，各位置上的对应元素之间可分别进行运算。

【实例 7-25】算术运算。

```
import numpy as np
x=np.array([1,3,5])
y=np.arange(5,8)
print('数组 x: \t',x)
print('数组 y: \t',y)
```

```
print('x+y: \t',x+y)
print('x-y: \t',x-y)
print('x*y: \t',x*y)
print('x/y: \t',x/y)
print('x**y: \t',x**y)
```

本实例第 2～3 行代码分别创建了两个一维数组，数组元素数量均为 3。第 6～10 行代码分别以这两个数组为基础，进行了数组相加、相减、相乘、相除和幂运算，返回了一个相同尺寸的新数组。所有这些运算实施时，都是分别从两个数组取相同下标的元素，完成相应的运算，并把该结果作为新数组相应下标位置的元素值。本实例的输出结果如下：

```
数组 x:     [1 3 5]
数组 y:     [5 6 7]
x+y:        [ 6  9 12]
x-y:        [-4 -3 -2]
x*y:        [ 5 18 35]
x/y:        [0.2  0.5  0.71428571]
x**y:       [1  729 78125]
```

比较运算（如>、<、==、>=、<=、!=等）返回的结果是一个布尔数组，每个元素为每个数组对应元素的比较结果。

逻辑运算主要包括 np.any()函数和 np.all()函数，运算结果返回布尔值。np.any()函数表示逻辑 "or"，np.all()函数表示逻辑 "and"。

【实例 7-26】比较运算和逻辑运算。

```
import numpy as np
x=np.array([1,3,5])
y=np.arange(5,8)
print('数组 x 为: \t',x)
print('数组 y 为: \t',y)
print('x < y: \t\t',x < y)
print('x > y: \t\t',x > y)
print('x == y: \t',x == y)
print('x >= y: \t',x >= y)
print('x <= y: \t',x <= y)
print('x != y: \t',x != y)
print('np.all(x == y): ',np.all(x == y))
print('np.any(x == y): ',np.any(x == y))
```

本实例第 2～3 行代码分别创建了两个一维数组，数组元素数量均为 3。第 6～11 行代码分别以这两个数组为基础进行了比较运算，返回了相同长度的一个新数组。所有这些运算实施时，都是分别从两个数组取相同下标的元素，完成相应的比较运算，并把运算结果作为新数组相应下标位置的元素值。第 12 行代码中 np.all()表示逻辑 and 运算。第 13 行代码中 np.any()表示逻辑 or 运算。本实例的输出结果如下：

```
数组 x 为:      [1 3 5]
数组 y 为:      [5 6 7]
x < y:          [ True  True  True]
x > y:          [False False False]
x == y:         [False False False]
x >= y:         [False False False]
```

```
x <= y:            [ True  True  True]
x != y:            [ True  True  True]
np.all(x == y): False
np.any(x == y): False
```

7.4.2 数组形状不同时的运算

NumPy 的广播机制是一种在不同形状的数组之间进行运算的规则。当进行二进制操作（如加法、减法、乘法等）时，如果两个数组的形状不完全相同，NumPy 将尝试根据一定的规则自动调整数组的形状，以便进行元素级别的运算。

广播机制有以下 3 个基本规则。

规则 1：如果两个数组的维度数不同，比较维度数，将维度数较少数组的形状向左补 1，直到维度数相同。

规则 2：如果两个数组在某个维度上的形状不一致，但其中一个数组的形状在该维度上为 1，则将这个维度上的形状设置为较大的值。

规则 3：如果两个数组在某个维度上的形状既不相等，也不为 1，则无法完成广播，会抛出错误。

【实例 7-27】数组形状不同时的运算。

```
import numpy as np
t=np.arange(3)
x=np.arange(3).reshape(3,1)
y=np.arange(6).reshape(2,3)
z=np.arange(6).reshape(3,2)
print('数组 t: \n{}，形状为: {}'.format(t,t.shape))
print('数组 x: \n{}，形状为: {}'.format(x,x.shape))
print('数组 y: \n{}，形状为: {}'.format(y,y.shape))
print('数组 z: \n{}，形状为: {}'.format(z,z.shape))
print('t+y: \n',t+y)
print('x+z: \n',x+z)
print('t+x: \n',t+x)
#print('x+y: \n',x+y)    #错误示例
#print('y+z: \n',y+z)    #错误示例
#print('t+z: \n',t+z)    #错误示例
print('t>y: \n',t>y)
#print('y>x: \n',y>x)    #错误示例
```

本实例第 2 行代码创建了一个一维数组 t，形状为(3,)。第 3 行代码创建了一个二维数组 x，其形状为(3, 1)。第 4 行创建了一个二维数组 y，其形状为(2, 3)。第 5 行代码创建了一个二维数组 z，其形状为(3, 2)。

第 10 行代码求解 t+y。由于 t 和 y 的形状不同，根据广播机制的规则，t 会被扩展为形状为(2, 3)的数组，然后进行元素级别的加法运算。结果为一个二维数组。

第 11 行代码求解 x+z。由于 x 和 z 的形状不同，根据广播机制的规则，x 会被扩展为形状为(3, 2)的数组，然后进行元素级别的加法运算。结果为一个二维数组。

第 12 行代码求解 t+x。由于 t 和 x 的形状不同，根据广播机制的规则，t 会被扩展为形状为(3, 3)的数组，然后进行元素级别的加法运算。结果为一个二维数组。

第 16 行代码求解 t>y。由于 t 和 y 的形状不同，根据广播机制的规则，t 会被扩展为形

状为(2, 3)的数组，然后进行元素级别的比较运算。结果为一个布尔型的二维数组。

第 13~15 行以及第 17 行被注释掉的代码均为错误示例。这 4 种情形中，由于数组形状不满足广播机制的规则，无法完成广播，均抛出错误。

本实例的输出结果如下：

```
数组 t:
[0 1 2], 形状为: (3,)
数组 x:
[[0]
 [1]
 [2]], 形状为: (3, 1)
数组 y:
[[0 1 2]
 [3 4 5]], 形状为: (2, 3)
数组 z:
[[0 1]
 [2 3]
 [4 5]], 形状为: (3, 2)
t+y:
[[0 2 4]
 [3 5 7]]
x+z:
[[0 1]
 [3 4]
 [6 7]]
t+x:
[[0 1 2]
 [1 2 3]
 [2 3 4]]
t>y:
[[False False False]
 [False False False]]
```

7.4.3　数组和单个数据的运算

数组和单个数据的运算可以理解成广播机制的特例，此时该单个数据将分别与数组中的元素进行运算。计算结果中，数组的形状与原来的数组保持一致。

【实例 7-28】数组和单个数据的运算。

```python
import numpy as np
arr1=np.arange(4)
b=2
print('arr1={} \nb={}'.format(arr1,b))
print('arr1+b: \t',arr1+b)
print('arr1-b: \t',arr1-b)
print('arr1*b: \t',arr1*b)
print('arr1/b: \t',arr1/b)
print('arr1**b: \t',arr1**b)
print('arr1>b: \t',arr1>b)
print('arr1==b: \t',arr1==b)
print('b/arr1: \t',b/arr1)
print('b**arr1: \t',b**arr1)
print('b<arr1: \t', b<arr1)
print('b!=arr1: \t',b!=arr1)
```

由于 arr1 数组中存在值为 0 的元素，上述实例倒数第 4 行代码进行除法运算时，出现了分母为 0 的情况。系统出现了运行时警告，而没有直接报错。此时，计算结果中对应元素值为 inf，表示无穷大（infinity）。本实例的输出结果如图 7-3 所示。

```
arr1=[0 1 2 3]
b=2
arr1+b:       [2 3 4 5]
arr1-b:       [-2 -1  0  1]
arr1*b:       [0 2 4 6]
arr1/b:       [0.  0.5 1.  1.5]
arr1**b:      [0 1 4 9]
arr1>b:       [False False False  True]
arr1==b:      [False False  True False]
b/arr1:       [      inf 2.        1.            0.66666667]
b**arr1:      [1 2 4 8]
b<arr1:       [False False False  True]
b!=arr1:      [ True  True False  True]
C:\Users\zp\AppData\Local\Temp\ipykernel_9424\2770079651.py:14: Runt
imeWarning: divide by zero encountered in true_divide
  print('b/arr1: \t',b/arr1)
```

图 7-3　数组和单个数据的运算

7.5 NumPy 进阶

7.5.1　改变数组的形状

一个数组的形状是由每个轴的元素数量决定的。NumPy 提供了许多可以改变数组形状的方法。利用绝大多数改变数组形状的方法，得到的新数组都只是原数组的一个视图，原数组和新数组共享数据。此时，如果更改其中的一个数组，那么另一个数组的数据也会发生改变。flatten() 函数是一个例外，通过该函数得到的数组是原数组的一个副本，新数组与原数组的数据是相互独立的。

1．reshape() 方法

使用 reshape() 方法可以改变数组形状，并返回原数组的一个新视图。

【实例 7-29】使用 reshape() 方法生成原数组的新视图。

```
import numpy as np
arr1=np.array(list("大方无隅，大器晚成，大音希声，大象无形。"))
arr2=arr1.reshape(4,5)
arr3=arr1.reshape(-1,10)
print("arr1=\n",arr1)
print("arr2=\n",arr2)
print("arr3=\n",arr3)
```

本实例第 2 行代码创建了一个一维数组。第 3 行代码通过 reshape() 改变其形状，得到了 4 行 5 列的二维数组。注意：reshape() 得到的是视图，arr1 本身不变，返回结果赋给 arr2。第 4 行代码仍然通过 reshape() 改变数组形状，第 1 个参数-1 表示该轴的值由 np自动计算得到。本实例的输出结果如下：

```
arr1=
 ['大' '方' '无' '隅' '，' '大' '器' '晚' '成' '，' '大' '音' '希' '声' '，' '大' '象' '无'
 '形' '。']
arr2=
 [['大' '方' '无' '隅' '，' ]
```

```
['大' '器' '晚' '成' ' ', ' ']
['大' '音' '希' '声' ' ', ' ']
['大' '象' '无' '形' ' ' '。']]
arr3=
[['大' '方' '无' '隅' ' ', ' ' '大' '器' '晚' '成' ' ', ']
['大' '音' '希' '声' ' ', ' ' '大' '象' '无' '形' ' ' '。']]
```

2. resize() 方法或 shape 属性

【实例 7-30】使用 resize() 方法或设置 shape 属性可直接改变原数组的形状。

```python
import numpy as np
str1="合抱之木,生于毫末;九层之台,起于累土;千里之行,始于足下。"
arr1=np.array(list(str1))
print("arr1=\n",arr1)
arr1.shape=3,10
print("arr1=\n",arr1)
arr1.resize(5,6)
print("arr1=\n",arr1)
```

本实例第5行代码通过修改 shape 属性值改变了原数组的形状。第7行代码通过 resize() 改变了原数组的形状。本实例的输出结果如下:

```
arr1=
['合' '抱' '之' '木' ' ', ' ' '生' '于' '毫' '末' ';' '九' '层' '之' '台' ' ', ' ' '起' '于' '累'
'土' ';' '千' '里' '之' '行' ' ', ' ' '始' '于' '足' '下' ' ' '。']
arr1=
[['合' '抱' '之' '木' ' ', ' ' '生' '于' '毫' '末' ';']
['九' '层' '之' '台' ' ', ' ' '起' '于' '累' '土' ';']
['千' '里' '之' '行' ' ', ' ' '始' '于' '足' '下' ' ' '。']]
arr1=
[['合' '抱' '之' '木' ' ', ' ' '生']
['于' '毫' '末' ';' '九' '层']
['之' '台' ' ', ' ' '起' '于' '累']
['土' ';' '千' '里' '之' '行']
[', ' ' '始' '于' '足' '下' ' ' '。']]
```

3. 转置: 行/列交换

【实例 7-31】使用 transpose() 或 T 可生成原数组的新视图。

```python
import numpy as np
arr1=np.array(list("小惑易方, 大惑易性。")).reshape(2,5)
print("arr1=\n",arr1,arr1.shape)
arr2=arr1.transpose()
print("arr2=\n",arr2,arr2.shape)
arr3=arr2.T
print("arr3=\n",arr3,arr3.shape)
arr1[1]="道"
print("arr1=\n",arr1)
print("arr2=\n",arr2)
print("arr3=\n",arr3)
```

本实例第 2 行代码创建了 2 行 5 列的二维数组 arr1。第 4 行代码对 arr1 进行了 transpose() 转置,得到了 arr2。第 6 行代码对 arr2 进行了 T 操作,得到了 arr3。注意: arr2 和 arr3 都是 arr1 的新视图,也就是说 arr2 和 arr3 与 arr1 共用同一块元素存储空间。因此通过其中一个变量修改元素值,另外两个数组的内容也会变化。第 8 行代码将 arr1 的第 2 行元素值都改成了"道",数组 arr2 和 arr3 的相应内容也随之发生变化。本实例的输出结果如下：

```
arr1=
[['小' '惑' '易' '方' ',']
 ['大' '惑' '易' '性' '。']] (2, 5)
arr2=
[['小' '大']
 ['惑' '惑']
 ['易' '易']
 ['方' '性']
 [',' '。']] (5, 2)
arr3=
[['小' '惑' '易' '方' ',']
 ['大' '惑' '易' '性' '。']] (2, 5)
arr1=
[['小' '惑' '易' '方' ',']
 ['道' '道' '道' '道' '道']]
arr2=
[['小' '道']
 ['惑' '道']
 ['易' '道']
 ['方' '道']
 [',' '道']]
arr3=
[['小' '惑' '易' '方' ',']
 ['道' '道' '道' '道' '道']]
```

4．增加维度

【**实例 7-32**】增加一个维度，可生成原数组的新视图。

```python
import numpy as np
arr1=np.array(list("慎终如始"))
print("arr1=\n",arr1)
arr2=arr1[:, np.newaxis]
print("arr2=\n",arr2)
arr1[3]="一"
print("arr1=\n",arr1)
print("arr2=\n",arr2)
```

本实例第 2 行代码创建了一个一维数组 arr1。第 4 行代码对 arr1 增加了一个维度，得到了 arr2。注意：arr2 是 arr1 的新视图，也就是说 arr2 与 arr1 共用同一块元素存储空间。因此通过其中一个变量修改元素值，另外一个数组的内容也会变化。第 6 行代码将 arr1 的第 4 个元素值改成了"一"，数组 arr2 的相应内容也随之发生变化。本实例的输出结果如下：

```
arr1=
['慎' '终' '如' '始']
arr2=
[['慎']
 ['终']
 ['如']
 ['始']]
arr1=
['慎' '终' '如' '一']
arr2=
[['慎']
 ['终']
```

```
['如']
['一']]
```

5．将多维数组展平为一维数组

【实例 7-33】使用 ravel() 展平数组，生成原数组的新视图。

```
import numpy as np
arr1=np.array(list("圣人之道，为而不争。")).reshape(2,-1)
print("arr1=\n",arr1)
arr2=arr1.ravel()
print("arr2=\n",arr2)
arr1[1]="道"
print("arr1=\n",arr1)
print("arr2=\n",arr2)
```

本实例第 2 行代码创建了一个 2 行 5 列的二维数组 arr1。第 4 行代码调用 ravel()，对数组展平得到了 arr2。注意：arr2 是 arr1 的新视图，也就是说 arr2 与 arr1 共用同一块元素存储空间。因此通过其中一个变量修改元素值，另外一个数组的内容也会变化。第 6 行代码将 arr1 的第 2 行元素值改成了"道"，数组 arr2 的相应内容也随之发生变化。本实例的输出结果如下：

```
arr1=
 [['圣' '人' '之' '道' '，']
 ['为' '而' '不' '争' '。']]
arr2=
 ['圣' '人' '之' '道' '，' '为' '而' '不' '争' '。']
arr1=
 [['圣' '人' '之' '道' '，']
 ['道' '道' '道' '道' '道']]
arr2=
 ['圣' '人' '之' '道' '，' '道' '道' '道' '道' '道']
```

flatten() 也可以完成数组展平，其与 ravel() 的区别主要包括两个方面：其一，flatten() 可以选择横向或者纵向展平；其二，flatten() 返回的结果是原数组的一个全新副本，而不是视图，两者并不共享数据。

【实例 7-34】使用 flatten() 展平数组，从原数组中复制数据。

```
import numpy as np
arr1=np.array(list("夫唯弗居，是以不去。")).reshape(2,-1)
print("arr1=\n",arr1)
arr2=arr1.flatten()
print("arr2=\n",arr2)
arr3=arr1.flatten('F')
print("arr3=\n",arr3)
arr1[1]="道"
print("arr1=\n",arr1)
print("arr2=\n",arr2)
print("arr3=\n",arr3)
```

本实例第 2 行代码创建了一个 2 行 5 列的二维数组 arr1。第 4、6 行代码均调用 flatten() 对数组展平，得到了 arr2 和 arr3。其中，'F' 是可选参数，表示按列优先的顺序展开数组。如果不指定该参数，那么默认按行展开。读者可以对比 arr1、arr2 和 arr3 的输出进行理解。flatten() 返回的结果是原数组的一个全新副本，而不是视图，因此并不共享数据。第 8 行代码将 arr1 的第 2 行元素值改成了"道"，数组 arr2 和 arr3 内容并没有发生变化。本实例的输出结果如下：

```
arr1=
[['夫' '唯' '弗' '居' ',']
 ['是' '以' '不' '去' '。']]
arr2=
['夫' '唯' '弗' '居' ',' '是' '以' '不' '去' '。']
arr3=
['夫' '是' '唯' '以' '弗' '不' '居' '去' ',' '。']
arr1=
[['夫' '唯' '弗' '居' ',']
 ['道' '道' '道' '道' '道']]
arr2=
['夫' '唯' '弗' '居' ',' '是' '以' '不' '去' '。']
arr3=
['夫' '是' '唯' '以' '弗' '不' '居' '去' ',' '。']
```

7.5.2 引用、视图和复制

当计算和操作数组时，有时会将数据复制到新数组中，有时则不会。这通常是初学者混淆的根源。关于数据是否会被复制有如下三种情况。

1．数组引用

数组引用时，将完全不会被复制。简单赋值或者函数都会发生数组引用，此时并不会复制数组对象或其数据，新旧数组实际上是同一个对象。

【实例 7-35】简单赋值，新旧数组指向同一个内容。

```
import numpy as np
arr1=np.array(list("道隐于小成，言隐于荣华。"))
arr2=arr1
print("两者相同",arr1 is arr2)
print("两者 id 相同",id(arr1),id(arr2))
arr2[1:3]=2
print("两者都被更改",arr1,arr2)
arr2.shape=2,-1
print("arr2 的形状\t",arr2.shape)
print("arr1 的形状\t",arr1.shape)
```

本实例第 3 行代码将 arr1 赋值给了 arr2，这类常规的赋值操作中实际发生的是数组引用，而不是复制。数组 arr2 和 arr1 指向同一个内容。第 4 行代码输出验证了这个结论。第 5 行代码的输出也证实了两个对象的 id 是相同的。第 6 行代码将 arr2 的第 2、3 两个元素内容修改为 2，该修改将会影响 arr1。第 8 行代码修改了 arr2 的形状，arr1 的形状也随之改变。本实例的输出结果如下：

```
两者相同 True
两者 id 相同 2799490894224 2799490894224
两者都被更改 ['道' '2' '2' '小' '成' ',' '言' '隐' '于' '荣' '华' '。'] ['道' '2'
'2' '小' '成' ',' '言' '隐' '于' '荣' '华' '。']
arr2 的形状     (2, 6)
arr1 的形状     (2, 6)
```

> 🛇 注意：本实例修改后，数组 arr1 和 arr2 的第 2、3 两个元素并不是数字 2，而是字符 2，这是因为本实例中，arr1 和 arr2 本身是字符数组。有兴趣的读者可以将 arr1 定义部分修改成数值型数组，重做本实验，此时观测最后一行的输出结果，会发现修改后的第 2、3 两个元素变成了数字 2。

Python 将可变对象作为引用传递，因此普通的函数调用过程中数组并不会被复制。

【实例 7-36】函数调用，可变对象传址。

```
import numpy as np
arr1=np.array(list("祸兮福之所倚，福兮祸之所伏。"))
def f(x):
    print("函数 f()内部, id: ",id(x))
print("函数 f()外部, id: ",id(arr1))
f(arr1)
```

本实例第 4、5 两行输出的 id 号是相同的。本实例的输出结果如下：

```
函数 f()外部, id:  2799490905264
函数 f()内部, id:  2799490905264
```

2．数组视图

通过 view 方法可以创建一个用于查看相同数据的新数组对象。数组视图可以视为对原数组进行的一次浅拷贝。此时，新创建对象与原数组对象的 id 并不相同，但是它们共享相同的数据。

【实例 7-37】创建视图，新旧数组数据仍然共享。

```
import numpy as np
arr1=np.array(list("至乐无乐，至誉无誉。"))
arr2=arr1.view()
print("两者不相同\t\t",arr1 is arr2)
print("两者 id 不相同\t\t",id(arr1),id(arr2))
arr2[1:3]=2
print("两者数据仍然共享\t",arr1,arr2)
print("arr1 拥有数据\t\t",arr1.flags.owndata)
print("arr2 并不拥有数据\t",arr2.flags.owndata)
print("arr2 只是 arr1 的一个视图\t",arr2.base is arr1)
arr2.shape=2,-1
print("arr2 的形状\t",arr2.shape)
print("arr1 的形状\t",arr1.shape)
```

本实例第 3 行代码创建了 arr1 的视图 arr2。数组 arr2 可以视为 arr1 的一次浅复制。数组 arr1 和 arr2 两者的 id 并不相同，但是它们的数据仍然共享，其中数据部分归 arr1 所有，arr2 并不拥有该数据，arr2 只是 arr1 的一个视图。第 6 行代码修改了 arr2 的第 2、3 个元素，实际上会修改 arr1 的数据。第 11 行代码修改了 arr2 的形状，却不会导致 arr1 的形状改变。本实例的输出结果如下：

```
两者不相同        False
两者 id 不相同      2799490901904 2799490900944
两者数据仍然共享 ['至' '2' '2' '乐' '，' '至' '誉' '无' '誉' '。'] ['至' '2' '2' '乐'
'，' '至' '誉' '无' '誉' '。']
arr1 拥有数据      True
arr2 并不拥有数据    False
arr2 只是 arr1 的一个视图      True
arr2 的形状      (2, 5)
arr1 的形状      (10,)
```

数组的切片会返回一个视图，因此通过该视图可以修改原来数组的数据。数组切片与列表切片是不同的，前者是视图，存在数据共享；后者是复制，数据独立。请注意区别。

【实例 7-38】数组切片、列表切片和列表赋值。

```
import numpy as np
arr1=np.array(list("凫胫虽短，续之则忧；"))
arr2=arr1[0:3]
arr2[0]=2
print("数组切片，重叠数据共享\t",arr1,arr2)
list1=list("鹤胫虽长，断之则悲。")
list2=list1[:3]
list3=list1
list1[:3]=[10,20,30]
print("列表切片，两者数据独立\t",list1,list2)
print("列表赋值，两者共享数据\t",list1,list3)
```

本实例第 3 行代码对 Numpy 数组进行了切片操作，返回的 arr2 只是 arr1 的一个视图，两者共享数据。第 4 行代码对 Numpy 数组 arr2 的第 1 个元素进行了修改，会导致 arr1 的第 1 个元素也发生变化。第 7 行代码对列表 list1 进行了切片操作并将结果赋给了 list2，进行的是传值操作。因此 list1 和 list2 两者数据独立。第 8 行代码进行的是普通的列表赋值操作，传递的是地址。list1 和 list3 两者共享数据。第 9 行代码对 list1 的前 3 个元素进行了修改，这不会对 list2 产生影响，但会改变 list3 相应位置的元素。本实例的输出结果如下：

```
数组切片，重叠数据共享    ['2' '胫' '虽' '短' '，' '续' '之' '则' '忧' '；'] ['2' '胫' '虽']
列表切片，两者数据独立    [10, 20, 30, '长', '，', '断', '之', '则', '悲', '。'] ['鹤',
'胫', '虽']
列表赋值，两者共享数据    [10, 20, 30, '长', '，', '断', '之', '则', '悲', '。'] [10,
20, 30, '长', '，', '断', '之', '则', '悲', '。']
```

【思考】本实例中，arr1 和 arr2 的第 1 个元素均被修改成了字符（"2"），而 list1 和 list3 的前 3 个元素却都被分别修改成了数值（10、20、30），为什么会这样？

3．数组复制

使用 copy()方法可生成数组及其数据的完整副本，这将生成一个全新的数组对象。新数组与原数组将不共享数据。

【实例 7-39】数组拷贝，两者独立。

```
import numpy as np
arr1=np.array(list("狗不以善吠为良，人不以善言为贤。"))
arr2=arr1.copy()
print("两者不相同\t\t",arr1 is arr2)
print("两者 id 不相同\t\t",id(arr1),id(arr2))
arr2[1:3]=2
print("两者数据互相独立\t",arr1,arr2)
print("arr2 拥有独立数据\t",arr2.flags.owndata)
print("arr2 与 arr1 并无关联\t",arr2.base is arr1)
arr2.shape=2,-1
print("arr2 的形状\t",arr2.shape)
print("arr1 的形状\t",arr1.shape)
```

本实例第 3 行代码使用数组复制操作，得到的 arr2 是一个全新的数组，它与 arr1 不共享数据，两者的 id 并不相同。第 6 行代码对 arr2 中第 2、3 个元素进行了修改，不会影响 arr1。第 10 行代码修改了 arr2 的形状，不会影响 arr1 的形状。本实例的输出结果如下：

```
两者不相同          False
两者id不相同              2799498759216 2799498759408
两者数据互相独立          ['狗' '不' '以' '善' '吠' '为' '良' ',' '人' '不' '以' '善'
'言' '为' '贤' '。'] ['狗' '2' '2' '善' '吠' '为' '良' ',' '人' '不' '以' '善' '言' '为'
'贤' '。']
arr2拥有独立数据      True
arr2与arr1并无关联       False
arr2的形状          (2, 8)
arr1的形状          (16,)
```

【实例 7-40】数组复制应用场景举例。

下面介绍一个关于数组拷贝的典型应用场景。假定数组 arr1 是一个元素数量非常多的中间结果，最终需要保留的结果 arr2 只包含了 arr1 的一小部分（数组切片）。因此我们希望保留 arr2，而删除中间结果 arr1，以释放空间。此时我们应当在切片后调用 copy()，实现数组复制。

```
import numpy as np
arr1=np.arange(int(1e8))
arr2=arr1[:100].copy()
del arr1
```

如果将本实例的第 3 行改为 arr2=arr1[:100]，执行 del arr1，尽管 arr1 已经无法访问，但由于 arr2 引用了 arr1，arr1 空间并没有实际被释放。

7.5.3 数组组合

出于数据处理的需要，需要组合数组。不同数组可以沿不同的轴堆叠在一起。NumPy 提供了水平组合、垂直组合和深度组合等多种方式。

【实例 7-41】水平组合。

```
import numpy as np
arr1=np.array(list("井蛙不可以语于海者,拘于虚也")).reshape(2, -1)
arr2=np.array(list("夏虫不可以语于冰者,笃于时也")).reshape(2, -1)
arr3=np.hstack((arr1,arr2))
arr4=np.concatenate((arr1,arr2), axis=1)
arr5=np.column_stack((arr1,arr2))
print("arr1=\n",arr1)
print("arr2=\n",arr2)
print("arr3=\n",arr3)
print("arr4=\n",arr4)
print("arr5=\n",arr5)
```

本实例第 4 行代码对 arr1 和 arr2 进行了水平组合，行数不变，列数增加。第 5、6 行是实现水平组合的另外两种方法。本实例的输出结果如下：

```
arr1=
 [['井' '蛙' '不' '可' '以' '语' '于']
 ['海' '者' ',' '拘' '于' '虚' '也']]
arr2=
 [['夏' '虫' '不' '可' '以' '语' '于']
 ['冰' '者' ',' '笃' '于' '时' '也']]
arr3=
 [['井' '蛙' '不' '可' '以' '语' '于' '夏' '虫' '不' '可' '以' '语' '于']
 ['海' '者' ',' '拘' '于' '虚' '也' '冰' '者' ',' '笃' '于' '时' '也']]
arr4=
```

```
[['井' '蛙' '不' '可' '以' '语' '于' '夏' '虫' '不' '可' '以' '语' '于']
 ['海' '者' ',' '拘' '于' '虚' '也' '冰' '者' ',' '笃' '于' '时' '也']]
arr5=
[['井' '蛙' '不' '可' '以' '语' '于' '夏' '虫' '不' '可' '以' '语' '于']
 ['海' '者' ',' '拘' '于' '虚' '也' '冰' '者' ',' '笃' '于' '时' '也']]
```

【实例 7-42】垂直组合。

```
import numpy as np
arr1=np.array(list("大知闲闲，小知间间。")).reshape(2, -1)
arr2=np.array(list("大言炎炎，小言詹詹。")).reshape(2, -1)
arr3=np.vstack((arr1,arr2))
arr4=np.concatenate((arr1,arr2), axis=0)
arr5=np.row_stack((arr1,arr2))
print("arr1=\n",arr1)
print("arr2=\n",arr2)
print("arr3=\n",arr3)
print("arr4=\n",arr4)
print("arr5=\n",arr5)
```

本实例第 4 行代码对 arr1 和 arr2 进行了垂直组合，行数增加，列数不变。第 5、6 行是实现垂直组合的另外两种方法。本实例的输出结果如下：

```
arr1=
[['大' '知' '闲' '闲' ',']
 ['小' '知' '间' '间' '。']]
arr2=
[['大' '言' '炎' '炎' ',']
 ['小' '言' '詹' '詹' '。']]
arr3=
[['大' '知' '闲' '闲' ',']
 ['小' '知' '间' '间' '。']
 ['大' '言' '炎' '炎' ',']
 ['小' '言' '詹' '詹' '。']]
arr4=
[['大' '知' '闲' '闲' ',']
 ['小' '知' '间' '间' '。']
 ['大' '言' '炎' '炎' ',']
 ['小' '言' '詹' '詹' '。']]
arr5=
[['大' '知' '闲' '闲' ',']
 ['小' '知' '间' '间' '。']
 ['大' '言' '炎' '炎' ',']
 ['小' '言' '詹' '詹' '。']]
```

【实例 7-43】深度组合。

```
import numpy as np
arr1=np.array(list("朝菌不知晦朔")).reshape(2, -1)
arr2=np.array(list("蟪蛄不知春秋")).reshape(2, -1)
arr3=np.dstack((arr1,arr2))
print("arr1=\n",arr1)
print("arr2=\n",arr2)
print("arr3=\n",arr3)
```

本实例第 4 行代码对 arr1 和 arr2 进行了深度组合。arr1、arr2 是二维数组，得到的 arr3 是三维数组。本实例的输出结果如下：

```
arr1=
  [['朝' '菌' '不']
   ['知' '晦' '朔']]
arr2=
  [['蟪' '蛄' '不']
   ['知' '春' '秋']]
arr3=
  [[['朝' '蟪']
    ['菌' '蛄']
    ['不' '不']]

   [['知' '知']
    ['晦' '春']
    ['朔' '秋']]]
```

7.5.4 数组拆分

我们也可以将一个较大的数组拆分成多个较小的数组。NumPy 提供了水平拆分、垂直拆分和深度拆分等多种方式。

【实例 7-44】水平拆分。

```
import numpy as np
arr1=np.array(list("知其不可奈何而安之若命，德之至也")).reshape(2, -1)
print("arr1=\n",arr1)
arr2, arr3=np.hsplit(arr1, 2)
print("arr2=\n",arr2)
print("arr3=\n",arr3)
arr4, arr5, arr6,arr7=np.hsplit(arr1, 4)
print("arr4=\n",arr4)
print("arr5=\n",arr5)
print("arr6=\n",arr6)
print("arr7=\n",arr7)
arr8, arr9, arr10=np.hsplit(arr1, [1, 4])
print("arr8=\n",arr8)
print("arr9=\n",arr9)
print("arr10=\n",arr10) # arr10 含的第 4、5、6 列
```

本实例第 4 行代码将 arr1 沿水平方向分为了 2 个相同大小的数组，分别保存在 arr2、arr3 中。第 7 行代码将 arr1 沿水平方向分为了 4 个相同大小的数组，分别保存在 arr4、arr5、arr6、arr7 中。第 12 行代码在第 1、4 列两处将数组 arr1 分成了 3 个数组，分别保存在 arr8、arr9、arr10。arr8 包含 arr1 的第 1 列，arr9 包含 arr1 的第 2～4 列，arr10 包含 arr1 的第 5～10 列。本实例的输出结果如下：

```
arr1=
  [['知' '其' '不' '可' '奈' '何' '而' '安']
   ['之' '若' '命' '，' '德' '之' '至' '也']]
arr2=
  [['知' '其' '不' '可']
   ['之' '若' '命' '，']]
arr3=
  [['奈' '何' '而' '安']
   ['德' '之' '至' '也']]
arr4=
  [['知' '其']
   ['之' '若']]
arr5=
```

```
[['不' '可']
 ['命' ',' '']]
arr6=
 [['奈' '何']
 ['德' '之']]
arr7=
 [['而' '安']
 ['至' '也']]
arr8=
 [['知']
 ['之']]
arr9=
 [['其' '不' '可']
 ['若' '命' ',' '']]
arr10=
 [['奈' '何' '而' '安']
 ['德' '之' '至' '也']]
```

【实例7-45】垂直拆分。

```
import numpy as np
arr1=np.array(list("福轻乎羽，莫之知载；祸重乎地，莫之知避。")).reshape(4, -1)
print("arr1=\n",arr1)
arr2, arr3=np.vsplit(arr1, 2)
print("arr2=\n",arr2)
print("arr3=\n",arr3)
arr4, arr5, arr6=np.vsplit(arr1, [1, 3])
print("arr4=\n",arr4)
print("arr5=\n",arr5)
print("arr6=\n",arr6)
```

本实例第 4 行代码将 arr1 沿垂直方向分为了 2 个相同大小的数组。第 7 行代码在第 1、3 行两处将数组拆分为 3 份。本实例的输出结果如下：

```
arr1=
 [['福' '轻' '乎' '羽' ',' '']
 ['莫' '之' '知' '载' '；' '']
 ['祸' '重' '乎' '地' ',' '']
 ['莫' '之' '知' '避' '。']]
arr2=
 [['福' '轻' '乎' '羽' ',' '']
 ['莫' '之' '知' '载' '；' '']]
arr3=
 [['祸' '重' '乎' '地' ',' '']
 ['莫' '之' '知' '避' '。']]
arr4=
 [['福' '轻' '乎' '羽' ',' '']]
arr5=
 [['莫' '之' '知' '载' '；' '']
 ['祸' '重' '乎' '地' ',' '']]
arr6=
 [['莫' '之' '知' '避' '。']]
```

【实例7-46】深度拆分。

```
import numpy as np
arr1=np.array(list("狗不以善吠为良，人不以善言为贤。")).reshape(2,2, -1)
print("arr1=\n",arr1)
```

```
arr2, arr3=np.dsplit(arr1, 2)
print("arr2=\n",arr2)
print("arr3=\n",arr3)
```

本实例第 2 行代码得到的 arr1 是一个 2×2×4 的三维数组。第 4 行代码对 arr1 进行了深度拆分，将其分为 2 个相同大小的数组(2×2×2)。本实例的输出结果如下：

```
arr1=
 [[['狗' '不' '以' '善']
  ['吠' '为' '良' ',']]
 [['人' '不' '以' '善']
  ['言' '为' '贤' '。']]]
arr2=
 [[['狗' '不']
  ['吠' '为']]
 [['人' '不']
  ['言' '为']]]
arr3=
 [[['以' '善']
  ['良' ',']]
 [['以' '善']
  ['贤' '。']]]
```

⚠ **注意**：dsplit()只能用于维度大于或等于 3 的数组，不能用于一、二维数组。

7.5.5 数组存储和读取

NumPy 可以将数组存储到文本或者二进制数据文件中，并在需要的时候进行读取。

1. 读/写文本文件

savetxt()函数可以将数组写入以某种分隔符隔开的文本文件中。Loadtxt()和 genfromtxt()函数可以读取文本文件，并加装内容到数组中。

```
np.savetxt("../tmp/arr.txt", arr1, fmt="%d", delimiter=",")
arr1=np.loadtxt("../tmp/arr.txt",delimiter=",")
arr1=np.genfromtxt("../tmp/arr.txt", delimiter = ",")
```

如果 delimite 缺少或省略，保存时一般默认以空格分割；如果 fmt 缺少或省略，保存时默认按科学计数法格式。读取时，应当保持格式与实际存储一致，否则会报错。

【实例 7-47】将数组存储成文本文件。

```
import numpy as np
arr1=np.arange(6).reshape(2,3)
np.savetxt('data\\07Numpy\\zp01.txt',arr1)
!type data\\07Numpy\\zp01.txt
np.savetxt('data\\07Numpy\\zp02.txt',arr1,delimiter=',', fmt='%d')
!type data\\07Numpy\\zp02.txt
arr2=np.loadtxt('data\\07Numpy\\zp01.txt')
arr3=np.loadtxt('data\\07Numpy\\zp02.txt',delimiter=',')
arr4=np.genfromtxt("data\\07Numpy\\zp01.txt")
arr5=np.genfromtxt("data\\07Numpy\\zp02.txt",delimiter=',')
print("arr2=\n",arr2)
```

本实例第 3 行代码采用默认参数存储文件。默认以空格分隔，以科学计数法保存。第4、6 行代码用来查看对应文本文件的内容，这里假定读者采用 Windows 系统。第 5 行代码使用逗号分隔，保存成整数形式。第 7~10 行代码分别使用不同的函数或者参数读取文件，保存到不同的 NumPy 数组中。第 11 行代码查看数组 arr2 的内容，数组 arr1、arr3、arr4、 arr5 查看方式类似。本实例的输出结果如下：

```
0.000000000000000000e+00 1.000000000000000000e+00 2.000000000000000000e+00
3.000000000000000000e+00 4.000000000000000000e+00 5.000000000000000000e+00
0,1,2
3,4,5
arr2=
 [[0. 1. 2.]
 [3. 4. 5.]]
```

2．读/写二进制文件

save()函数以二进制的格式保存数组。存储时可以省略扩展名，扩展名".npy"将被自动添加。load()函数可以读取.npy 格式的二进制文件，读取时不能省略扩展名。savez()函数可以将多个数组保存到一个文件中，扩展名".npz"将被自动添加。使用 load()函数可以读取".npz"格式的文件。

【实例 7-48】数组存储成二进制文件。

```
import numpy as np
arr1=np.array(list("一尺之捶，日取其半，万世不竭。")).reshape(3, -1)
arr2=np.arange(6,12).reshape(2,-1)
np.save('data\\07Numpy\\zp11.npy', arr1)
arr3=np.load('data\\07Numpy\\zp11.npy')
print("arr3=\n",arr3)
np.savez('data\\07Numpy\\zp12.npz',arr1=arr1,arr2=arr2)
data=np.load('data\\07Numpy\\zp12.npz')
for i in data.files:
    print("{}=\n{}".format(i,data[i]))
```

本实例的输出结果如下：

```
arr3=
 [['一' '尺' '之' '捶' '，']
 ['日' '取' '其' '半' '，']
 ['万' '世' '不' '竭' '。']]
arr1=
[['一' '尺' '之' '捶' '，']
 ['日' '取' '其' '半' '，']
 ['万' '世' '不' '竭' '。']]
arr2=
[[ 6  7  8]
 [ 9 10 11]]
```

7.6 综合案例：《九章算术》与高斯消元法

7.6.1 案例概述

高斯消元法是求解线性方程组的一种常用算法，其基本思想是通过一系列的行变换将系数矩阵变换成上三角矩阵，然后再通过回带法求解未知数的值。此方法还可用于计算矩阵的秩、方阵的行列式和可逆矩阵的逆矩阵。尽管该方法以数学家卡尔·弗里德里希·高斯的名字命名，但是该方法的思想最早出现于我国的《九章算术》。《九章算术》系统地总结了我国从先秦到两汉的数学成就，作者不详。西汉早期著名数学家张苍、耿寿昌等对它进行过增补删订。全书分 9 章，246 个例题。其内容包括方田、粟米、衰分、少广、商功、均输、盈不足、方程、勾股等 9 个章节，其中的负数、分数计算以及联立一次方程解法等都是具有世界意义的数学成就。上述成就比欧洲早一千余年。此书于隋、唐时传入朝鲜和日本，被定为教科书，现已被译成英、日、俄等国文字。国家图书馆藏有传世的南宋本《九章算术》。

《九章算术》卷八中给出了大量的线性方程组问题及其答案和解法，高斯消元法与前述方法基本相似。本案例结合本章知识，对高斯消元法予以简要实现。

7.6.2 《九章算术》中的方程组

《九章算术》卷八包含大量方程组问题，其中第 1 个问题的原文如下。

〔一〕今有上禾三秉，中禾二秉，下禾一秉，實三十九斗；上禾二秉，中禾三秉，下禾一秉，實三十四斗；上禾一秉，中禾二秉，下禾三秉，實二十六斗。問上、中、下禾實一秉各幾何？

假定分别用 x、y、z 表示上禾一秉、中禾一秉和下禾一秉，则上述文字可以翻译成如下的数学表达式

$$\begin{cases} 3x+2y+1z=39 \\ 2x+3y+1z=34 \\ 1x+2y+3z=26 \end{cases} \text{或者} \begin{bmatrix} 3 & 2 & 1 \\ 2 & 3 & 1 \\ 1 & 2 & 3 \end{bmatrix} \begin{bmatrix} x \\ y \\ z \end{bmatrix} = \begin{bmatrix} 39 \\ 34 \\ 26 \end{bmatrix}$$

《九章算术》原著中给出了上述问题的答案和求解方法。限于篇幅，这里只摘抄原著中的答案，以方便读者感受先祖的数学成就。对求解方法感兴趣的读者可以自行查看原著内容。

荅（同"答"）曰：上禾一秉，九斗、四分斗之一，中禾一秉，四斗、四分斗之一，下禾一秉，二斗、四分斗之三。

7.6.3 高斯消元法

假定待求解的方程组为

$$A = \begin{bmatrix} a_{11} & a_{12} & \cdots & a_{1n} \\ a_{21} & a_{22} & \cdots & a_{2n} \\ \vdots & \vdots & & \vdots \\ a_{n1} & a_{n2} & \cdots & a_{nn} \end{bmatrix}, \quad x = \begin{bmatrix} x_1 \\ x_2 \\ \vdots \\ x_n \end{bmatrix}, \quad b = \begin{bmatrix} b_1 \\ b_2 \\ \vdots \\ b_n \end{bmatrix}$$

高斯消元法通过消元过程将前述方程组变换成如下的上三角形形式

$$A = \begin{bmatrix} a_{11}^{(1)} & a_{12}^{(1)} & \cdots & a_{1(n-1)}^{(1)} & a_{1n}^{(1)} \\ 0 & a_{22}^{(2)} & \cdots & a_{2(n-1)}^{(2)} & a_{2n}^{(2)} \\ & & \vdots & & \vdots \\ \vdots & & & a_{(n-1)(n-1)}^{(n-1)} & a_{(n-1)n}^{(n-1)} \\ 0 & \cdots & 0 & & a_{nn}^{(n)} \end{bmatrix}, \quad x = \begin{bmatrix} x_1 \\ x_2 \\ \vdots \\ x_{n-1} \\ x_n \end{bmatrix}, \quad b = \begin{bmatrix} b_1^{(1)} \\ b_2^{(2)} \\ \vdots \\ b_{n-1}^{(n-1)} \\ b_n^{(n)} \end{bmatrix}$$

然后依次回代，得出结果

$$A = \begin{cases} x_n = b_n^{(n)} / a_{nn}^{(n)} \\ x_k = \left(b_k^{(k)} - \sum_{s=k+1}^{n} a_{ks}^{(k)} x_s \right) / a_{kk}^{k}, (k=n-1,\cdots,2,1) \end{cases}$$

关于高斯消元法的变换细节在线性代数教材中有详细介绍，这里不做展开。下面给出该算法的一种简单实现。

```python
import numpy as np
def Gaussian_Elimination(A,b):
    n,_=A.shape
    x=np.empty(n)
    for k in range(n-1):
        for i in range(k+1,n):
            q=A[i][k]/A[k][k]
            for j in range(n):
                A[i][j]=A[i][j]- q * A[k][j]
            b[i]=b[i] - q * b[k]
    x[n-1]=b[n-1]/A[n-1][n-1]
    for i in range(n-2,-1,-1):
        s=0
        for j in range(i+1,n):
            s+=A[i][j] * x[j]
        x[i]=(b[i] - s)/A[i][i]
    return x
if __name__ == '__main__':
    A=np.array([[3, 2, 1],
                [2, 3, 1],
                [1, 2,3]],dtype=float)
    b=np.array([39, 34, 26],dtype=float)
    x=Gaussian_Elimination(A, b)
    print(x)
```

本程序假定方程个数和未知数个数相同，即矩阵 A 的行列数目相同。第 2 行开始的代码为 Gaussian_Elimination()函数的实现部分。Gaussian_Elimination()函数中 A、b 两个输入变量的含义与前文中的数学表达式符号相同。当我们调用 Gaussian_Elimination()函数时，将系数矩阵 A 和常数向量 b 作为参数传递给函数。函数的目标是求解线性方程组 $Ax=b$ 的解向量 x。第 3 行代码只保留一个行参数供后续使用。第 4 行代码对 x 初始化，用于存放最终的解。

程序核心部分由三重 for 循环构成（第 5～10 行代码），目的是通过一系列行变换将增广矩阵转化为上三角矩阵。最外层的 for 循环（第 5 行代码开始）用于控制程序总共进行 $n-1$（即行-1）次消元；中间层的 for 循环（第 6 行代码开始）用于控制从 $k+1$ 行开始对之后所有行都计算系数 q，每一次消元都需要 q（第 7 行代码），第 k 行消元就从 $k+1$ 处开始计算 q；最内层的 for 循环（第 8 行代码）遍历每行的所有列。

第 11 行代码至 return 语句之前完成回代的过程，求解解向量。第 11 行代码求解最后一个未知数。第 12 行代码开始的两重 for 循环按照倒序求解其他未知数。main()函数中对前文给出的《九章算术》方程组问题进行了计算，结果为[9.25 4.25 2.75]，这与《九章算术》原著中给出的结果一致。

7.7 综合案例：矩阵分析实践

7.7.1 案例概述

工科专业研究生通常都会学习矩阵分析相关课程。矩阵分析在科学研究和工程实践中都扮演了极其重要的角色。矩阵理论和线性代数是密切相关的数学领域。前面章节中，我们使用 Python 列表实现了线性代数、矩阵理论中的一些基本操作。本章我们将演示如何使用 NumPy 进行矩阵分析相关操作。

7.7.2 矩阵表示和基本运算

1．矩阵的表示

NumPy 定义了 matrix 类型，用于创建矩阵对象。NumPy 中的 ndarray 也可以用于矩阵运算。但两者进行矩阵运算时略有不同。矩阵 matrix 面向矩阵计算，维度只能是二维，它的加减乘除运算默认采用矩阵方式计算；数组 ndarray 侧重表达一种存储方式，维度可以是高维的，通常需要借助特定的函数实现矩阵计算。对于二维以内的情形，矩阵 matrix 和数组 ndarray 可以互相转换，读者可以根据习惯灵活选择。本案例将以 ndarray 为主，适当穿插使用矩阵 matrix。

```python
import numpy as np
A1=np.array([[1,2,3],[4,5,6]])
A2=np.array([1,2,3])
M1=np.matrix([[1,2,3],[4,5,6]])
M2=np.matrix([1,2,3])
A3=np.array(M1)
A4=np.array(M2)
M3=np.matrix(A1)
M4=np.matrix(A2)
print('A1: ', A1, 'A2: ', A2, sep="\n")
print('M1: ', M1, 'M2: ', M2, sep="\n")
print('A3: ', A3, 'A4: ', A4, sep="\n")
print('M3: ', M3, 'M4: ', M4, sep="\n")
```

$A1 \sim A4$ 的类型均为<class 'numpy.ndarray'>，$M1 \sim M4$ 的类型均为<class 'numpy.matrix'>。注意，$A2$ 是一维数组，而 $M2$ 是二维的。$A4$ 从 $M2$ 转换而来，因此也是二维的。$M4$ 从 $A2$ 转换过来，但由于 $M4$ 是矩阵 matrix，因此也变成了二维。本段代码的输出结果如下：

```
A1:              M1:              A3:              M3:
[[1 2 3]         [[1 2 3]         [[1 2 3]         [[1 2 3]
 [4 5 6]]         [4 5 6]]         [4 5 6]]         [4 5 6]]
A2:              M2:              A4:              M4:
[1 2 3]          [[1 2 3]]        [[1 2 3]]        [[1 2 3]]
```

2．矩阵的转置

矩阵转置操作将矩阵的行和列互换，原矩阵的第 i 行第 j 列变成新矩阵的第 j 行第 i 列。NumPy 中，矩阵的属性 T 可以实现矩阵转置功能。

```python
import numpy as np
A1=np.array([[1,2,3],[4,5,6]])
print('矩阵 A1 及其转置: ',A1,A1.T,sep="\n")
M1=np.matrix([[1,2,3],[4,5,6],[7,8,9]])
print('矩阵 M1 及其转置: ',M1,M1.T,sep="\n")
```

本段代码的输出结果如下所示：

```
矩阵 A1 及其转置:             矩阵 M1 及其转置:
[[1 2 3]                     [[1 2 3]
 [4 5 6]]                     [4 5 6]
[[1 4]                        [7 8 9]]
 [2 5]                       [[1 4 7]
 [3 6]]                       [2 5 8]
                              [3 6 9]]
```

3．矩阵乘积

函数 numpy.dot(a,b[,out])可以用于计算两个矩阵 *a*、*b* 的乘积。如果是一维数组，则计算它们的内积。对于 matrix 类型的对象，可以直接使用乘法运算符完成矩阵乘积运算。

```python
import numpy as np
A1=np.array([[1,2,3],[4,5,6]])
A2=np.array([[1,2,3],[4,5,6],[7,8,9]])
M1=np.matrix(A1)
M2=np.matrix(A2)
#矩阵乘积
A3=np.dot(A1,A2)
M3=M1*M2
M4=np.dot(M1,M2)
#A4=A1*A2    #错误示例
print('矩阵乘积: \n',A3)
#向量的内积
x=np.array([1,2,3,4,5])
y=np.array([2,3,4,5,6])
z=np.dot(x,y)
print('向量内积: ',z)
```

本段代码的输出结果如下：

```
矩阵乘积:
 [[30 36 42]
 [66 81 96]]
向量内积: 70
```

7.7.3　矩阵特征值和特征向量

矩阵的特征向量是矩阵理论中的重要概念之一。线性变换的特征向量（本征向量）是一个非简并的向量，其方向在该变换下不变。该向量在此变换下缩放的比例称为其特征值（本征值）。

```python
#矩阵特征值与特征向量
print('矩阵特征值与特征向量')
#创建一个对角矩阵
x=np.diag((1,2,3))
print('对角阵x: ',x)
print('x 的特征值为: ',np.linalg.eigvals(x))

a,b=np.linalg.eig(x)
#特征值保存在 a 中，特征向量保存在 b 中
print('特征值为: ',a)
print('特征向量为: ',b)

#检验特征值与特征向量是否正确
print('检验特征值与特征向量正确与否: ')
for i in range(3):
    if np.allclose(a[i]*b[:,i],np.dot(x,b[:,i])):
        print('Right')
    else:
        print('False')
#判断矩阵是否为正定矩阵
print('判断矩阵的正定性')
A=np.arange(16).reshape(4,4)
print('矩阵A: ',A)

#将方阵转为对称阵
```

```
A=A+A.T
print('对称阵A: ',A)

B=np.linalg.eigvals(A)
#计算A的特征值
print('矩阵A的特征值为: ',B)
#正定判断,即每个特征值都大于0,使用all()函数
if np.all(B>0):
    print('矩阵A正定')
else:
    print('矩阵A非正定')
```

本段代码的输出结果如下:

```
矩阵特征值与特征向量
对角阵x: [[1 0 0]
 [0 2 0]
 [0 0 3]]
X的特征值为: [1. 2. 3.]
特征值为: [1. 2. 3.]
特征向量为: [[1. 0. 0.]
 [0. 1. 0.]
 [0. 0. 1.]]
检验特征值与特征向量正确与否:
Right
Right
Right
判断矩阵的正定性
矩阵A: [[ 0  1  2  3]
 [ 4  5  6  7]
 [ 8  9 10 11]
 [12 13 14 15]]
对称阵A: [[ 0  5 10 15]
 [ 5 10 15 20]
 [10 15 20 25]
 [15 20 25 30]]
矩阵A的特征值为: [ 6.74165739e+01 -7.41657387e+00  2.28055691e-15 -1.91945916e-15]
矩阵A非正定
```

7.7.4 矩阵分解

1. 奇异值分解

有关奇异值分解的原理可以参考相关教材。NumPy提供了如下的奇异值分解(SVD)函数供用户调用:

```
u,s,v=numpy.linalg.svd(a,full_matrices=True,compute_uv=True,hermitian=False)
```

各个参数的含义如下。

① a 是一个大小为(M,M)的矩阵。

② full_matrices 取值为 False 或者 True,默认值为 True,这时候 u 的大小为(M,M),v 的大小为(N,N);否则 u 的大小为(M,K),v 的大小为(K,N),K=min(M,N)。

③ compute_uv 取值为 False 或者 True,默认值为 True,表示计算 u、s、v; 取值为 False 的时候,表示只计算 s。

总共3个返回值 u、s、v,其中,u 的大小为(M,M),s 的大小为(M,N),v 的大小为(N,N),

满足 $a=usv$。

其中 s 是对矩阵 a 的奇异值分解。s 除了对角元素不为 0 外，其余元素都为 0，并且对角元素从大到小排列。s 中有 n 个奇异值，一般排在后面的比较接近 0，所以仅保留比较大的 r 个奇异值。注意：NumPy 中返回的 v 是通常所谓奇异值分解 $a=usv$ 中 v 的转置。

```python
#奇异值分解
import numpy as np
print('奇异值分解实例1: ')
A=np.array([[1,1],[1,-2],[2,1]])
print('用于奇异值分解的矩阵A: ',A)
u,s,vh=np.linalg.svd(A,full_matrices=False)
print('左奇异阵大小: ',u.shape)
print('相应对角阵: ',np.diag(s))
print('右奇异矩阵大小: ',vh.shape)
print('右奇异矩阵: ',vh)
a=np.dot(u,np.diag(s))
a=np.dot(a,vh)
print('奇异值分解后再组合形成矩阵: ',a)

print('奇异值分解实例2: ')
A=np.array([[4,11,14],[8,7,-2]])
print('用于奇异值分解的矩阵A: ',A)
u,s,vh=np.linalg.svd(A,full_matrices=False)
print('左奇异阵大小: ',u.shape)
print('相应对角阵: ',np.diag(s))
print('右奇异矩阵大小: ',vh.shape)
print('右奇异矩阵: ',vh)
a=np.dot(u,np.diag(s))
a=np.dot(a,vh)
print('奇异值分解后再组合形成矩阵: ',a)
```

本段代码的输出结果如下：

```
奇异值分解实例1:
用于奇异值分解的矩阵A: [[ 1  1]
 [ 1 -2]
 [ 2  1]]
左奇异阵大小:  (3, 2)
相应对角阵: [[2.64575131 0.          ]
 [0.         2.23606798]]
右奇异矩阵大小:  (2, 2)
右奇异矩阵:  [[-0.70710678 -0.70710678]
 [-0.70710678  0.70710678]]
奇异值分解后再组合形成矩阵:  [[ 1.  1.]
 [ 1. -2.]
 [ 2.  1.]]
奇异值分解实例2:
用于奇异值分解的矩阵A: [[ 4 11 14]
 [ 8  7 -2]]
左奇异阵大小:  (2, 2)
相应对角阵: [[18.97366596 0.          ]
 [ 0.          9.48683298]]
右奇异矩阵大小:  (2, 3)
右奇异矩阵:  [[ 0.33333333  0.66666667  0.66666667]
 [ 0.66666667  0.33333333 -0.66666667]]
奇异值分解后再组合形成矩阵:  [[ 4. 11. 14.]
```

```
[ 8.  7. -2.]]
```

2. QR 分解

有关 QR 分解的原理，读者可以参考相关教材。NumPy 提供了 QR 分解函数供用户调用：

```
q,r=numpy.linalg.qr(a,mode='reduced')
```

主要参数的含义如下。

① a 是一个(M,N)的待分解矩阵。

② mode=reduced:返回大小为(M,N)的列向量正交矩阵 q 和大小为(M,N)的三角阵 r（Reduced QR 分解）。

③ mode=complete:返回大小为(M,M)的正交矩阵 q 和大小为(N,N)的三角阵 r（Full QR 分解）。

```
print('QR 分解实例 1')
A=np.array([[2,-2,3],[1,1,1],[1,3,-1]])
print('QR 分解矩阵 A: ',A)
q,r=np.linalg.qr(A)
print('q 矩阵大小: ',q.shape)
print('q:',q)
print('r 矩阵大小: ',r.shape)
print('r:',r)
print('q*r:',np.dot(q,r))
a=np.allclose(np.dot(q.T,q),np.eye(3))
print('q 是否正交: ',a)

print('QR 分解实例 2')
A=np.array([[1,1],[1,-2],[2,1]])
print('QR 分解矩阵 A: ',A)
q,r=np.linalg.qr(A,mode='complete')
print('q 矩阵大小: ',q.shape)
print('q:',q)
print('r 矩阵大小: ',r.shape)
print('r:',r)
print('q*r:',np.dot(q,r))
a=np.allclose(np.dot(q.T,q),np.eye(3))
print('q 是否正交: ',a)
```

本段代码的输出结果如下：

```
QR 分解实例 1
QR 分解矩阵 A:  [[ 2 -2  3]
 [ 1  1  1]
 [ 1  3 -1]]
q 矩阵大小:  (3, 3)
q: [[-0.81649658  0.53452248  0.21821789]
 [-0.40824829 -0.26726124 -0.87287156]
 [-0.40824829 -0.80178373  0.43643578]]
r 矩阵大小:  (3, 3)
r: [[-2.44948974  0.         -2.44948974]
 [ 0.         -3.74165739  2.13808994]
 [ 0.          0.         -0.65465367]]
q*r: [[ 2. -2.  3.]
 [ 1.  1.  1.]
 [ 1.  3. -1.]]
q 是否正交:  True
```

```
QR 分解实例 2
QR 分解矩阵 A:  [[ 1  1]
 [ 1 -2]
 [ 2  1]]
q 矩阵大小:  (3, 3)
q: [[-0.40824829  0.34503278 -0.84515425]
 [-0.40824829 -0.89708523 -0.16903085]
 [-0.81649658  0.27602622  0.50709255]]
r 矩阵大小:  (3, 2)
r: [[-2.44948974 -0.40824829]
 [ 0.          2.41522946]
 [ 0.          0.        ]]
q*r: [[ 1.  1.]
 [ 1. -2.]
 [ 2.  1.]]
q 是否正交:  True
```

3. Cholesky 分解

有关 Cholesky 分解的原理，读者可以参考相关教材。NumPy 提供了 Cholesky 分解函数供用户调用：

```
numpy.linalg.cholesky(a)
```

函数返回正定矩阵的 Cholesky 分解。

```
print('Cholesky 分解')
A=np.array([[1,1,1,1],[1,3,3,3],[1,3,5,5],[1,3,5,7]])
print('用于分解的矩阵 A: \n',A)
print('A 矩阵的特征值: ',np.linalg.eigvals(A))
L=np.linalg.cholesky(A)
print('Cholesky 分解结果:\n',L)
print('重构: \n',np.dot(L,L.T))
```

本段代码的输出结果如下：

```
Cholesky 分解
用于分解的矩阵 A:
 [[1 1 1 1]
 [1 3 3 3]
 [1 3 5 5]
 [1 3 5 7]]
A 矩阵的特征值:  [13.13707118  1.6199144   0.51978306  0.72323135]
Cholesky 分解结果:
 [[1.         0.         0.         0.        ]
 [1.         1.41421356 0.         0.        ]
 [1.         1.41421356 1.41421356 0.        ]
 [1.         1.41421356 1.41421356 1.41421356]]
重构:
 [[1. 1. 1. 1.]
 [1. 3. 3. 3.]
 [1. 3. 5. 5.]
 [1. 3. 5. 7.]]
```

7.7.5 解方程组和求逆矩阵

1. 求解线性方程组

有关线性方程组的知识，读者可以参考相关教材。NumPy 提供了求解线性方程组的函数供用户调用：

```
numpy.linalg.solve(a,b)
```

函数返回线性方程组或矩阵方程的解。函数参数含义如下。

① *a* 是线性方程系数矩阵。

② *b* 是线性方程结果，为列向量或矩阵。

```
#解线性方程组
print('解线性方程组')
A=np.array([[1,2,1],[2,-1,3],[3,1,2]])
b=np.array([7,7,18])
x=np.linalg.solve(A,b)
print('线性方程组解法1: ',x)
#A.I*b
x=np.linalg.inv(A).dot(b)
print('线性方程组解法2: ',x)
y=np.allclose(np.dot(A,x),b)
print('解是否正确: ',y)
```

本段代码的输出结果如下：

```
解线性方程组
线性方程组解法1: [ 7.  1. -2.]
线性方程组解法2: [ 7.  1. -2.]
解是否正确: True
```

2．求逆矩阵

设 *A* 是数域上的一个 *n* 阶矩阵，若在相同数域上存在另一个 *n* 阶矩阵 *B*，使得 *AB*=*BA*=*E*（*E* 为单位矩阵），则称 *B* 是 *A* 的逆矩阵（inverse matrix），而 *A* 则被称为可逆矩阵。

Numpy 提供了求逆矩阵的函数供用户调用：

```
numpy.linalg.inv(a)
```

其中，*a* 是用于计算逆矩阵的矩阵。函数返回矩阵的逆矩阵（矩阵可逆的充分必要条件是 det(a)不为 0，或者 *a* 满秩）。

```
import numpy as np
print('计算逆矩阵')
A=np.array([[1,-2,1],[0,2,-1],[1,1,-2]])
print('矩阵A: \n',A)
#计算A的行列式，判断A是否可逆
A_det=np.linalg.det(A)
print('A的行列式: ',A_det)
#求A的逆矩阵
A_inverse=np.linalg.inv(A)
print('A的逆矩阵: \n',A_inverse)
x=np.allclose(np.dot(A,A_inverse),np.eye(3))
print('A*A.I是否为单位阵: ',x)
x=np.allclose(np.dot(A_inverse,A),np.eye(3))
print('A.I*A是否等于单位阵: ',x)
#计算伴随阵
A_companion=A_inverse*A_det
print('A矩阵的伴随阵为: \n',A_companion)
```

本段代码的输出结果如下：

```
计算逆矩阵
矩阵A:
```

```
  [[ 1 -2  1]
   [ 0  2 -1]
   [ 1  1 -2]]
A 的行列式： -2.9999999999999996
A 的逆矩阵：
  [[ 1.00000000e+00   1.00000000e+00  -1.11022302e-16]
   [ 3.33333333e-01   1.00000000e+00  -3.33333333e-01]
   [ 6.66666667e-01   1.00000000e+00  -6.66666667e-01]]
A*A.I 是否为单位阵： True
A.I*A 是否等于单位阵： True
A 矩阵的伴随阵为：
  [[-3.00000000e+00  -3.00000000e+00   3.33066907e-16]
   [-1.00000000e+00  -3.00000000e+00   1.00000000e+00]
   [-2.00000000e+00  -3.00000000e+00   2.00000000e+00]]
```

本章小结

本章介绍了 NumPy 科学计算库的相关知识，包括 NumPy 数组的创建、元素访问、相关函数和功能的使用等基本知识，以及引用、视图、复制等高阶知识。实践中，读者通常既需要从文件中读取数据，还需要将处理后的结果保存到文件中，掌握一定的文件读/写操作知识是编写这类程序的基本要求。NumPy 是提供了高效的数组操作和数学函数，可以用来存储和处理大型矩阵，被广泛应用于数据科学、机器学习、深度学习等领域及相关第三方库中。

习题 7

1. NumPy 库将向量转成矩阵使用什么函数？
2. NumPy 库中的函数 numpy.zeros() 的作用是什么？
3. NumPy 库中 numpy.mean() 函数的作用是什么？
4. NumPy 库中 numpy.arange() 函数的作用是什么？
5. NumPy 库中 numpy.concatenate() 函数的作用是什么？
6. 如何创建一个 3×3 的单位矩阵？
7. 如何使用 NumPy 解方程组？
8. 如何使用 NumPy 读取存储的数组数据文件？
9. 如何使用 NumPy 生成一个等差数列？
10. 如何使用 NumPy 计算数组的和、平均值和标准差？

实训 7

1. 依次完成如下矩阵相关操作，并比较各个矩阵值的变化情况。
（1）生成 4×5 和 5×2 的两个矩阵 A 和 B。
（2）计算 $C=AB$。
（3）计算 $A=A+1$ 和 $B=B+2$。
（4）计算 $D=AB$。
2. 在区间[80, 90]内生成 10000 个服从均匀分布的随机整数，统计每个整数出现的次数。

3. 假定有 10000 名学生参加考试，试卷满分为 100 分，成绩不含小数位，均值为 80 分，均方差为 10，用代码生成满足这一特征的数据集，并验证上述条件是否满足。

4. 生成一个 4×8 的矩阵，分别对矩阵进行水平和垂直拆分，然后将拆分后的子矩阵分别从水平和垂直方向进行组合，以恢复原来的矩阵。输出这些矩阵，以观察拆分和组合操作的结果。

5. 使用 NumPy 完成如下一维数组相关练习：（1）创建一个由 10 个随机整数构成的一维数组；（2）计算一维数组的均值、最大值和最小值；（3）将一维数组进行倒序排列；（4）计算一维数组的累计和；（5）计算两个一维数组的点积。（6）创建一个一维数组，并输出数组的维度、形状和元素类型；（7）生成一个 5×5 的随机整数数组，并对数组进行排序；（8）将一维数组变形为二维数组。

6. 使用 NumPy 完成如下二维数组相关练习：（1）从二维数组中提取出满足条件的元素；（2）将两个二维数组进行垂直拼接；（3）计算二维数组的特征值和特征向量；（4）输出数组的元素个数；（5）计算两个二维数组的矩阵乘积。

7. 设计一个综合应用，使用 NumPy 生成一个包含 10 个随机整数的一维数组，并对数组进行排序、去重和反转操作。

第 3 部分 应用篇

本篇将以数据分析、数据可视化、人工智能 3 个典型的前沿应用场景为基础展开介绍，帮助读者加深对 Python 应用场景及优势的理解。通过本篇的学习，读者可以了解数据分析、数据可视化、人工智能等应用的基本流程，熟悉 pandas、Matplotlib、Sklearn 的使用。读者能够借助 pandas、Matplotlib、Sklearn 编写复杂的 Python 程序，解决数据分析、数据可视化、人工智能等前沿领域的具体问题。

第8章 数据分析与 pandas

数据分析是指对收集来的大量数据进行深入研究、提取有用信息和形成概括性总结的过程。pandas 是 Python 数据分析最常用的工具集。它主要面向结构化数据进行数据挖掘和数据分析，可以满足大多数应用场景中的数据分析和处理的需要。本章主要以 pandas 为基础，介绍数据分析常见功能的实现。

8.1 概述

本节对数据分析和 pandas 进行简要介绍。

8.1.1 数据分析

随着信息技术的发展，各行各业都积累了大量的数据，数据规模大多数都呈现指数增长态势。如何从繁多、复杂的数据中提炼出有价值的信息以辅助决策，成为管理层极为关心的事情。如何管理和使用这些数据已经逐渐成为数据科学领域非常活跃的研究课题。数据分析技能成为数据科学相关领域从业人员需要具备的基本技能。

近年来，随着大数据概念的广泛使用，数据分析已经逐渐演变成一种解决问题的过程，甚至一种方法论。数据分析过程一般包括数据获取、数据预处理、数据分析和挖掘、数据分析结果的解读和应用等环节。典型的数据分析应用场景遍及国计民生的各个行业，代表性的包括客户价值分析、营销分析、用户行为分析等。

8.1.2 pandas 简介

Python 目前已经成为数据分析领域的首选语言，而 pandas 是 Python 数据分析实践最常用的工具集。pandas 主要用于对结构化数据进行数据挖掘和数据分析。它提供了诸如数据读/写、数据整合、数据清洗、数据处理等数据分析工作中需要的绝大多数常见功能，并且能与其他第三方库完美集成。pandas 可以满足金融、统计、社会科学、工程实践等领域大多数应用场景中的数据分析和处理的需要。pandas 以 Numpy 为基础，提供高性能的矩阵运算。pandas 在 NumPy 的基础上增加了标签支持，可以简单、直观地处理关系型、标记型数据。为方便读者灵活选择学习内容和学习顺序，本书强调章节独立性。读者没有 NumPy 的基础也不影响对本章内容的学习。

【实例 8-1】验证 pandas 是否安装成功。

本书建议读者安装 Anaconda。因为 pandas 已经包含在 Anaconda 中，无须另外安装。

输入如下 Python 代码，可以查看 pandas 的版本号：

```
import pandas as pd
pd.__version__
```

本实例第 1 行代码是导入 pandas 的最常用写法。第 2 行代码中，version 的前后分别是两根下划线。如果 pandas 安装成功，将会返回正确的 pandas 版本信息。因此，这两行代码一般用来验证 pandas 是否安装成功。

如果需要单独安装 pandas，可以在命令行中输入如下指令：

```
pip install pandas
```

或者

```
conda install pandas
```

8.2 pandas 的基本数据结构

pandas 提供了 Series 与 DataFrame 两种主要数据结构。Series 通常用来存储一维数据，DataFrame 通常用来存储二维数据。实践中，二维数据最为常见，因此本章重点介绍DataFrame。

8.2.1 创建 Series 对象

Series 是一种带标签的一维同构数组，可存储整数、浮点数、字符串等类型的数据。与 NumPy 数组相比，Series 增加了行索引（index，也称行标签、轴索引、轴标签），可以实现自动按索引对齐运算。

可以通过调用 pd.Series() 函数创建 Series 对象：

```
s=pd.Series(data, index=index)
```

其中，参数 data 可以支持字典、NumPy 数组、标量等不同数据类型。index 是行索引列表。创建 Series 时，如果未指定 index 参数，pandas 默认自动生成数值型索引，即[0, 1, …, len(data) - 1]。

【实例 8-2】创建 Series 对象。

```
from pandas import Series
s1=Series([10,20,30,40])
s2=Series([10,2.0,30,40],index=list('love'))
s3=Series({'首联':"风暖江鸿海燕",
          '颔联':"雨晴檐鹊林鸠",
          '颈联':"一段青山颜色",
          '尾联':"不随江水俱流"})
s1 #print(s1)
s2 #print(s2)
s3 #print(s3)
type(s1) #print(type(s1))
```

本实例第 1 行代码从 pandas 导入 Series。第 2～7 行代码创建了 3 个 Series 对象 s1、s2 和 s3。创建 s1 时没有指定 index，此时将自动为列表中的 4 个元素生成整数索引 0～3。创建 s2 时，我们输入了两个长度为 4 的列表作为参数，第 1 个列表用于给定 Series 对象中 4 个数组元素的值；第 2 个列表赋值给索引 index，用于给定前述 4 个元素的标签。

第 4 行代码基于字典对象创建了 s3。Series 对象 s3 中元素的标签和值与该字典中保持一致。

第 4 行代码中包含了中文字符。需要注意的是，中文字符只能出现在引号中。所有引号及引号外面的字符都应当在半角状态下输入，否则将报错。后文遇到类似情况，本书将不再进行提示。

第 8～10 行代码输出了这 3 个 Series 对象的内容。每个对象的输出结果都可以分为两列，分别显示 index 标签和对应的值。每个输出结果的最后一行 dtype 表示对象中数组元素的类型。读者不难发现 s1 和 s2 的元素类型并不相同。这是因为创建 s2 时，编者有意将第 1 个列表的第 2 个元素修改成 2.0。此时整个 Series 对象的 dtype 自动转换成了 float64，这一点与 NumPy 类似。Series 对象 s1、s2 和 s3 的内容分别如图 8-1 所示。

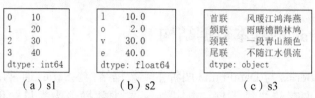

图 8-1　创建 Series 对象

第 11 行代码查看了 s1 的对象类型。实际上本实例中创建的所有对象，其类型都是<class 'pandas.core.series.Series'>。

【思考】如果将【实例 8-2】中的[10,2.0,30,40]改为[10,20,30]或者[10,20,30,40]，结果如何？

读者可以直接从 NumPy 数组中创建 Series 对象。Series 对象与 NumPy 数组较为类似，但是相对于 NumPy 数组增加了索引 index。

【实例 8-3】Series 对象与 NumPy 数组的转换。

```
from pandas import Series
import numpy as np
s1=Series(np.array(list("学不可以已")), index=list('zhang'))
print("pandas 序列:\n{}".format(s1))
arr1=s1.to_numpy()
print("Numpy 数组:\n{}".format(arr1))
```

本实例第 3 行代码将长度为 5 的 NumPy 数组（Series()函数的第 1 个参数）转换成 pandas 序列。创建 Series 对象时，data 中的元素个数（Series()函数的第 1 个参数）应该与 index 的元素个数（Series()函数的第 2 个参数）保持一致，否则会报错。第 5 行代码使用成员函数 Series.to_numpy()从 Series 中提取了 NumPy 数组，从而将 pandas 序列类型转换成了 NumPy 数组。本实例的输出结果如下：

```
pandas 序列:
z    学
h    不
a    可
n    以
g    已
dtype: object
Numpy 数组:
['学' '不' '可' '以' '已']
```

8.2.2 访问 Series 对象

Series 对象有两种较为常见的访问方式：其一是使用类似 NumPy 数组的下标访问方式；其二是使用类似于字典的标签访问方式。

1．使用类似 NumPy 数组的下标访问方式

Series 对象操作与 NumPy 数组类似，支持索引切片，还支持大多数 NumPy 函数。

【实例 8-4】使用下标方式访问。

```
import pandas as pd
import numpy as np
s1=pd.Series(range(4), index=list("ping"))
#print("s1=\n{}".format(s1))
print("s1第1个元素:{}".format(s1.iloc[0]))
print("s1前3个元素:\n{}".format(s1[:3]))
print("大于中位数的元素:\n{}".format(s1[s1 > s1.median()]))
print("元素的指数值:\n{}".format(np.exp(s1)))
```

本实例第 3 行代码创建了 Series 对象 s1，该对象包含 4 个元素（0～3），各自的标签分别为 ping 中的 4 个字母。第 5～8 行代码分别给出了 4 种不同的元素访问方式。读者不难发现 Series 对象 s1 的使用方式与 NumPy 数组非常类似。本实例的输出结果如下：

```
s1第1个元素:0
s1前3个元素:
p    0
i    1
n    2
dtype: int64
大于中位数的元素:
n    2
g    3
dtype: int64
元素的指数值:
p     1.000000
i     2.718282
n     7.389056
g    20.085537
dtype: float64
```

【思考】如果将【实例 8-4】中第 5 行的 s1[0]修改为 s1[4]，结果如何？

2．使用类似于字典的标签访问方式

Series 类似固定大小的字典，可以用索引标签提取值或设置值。此时，引用 Series 里没有的标签会触发异常。读者也可以使用 get()方法提取值。此时，遇到 Series 里没有的标签会返回 None 或指定默认值。

【实例 8-5】使用标签方式访问。

```
import pandas as pd
s1=pd.Series(list("厚积而薄发"), index=list('zhang'))
print("s1['a']:{}".format(s1['a']))
# print(s1['f']) #错误示例
s1['n']='不'
print("s1['h':'g']:\n{}".format(s1['h':'g']))
print("'g' in s1:{}".format('g' in s1))
print("'p' in s1:{}".format('p' in s1))
```

```
print("s1.get('g'):{}".format(s1.get('g')))
print("s1.get('p',10):{}".format(s1.get('p',10)))
```

本实例第 2 行代码创建了一个 Series 对象 s1。第 3 行代码访问了标签"z"对应的元素（即"厚"）。第 4 行代码是错误示例，标签"f"并不存在。第 5 行代码将标签"n"对应的元素修改为"不"。第 6 行代码使用标签切片（'h':'g'）访问了指定标签范围内的元素。注意：标签"g"的元素包含于结果中。此外需要注意的是，标签"n"对应的元素已经被修改。标签第 7~8 行代码用于判断指定标签是否存在。第 9~10 行代码使用成员函数 get() 获取了元素值。本实例的输出结果如下：

```
s1['z']:厚
s1['h':'g']:
h    积
a    面
n    不
g    发
dtype: object
'g' in s1:True
'p' in s1:False
s1.get('g'):发
s1.get('p',10):10
```

【思考】仔细观察 s1['h':'g']的输出结果，请问标签切片与下标切片有什么不同？

8.2.3　创建 DataFrame 对象

DataFrame 是由多种类型的列构成的二维标签数据结构，类似于 Excel、SQL（Structured Query Language，结构化查询语言）表。DataFrame 是最常用的 pandas 对象。DataFrame 可视为一个由行和列构成的二维表格。DataFrame 既有行标签（行索引，index），又有列标签（列索引，columns）。

1．基于字典创建 DataFrame 对象

与 Series 一样，DataFrame 支持多种类型的输入数据，如列表、字典、NumPy 数组、Series 等。创建 DataFrame 对象时，除了数据，还可以有选择地传递 index（行标签）和 columns（列标签）参数。

【实例 8-6】基于字典创建 DataFrame 对象。

```
import pandas as pd
dict1={'one': list("欲速则不达"), 'two': list("实践出真知")}
df1=pd.DataFrame(dict1)
print(df1)    #使用交互式环境时，可以替换成 df1
df2=pd.DataFrame(dict1, index=list("zhang"))
print(df2)    #使用交互式环境时，可以替换成 df2
```

本实例第 3 行代码根据第 2 行的字典对象 dict1 创建了一个 DataFrame 对象 df1。由于没有指定 columns 参数，DataFrame 的列标签就是字典的键。字典对象的键值'one'和'two'将被用作 DataFrame 对象的列标签。由于没有指定行标签 index 参数，df1 将自动使用整数值 0~4 作为其行标签。第 5 行代码根据第 2 行的字典对象 dict1 创建了一个 DataFrame 对象 df2。由于指定了行标签 index 参数，因此 df2 的行标签根据指定的 index 值进行设置。

【思考】如果将本例中的"欲速则不达"替换成"速战速决"，结果会如何？

2．基于 Series 对象生成 DataFrame 对象

可以使用 Series 字典生成 DataFrame，生成的索引是每个 Series 索引的并集。

【实例 8-7】基于 Series 对象生成 DataFrame 对象。

```
import pandas as pd
s1=pd.Series(range(5), index=list("zhang"));
s2=pd.Series(list("焚膏继晷"), index=list("ping"))
dict1={'one': s1, 'two':s2 }
df1=pd.DataFrame(dict1)
print(df1)
df2=pd.DataFrame(dict1, index=['i', 'n', 'g'])
print(df2)
df3=pd.DataFrame(dict1, index=['a', 'n', 'g'], columns=['two', 'three'])
print(df3)
```

df1 创建过程中没有指定 index 和 columns 参数，此时生成的索引是每个 Series 索引的并集。例如，行标签"n"和"g"在 s1 和 s2 中都同时存在，因此，在 df1 中，它们位于同一行。而其他各个标签，缺失的元素都被自动设置成 NaN（Not a Number）。pandas 用 NaN 表示缺失值。注意：df1 的 index 索引顺序与原有 Series 中的并不相同，已经重新按照字母顺序进行了排序。本实例中 df1 的生成结果如图 8-2（a）所示。

df2 创建过程中指定了 index 参数，创建的结果将只包括 index 指定的内容，并且顺序与 index 给出的列表顺序保持一致。由于 s1 中并没有 i，因此新 df2 中，与 i 对应的位置被自动设置为 NaN。本实例中 df2 的生成结果如图 8-2（b）所示。

指定列标签 columns 与数据字典一起传递时，会根据列标签自动匹配字典的键。上述实例中的 df3 创建时，传入的 columns 增加了'three'，并且舍弃了'one'。由于'three'并没有出现在 dict1 中，这导致创建的 DataFrame 中'three'列的所有数据都为 NaN。本实例中 df3 的生成结果如图 8-2（c）所示。

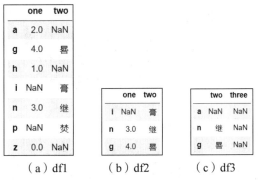

（a）df1　　　（b）df2　　　（c）df3

图 8-2　基于 Series 对象生成 DataFrame 对象

8.2.4　访问 DataFrame 对象

访问 DataFrame 对象数据的方式较多，既可以采用标签方式访问，也可以采用下标方式访问，还可以采用 loc[ ]、iloc[ ]、at[ ]或 iat[ ]等方式访问，甚至可以按照指定条件访问。pandas 对 loc[ ]、iloc[ ]、at[ ]、iat[ ]等进行了优化，生产环境中建议使用 loc[ ]、iloc[ ]、at[ ]、iat[ ]。

1．访问 DataFrame 列数据

访问 DataFrame 列数据时，可以使用 object['列名']或 object.列名两种形式，此时返回的是

pandas.core.series.Series 类型对象。如果需要访问多个列，则需要将列名列表放入方括号 "[ ]" 中。直观而言，存在两重方括号。此时返回的是 pandas.core.frame.DataFrame 类型对象。

【实例 8-8】访问 DataFrame 列数据。

创建 DataFrame 对象 df1。本小节所有实例都使用相同的 DataFrame 对象 df1 进行展示。请读者自行为本小节后续实例增加创建 df1 的代码。

```
from pandas import DataFrame
import numpy as np
list1=list("青海长云暗雪山，孤城遥望玉门关。黄沙百战穿金甲，不破楼兰终不还！")
df1=DataFrame(np.array(list1[:20]).reshape(4,5), index=list("love"), columns=list
("zhang"))
print(df1)
print(df1.z)
print(df1[['z', 'a']])
```

本实例第 4 行代码创建的 df1 对象的内容如图 8-3（a）所示。第 6 行代码使用 df1.z 访问标签为 "z" 的列，也可写为 df1['z']。此时返回的是一个 pandas.core.series.Series 对象，效果如图 8-3（b）所示。第 7 行代码同时访问标签为 "z" 和 "a" 的两列。注意：多个列名要放入 "[ ]" 构成一个列表，因此这里有两层 "[ ]"。此时返回的是一个 pandas.core.frame.DataFrame 对象，效果如图 8-3（c）所示。

（a）df1　　　　　（b）df1.z　　　　（c）df1[['z', 'a']]

图 8-3　访问 DataFrame 列数据

2. 访问 DataFrame 行数据

访问 DataFrame 行数据时，既可以使用行编号，也可以使用行标签；既可以使用编号切片，也可以使用标签切片。需要注意的是，编号切片用法与其他序列类型的切片用法类似。使用编号切片时，终点元素是不包括在内的；但是使用标签切片时，终点元素是包括在内的。

【实例 8-9】访问 DataFrame 行数据。

```
from pandas import DataFrame
import numpy as np
list1=list("马思边草拳毛动，雕眄青云睡眼开。天地肃清堪开望，为君扶病上高台。")
df1=DataFrame(np.array(list1[:20]).reshape(4,5), index=list("love"), columns=list
("zhang"))
print(df1)
print(df1[0:2])
print(df1["o":"v"])
print(df1[:"o"])
print(df1["v":])
```

本实例的输出结果如图 8-4 和图 8-5 所示。第 4 行代码创建的 df1 对象的内容如图 8-4（a）所示。第 6 行代码通过编号切片提取了 DataFrame 对象的行数据。此时，终点元素是不包括在内的，因此提取的实际只有编号为 0、1 的两行数据，结果如图 8-4（b）所示。第 7～9 行代码使用标签切片提取了 DataFrame 对象的行数据，结果分别如图 8-5（a）、图 8-5（b）、

图 8-5（c）3 个子图所示。使用标签进行切片时，终端标签所在行是包括在内的。第 8 行代码中省略了起点标签，默认从第 0 行开始。第 9 行代码省略了终点标签，默认到最后一行结束。

（a）df1　　　　　　　（b）df1[0:2]

图 8-4　访问 DataFrame 行数据之一

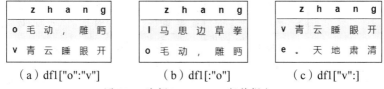

（a）df1["o":"v"]　　　（b）df1[:"o"]　　　（c）df1["v":]

图 8-5　访问 DataFrame 行数据之二

3．使用 loc []、iloc [] 访问

读者也可以使用 loc[ ] 和 iloc[ ] 存取器访问 pandas 数据。loc[ ] 基于标签，而 iloc[ ] 基于整数索引下标。因此，不能出现 loc[1]、iloc['a'] 这样的写法。loc[ ] 中可以是 [单行]、[单行，单列]、[行切片]、[行切片，列切片] 等多种表达形式。使用编号切片时，终点元素是不包括在内的；但是使用标签切片时，终点元素是包括在内的。因此，loc['a':'c'] 将包含结尾的'c'标签，而 iloc[0:2] 不包含结尾的第 2 行。

【实例 8-10】使用 loc[]、iloc[] 访问数据。

```
from pandas import DataFrame
import numpy as np
list1=list("斜阳草树，寻常巷陌，人道寄奴曾住。想当年，金戈铁马，气吞万里如虎。")
df1=DataFrame(np.array(list1[:24]).reshape(4,6),index=list("ping"),columns=list
("python"))
print(df1)
print(df1.loc['i':'g'])
print(df1.loc['p':'n', 'y':'n'] )
print(df1.loc['i'])
print(df1.loc[:, 't':'n'])
print(df1.iloc[1:4])
print(df1.iloc[0:3,0:4])
```

本实例的输出结果如图 8-6 和 8-7 所示。第 4 行代码创建了 DataFrame 的对象 df1。第 6～9 行代码使用 df1.loc[ ] 提取了 DataFrame 对象的指定内容，代码中使用的都是行或者列标签。使用标签进行切片时，终端标签所在行是包括在内的。第 6 行代码通过标签切片提取了 df1 的行数据，代码没有给出列标签，此时默认将包括所有列。需要注意的是，由于采用的是标签，进行切片时，切片的终端是包括在内的。第 7 行代码通过标签对行和列同时进行了切片提取。第 8 行代码提取了标签为"i"的一行数据，不能写为 df['i']，df['i'] 用来提取标签为"i"的一列数据。第 9 行代码提取了指定的列数据。第 10、11 行代码使用 df1.iloc[ ] 提取了 DataFrame 对象的行数据，代码中使用的都是编号切片，此时终点是不包括在内的。第 10 行代码中指定了行编号范围。第 11 行代码同时对行和列的编号范围进行了指定。

图 8-6 中：

(a) df1

	p	y	t	h	o	n
p	斜	阳	草	树	，	寻
i	常	巷	陌	，	人	道
n	寄	奴	曾	住	。	想
g	当	年	，	金	戈	铁

(b) df1.loc['i':'g']

	p	y	t	h	o	n
i	常	巷	陌	，	人	道
n	寄	奴	曾	住	。	想
g	当	年	，	金	戈	铁

(c) df1.loc['p':'n', 'y':'n']

	y	t	h	o	n
p	阳	草	树	，	寻
i	巷	陌	，	人	道
n	奴	曾	住	。	想

图 8-6 使用 loc[ ]、iloc[ ]访问数据之一

图 8-7 中：

(a) df1.loc['i']

p	常
y	巷
t	陌
h	，
o	人
n	道

(b) df1.loc[:, 't':'n']

	t	h	o	n
p	草	树	，	寻
i	陌	，	人	道
n	曾	住	。	想
g	，	金	戈	铁

(c) df1.iloc[1:4]

	p	y	t	h	o	n
i	常	巷	陌	，	人	道
n	寄	奴	曾	住	。	想
g	当	年	，	金	戈	铁

(d) df1.iloc[0:3,0:4]

	p	y	t	h
p	斜	阳	草	树
i	常	巷	陌	
n	寄	奴	曾	

图 8-7 使用 loc[ ]、iloc[ ]访问数据之二

4．使用 at [ ]、iat [ ]

可使用 at[ ]或 iat[ ]获取单个数据。格式均为[单行,单列]，取出的是单个数据而不是 Series 或者 DataFrame 对象。at[ ]基于标签索引；iat[ ]基于整数编号索引，行/列都从 0 开始编号。

【实例 8-11】使用 at[ ]或 iat[ ]获取单个数据。

```
from pandas import DataFrame
import numpy as np
list1=list("金波淡，玉绳低转。但屈指西风几时来？又不道流年暗中偷换。")
df1=DataFrame(np.array(list1[:24]).reshape(4,6),index=list("ping"),columns=list
("python"))
print(df1)
print(df1.iat[3, 2])
print(df1.at['g', 't'])
```

本实例创建的 DataFrame 对象 df1 如图 8-8 所示。最后两行代码是等价的，输出结果都是"道"。

图 8-8 使用 at[ ]或 iat[ ]获取单个数据

5．按条件访问

pandas 对象支持条件访问,既可以在下标中构造逻辑表达式进行筛选,也可以在 query() 函数中构造逻辑表达式进行筛选。两者在逻辑表达式的构造方式上略有区别。前者要求更为严格,其逻辑运算符要使用&（与）、|（或）、~（非），而不能使用 Python 的 and、or、not 运算符。使用 query()函数筛选时无此限制。

【实例 8-12】使用逻辑表达式筛选数据。

```
from pandas import DataFrame
df1=DataFrame(np.arange(20).reshape(4,5), index=list("ping"), columns=list("value"))
```

```
print(df1)
print(df1[df1.a>3])
print(df1[(df1.v>5) & (df1.a>5)])
```

本实例的输出结果如图 8-9 所示。第 4 行代码按条件访问，只显示 a 列值大于 3 的行。第 5 行代码只显示 v 列值和 a 列值同时大于 5 的行。此外，[ ]内的逻辑运算符要使用&（与）、|（或）、～（非），不能使用 Python 的 and、or、not 运算符。例如，如果将最后一行代码中的&替换成 and，运行时将报错。逻辑表达式要用小括号括起来，如本实例中的(df1.v>5)和(df1.a>5)，否则将报错。

（a）df1　　　　　（b）df1[df1.a > 3]　　　　（c）df1[(df1.v > 5) & (df1.a > 5)]

图 8-9　使用逻辑表达式筛选数据

【实例 8-13】使用 query()函数筛选数据。

pandas 对象也支持 query()查询。它类似于数据库中的查询条件表达，根据列名条件进行数据筛选，返回 DataFrame 对象。

```
from pandas import DataFrame
df1=DataFrame(np.arange(20).reshape(4,5), index=list("ping"), columns=list("value"))
print(df1)
print(df1.query('a>10'))
print(df1.query('u>=8 and e<16'))
print(df1.query('u>=8 & e<16'))
```

本实例的输出结果如图 8-10 所示。第 4 行代码按条件访问，只显示 a 列值大于 10 的行。第 5 行代码只显示 u 列值大于或等于 8 并且 e 列值小于 16 的行。query()方式更加灵活，and 和&的表示方法都支持，可以将最后一行代码中的&替换成 and。

（a）df1　　　　（b）df1.query('a > 10')　　　（c）df1.query('u >= 8 & e < 16')

图 8-10　使用 query()函数筛选数据

8.3 读/写数据文件

本节介绍 3 种不同类型的文件读/写方法。

8.3.1 读/写 Excel 文件

1．写入 Excel 文件

将 Dataframe 保存到 Excel 文件中时，可以使用 to_excel()方法。

【实例8-14】写入Excel文件。

```
from pandas import DataFrame
import numpy as np
list1=list("斜阳草树，寻常巷陌，人道寄奴曾住。想当年，金戈铁马，气吞万里如虎。")
df1=DataFrame(np.array(list1[:20]).reshape(4,5), index=list("love"), columns=list
("zhang"))
print(df1)
df1.to_excel('data/ch08pandas/df11.xlsx')
```

本实例最后一行代码将df1写入了指定的Excel文件,df1的内容如图8-11(a)所示。to_excel()方法默认将df1保存在第1个工作表中，读者可以通过sheet_name指定工作表的名称。

【实例8-15】写入Excel指定工作表。

```
from pandas import DataFrame
import numpy as np
list1=list("咬定青山不放松，立根原在破岩中。千磨万击还坚劲，任尔东西南北风。")
df2=DataFrame(np.array(list1[:20]).reshape(4,5), index=list("love"), columns=list
("zhang"))
print(df2)
df2.to_excel('data/ch08pandas/df12.xlsx', index=False,sheet_name='DataFrame2')
```

本实例的最后一行代码将df2写入了Excel文件。其中df2的内容如图8-11（b）所示。本实例通过设置index=False去掉了index,这种设计一般用于没有指定index的DataFrame,以便在保存数据时去掉自动生成的整数index。通过sheet_name='DataFrame2'指定将df2写入名称为'DataFrame2'的工作表中。如果本实例给定的文件名df12.xlsx已经存在，执行本实例后，原文件中的内容将被清除。

【实例8-16】将多个DataFrame保存到同一个文件的不同工作表中。

```
from pandas import DataFrame,ExcelWriter
import numpy as np
list1=list("千锤万凿出深山，烈火焚烧若等闲。粉身碎骨全不怕，要留清白在人间。")
df3=DataFrame(np.array(list1[:20]).reshape(4,5), index=list("love"), columns=list
("zhang"))
print(df3)
list1=list("若言姑待明朝至，明朝又有明朝事。为君聊赋今日诗，努力请从今日始。")
df4=DataFrame(np.array(list1[:20]).reshape(4,5), index=list("love"), columns=list
("zhang"))
print(df4)
with ExcelWriter("data/ch08pandas/df13.xlsx") as writer:
    df3.to_excel(writer, sheet_name='DataFrame1')
    df4.to_excel(writer, sheet_name='DataFrame2')
```

本实例将两个DataFrame保存到同一个Excel文件的不同工作表中，其中df3和df4的内容分别如图8-11(c)、图8-11(d)所示，工作表名称分别为'DataFrame1'和'DataFrame2'。

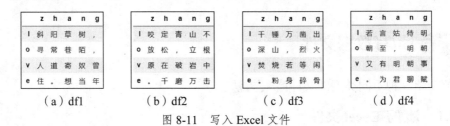

（a）df1　　　　　（b）df2　　　　　（c）df3　　　　　（d）df4

图8-11　写入Excel文件

2. 读取Excel文件

pandas提供了read_excel()函数读取Excel文件。

【**实例 8-17**】读取 Excel 文件。

```
import pandas as pd
df1=pd.read_excel('data/ch08pandas/df11.xlsx')
print(df1)
df2=pd.read_excel('data/ch08pandas/df11.xlsx',index_col=0)
print(df2)
df3=pd.read_excel('data/ch08pandas/df13.xlsx',sheet_name='DataFrame2',index_col=0)
print(df3)
```

本实例的输出结果如图 8-12 所示。read_excel()函数默认读取第 1 个工作表。df1 并没有指定 index_col，系统将自动创建数字形式的行标签，而原有的行标签被当作一个新的列。可以通过 index_col=0 指定将第 1 列作为标签列，结果如 df2 所示。read_excel()函数默认读取第 1 个工作表，我们也可以通过 sheet_name 指定读取某个特定的工作表。

	Unnamed: 0	z	h	a	n	g
0	l	斜	阳	草	树	，
1	o	寻	常	巷	陌	，
2	v	人	道	寄	奴	曾
3	e	住	。	想	当	年

（a）df1

	z	h	a	n	g
l	斜	阳	草	树	，
o	寻	常	巷	陌	，
v	人	道	寄	奴	曾
e	住	。	想	当	年

（b）df2

	z	h	a	n	g
l	若	言	姑	待	明
o	朝	至	，	明	朝
v	又	有	明	朝	事
e	。	为	君	聊	赋

（c）df3

图 8-12 读取 excel 文件

8.3.2 读/写 CSV 文件

CSV 文件是一种特殊的文本文件，常用来保存结构化的数据。CSV 文件通常是以逗号、空格、分号等符号分隔的文本文件，常用作不同程序之间数据交换的中间文件。pandas 提供 read_csv()和 to_csv()两种方法读/写 CSV 文件。

【**实例 8-18**】写入 CSV 文件。

```
import pandas as pd
import numpy as np
list1=list("劝君莫惜金缕衣，劝君须惜少年时。有花堪折直须折，莫待无花空折枝。")
df1=DataFrame(np.array(list1[:20]).reshape(4,5), index=list("love"), columns=list
("zhang"))
print(df1)
df1.to_csv('data/ch08pandas/df21.csv')
df1.to_csv('data/ch08pandas/df22.csv', index=False)
df1.to_csv('data/ch08pandas/df23.csv', sep=";")
df1.to_csv('data/ch08pandas/df24.csv', encoding='utf-8')
```

本实例创建的 df1 如图 8-13（a）所示。函数 to_csv()将数据保存成 CSV 格式时，默认使用逗号分隔。第 7 行代码中的 index 含义与 to_excel()类似。第 8 行代码通过 sep=";"参数将数据保存成以分号分隔的 CSV 文件。第 9 行代码在保存数据时指定使用 utf-8 编码。在跨平台数据交换等场景中，编码格式可能不一致，中文可能显示为乱码，此时存在指定编码格式的需求。一般而言，对于初学者，使用默认的参数保存 CSV 文件可以满足基本需要，也可以避免犯错。

> **注意：** 读取文件的参数需要与保存文件时的参数设置保持一致，否则将得到非预期结果。

【**实例 8-19**】读取 CSV 文件。

```
import pandas as pd
df2=pd.read_csv("data/ch08pandas/df21.csv", index_col=0)
print(df2)
df3=pd.read_csv("data/ch08pandas/df22.csv")
print(df3)
df4=pd.read_csv("data/ch08pandas/df23.csv",sep=";", index_col=0)
print(df4)
```

本实例第 2 行代码中的 index_col=0 指定将文件的第 0 列数据作为索引标签使用。读取文件时，文件的第 0 行被自动解析为列名。第 4 行代码中没有指定 index_col=0，此时将自动创建行标签。【实例 8-18】中，保存 df22.csv 文件时，我们指定了 index=False，因此 df22.csv 本来就没有保留行标签信息。第 6 行代码中我们指定了 sep=";"，这是因为在【实例 8-18】中，保存 df23.csv 文件时，我们指定了 sep=";"。本实例的输出结果如图 8-13 所示。

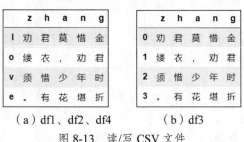

（a）df1、df2、df4　　　（b）df3

图 8-13　读/写 CSV 文件

【思考】将【实例 8-19】第 4 行代码中读取的文件名修改为 df21.csv，结果如何？为什么？

【思考】将【实例 8-19】第 6 行代码中读取的文件名修改为 df21.csv，结果如何？为什么？

8.3.3　读/写 HDF5 文件

HDF（Hierarchical Data Format，分层数据格式）是一种用于存储和组织大量数据的文件格式。HDF 文件存取数据的方式类似于字典操作，一般通过键值存取数据。

【**实例 8-20**】写入 HDF5 文件。

```
import pandas as pd
import numpy as np
list1=list("人初生，日初出。上山迟，下山疾。百年三万六千朝，夜里分将强半日。有歌有舞须早为，昨日健于今日时。")
df1=DataFrame(np.array(list1[:20]).reshape(4,5), index=list("love"), columns=list("zhang"))
hdf1=pd.HDFStore('data/ch08pandas/df31.h5')
hdf1.put(key="DataFrame1",value=df1)
#hdf1["DataFrame1"]=df1   #与上一条语句等价
hdf1.close()
```

本实例创建的 df1 如图 8-14 所示。写入 HDF 文件时有两种常见的方法，分别如第 6、7 两行代码所示。

	z	h	a	n	g
l	人	初	生	，	日
o	初	出	。	上	山
v	迟	，	下	山	疾
e	。	百	年	三	万

图 8-14　读/写 HDF5 文件

【**实例 8-21**】读取 HDF5 文件。

```
import pandas as pd
hdf1=pd.HDFStore('data/ch08pandas/df31.h5')
df1=hdf1.get(key="DataFrame1")
# df1=hdf1["DataFrame1"]#与上一条语句等价
hdf1.close()
print(df1)
```

本实例创建的 df1 也如图 8-14 所示。读取 HDF 文件时也有两种常见的方法，分别如第 3、4 两行代码所示。

8.4 综合案例：使用 pandas 进行概要分析

本节以泰坦尼克号数据集为基础演示如何使用 pandas 进行概要分析。

8.4.1　案例概述

泰坦尼克号数据集包含了乘坐泰坦尼克号的乘客的个人信息。泰坦尼克号数据集最初出现在某个机器学习相关的比赛活动中，参赛选手的目标是根据乘客的特征来预测他们是否能幸存下来。本章中，我们将从数据分析的角度设计 3 个综合案例，由浅入深，完整地展示用 pandas 进行数据分析的基本流程和技巧。

本小节是第 1 个案例，主要是对泰坦尼克号数据集的概要分析，进而对前面两小节的内容进行综合性演练，并补充介绍一些相关的函数。在实际数据分析工作中，读者通常并不熟悉刚接手任务的数据集。通过概要分析，有利于读者形成对数据的概括性了解，进而为后续分析处理方案的设计提供宏观上的指引。本案例也是对前面学习的内容的一次综合运用。读者在学习数据分析过程中，可以考虑采用 Python 交互式开发方法，既可以根据反馈灵活调整分析过程，又可以避免频繁使用 print()语句显式输出变量内容。

8.4.2　案例实施

1．加载数据集

```
import pandas as pd
df_titanic=pd.read_excel('data/ch08pandas/titanic.xlsx')#加载数据
print(df_titanic.shape)
```

本案例的数据集保存在 titanic.xlsx 文件中。第 2 行代码通过 read_excel()读入数据，此时将返回一个 DataFrame 对象 df_titanic。第 3 行代码访问了 df_titanic 的 shape 成员变量，它们之间通过一个“.”隔开。部分资料也习惯将这类成员变量值称为 df_titanic 的属性值。该成员变量 shape 将返回 df_titanic 的行数和列数。输出结果为(891，15)，分别对应行数和列数。该输出结果表明当前 df_titanic 对象共有 891 行数据，分为 15 列。在数据分析、机器学习等语境中，我们通常将每行数据称为一条记录，将每列数据称为一个特征或者属性。该数据集有 891 条记录，每条记录有 15 个特征。读者如果使用交互式开发模式，可以直接输入变量名或者变量的成员变量（如 df_titanic.shape），而不需要显式调用 print()函数。

许多数据集指定了特定的列（如学生学号）作为 DataFrame 对象的行标签。通过 DataFrame 对象的 index 属性，可以进一步查看各行标签：

```
print(df_titanic.index)
```

输出结果如下所示：

```
RangeIndex(start=0, stop=891, step=1)
```

该输出结果表明当前的 df_titanic 对象的行标签是由系统自动生成的，各行依次使用从 0 开始的 891 个整数进行编号。

DataFrame 对象的其他基本属性还包括 values、size、count 等。

2．了解各列数据的含义

接下来，我们通常需要了解各列数据的含义。通过 DataFrame 对象的 columns 属性，可以进一步查看各列标签。输入如下代码：

```
print(df_titanic.columns)
```

输出结果如下所示：

```
Index(['survived', 'pclass', 'sex', 'age', 'sibsp', 'parch', 'fare', 'embarked',
'class', 'who', 'adult_male', 'deck', 'embark_town', 'alive', 'alone'], dtype='
object')
```

各列标签的含义如表 8-1 所示。

表 8-1　df_titanic 列标签及其含义

列标签	含义	说明
survived	乘客是否存活	0 表示未能存活，1 表示存活
pclass	乘客席位等级	用 1、2、3 分别代表一级、二级、三级
sex	乘客的性别	male 表示男性，female 表示女性
age	乘客的年龄	实数形式表示
sibsp	同行的兄弟姐妹和配偶数	Siblings 和 Spouse 的缩写组合，整数
parch	同行的家长和孩子数目	Parents 和 Children 的缩写组合，整数
fare	船票费用	实数形式表示
embarked	乘客上船时的港口	C、Q 或 S，embark_town 列的缩写
class	乘客席位等级	first、second、third，与 pclass 列类似
who	乘客类型	man、woman 或者 child
adult_male	是否是成年男人	True 或者 False
deck	仓位号	类似高铁座位号中的 A、B、C 等编号
embark_town	乘客上船时的港口	Cherbourg、Queenstown 或 Southampton
alive	是否存活	yes 或者 no
alone	是否独自一人乘船	True 或者 False

上述列标签及其含义等说明内容不够直观，因此有必要结合具体的数据进行理解。实

际应用中，数据集的数据量非常大，我们通常并不会一次性输出所有数据。通过 head()、tail() 默认可以分别查看数据集中的前 5 条、最后 5 条记录。通过为这两个函数提供数字参数，也可以输出特定数量的记录。读者可以输入如下两行代码中的任何一行，查看 df_titanic 前 3 条记录的内容：

```
print(df_titanic.head(3))
print(df_titanic[:3])
```

输出结果如图 8-15 所示。若省略 df_titanic.head(3) 中的参数 3，则默认显示前 5 条记录。

	survived	pclass	sex	age	sibsp	parch	fare	embarked	class	who	adult_male	deck	embark_town	alive	alone
0	0	3	male	22.0	1	0	7.2500	S	Third	man	True	NaN	Southampton	no	False
1	1	1	female	38.0	1	0	71.2833	C	First	woman	False	C	Cherbourg	yes	False
2	1	3	female	26.0	0	0	7.9250	S	Third	woman	False	NaN	Southampton	yes	True

图 8-15　df_titanic 的前 3 条记录

与此相对，读者也可以通过输入如下两行代码中的任何一行，查看 df_titanic 后 5 条记录的内容：

```
df_titanic.tail()
df_titanic[-5:]
```

输出结果如图 8-16 所示。

	survived	pclass	sex	age	sibsp	parch	fare	embarked	class	who	adult_male	deck	embark_town	alive	alone
886	0	2	male	27.0	0	0	13.00	S	Second	man	True	NaN	Southampton	no	True
887	1	1	female	19.0	0	0	30.00	S	First	woman	False	B	Southampton	yes	True
888	0	3	female	NaN	1	2	23.45	S	Third	woman	False	NaN	Southampton	no	False
889	1	1	male	26.0	0	0	30.00	C	First	man	True	C	Cherbourg	yes	True
890	0	3	male	32.0	0	0	7.75	Q	Third	man	True	NaN	Queenstown	no	True

图 8-16　df_titanic 的后 5 条记录

3．数据概要分析

数据分析中，数据总体特征是我们关注的重要内容。例如，图 8-15 和图 8-16 中我们均发现了 NaN 字样的数据，这代表数据集中存在数据缺失问题。数据缺失是影响数据分析质量的重要因素，那么我们自然想进一步了解数据缺失情况。例如，这些出现了 NaN 的列，其数据缺失比例如何？那些没有出现 NaN 的列，是不是就真的不存在数据缺失问题？

对于记录数多的数据集，我们通常不方便也不可能遍历所有记录来形成对这类数据特征的粗略但准确的印象。此外，我们通常还会关心各列的数据类型等更为详细的信息。此时我们可以使用 info() 显示更为详细的信息：

```
print(df_titanic.info())
```

输出结果如图 8-17 所示。输出结果的第 2、3 行表明 df_titanic 共有 891 行记录，每条记录包含 15 列。从第 4 行开始的、共 16 行的输出结果中以表格的形式给出了各列的标签、缺失值统计、数据类型等信息。通过这 16 行输出结果，我们不难发现 age、embarked、deck、embark_town 等列均存在数据缺失问题，其中 deck 列的数据缺失最为严重，891 条记录中仅有 203 条非空记录。最后两行的输出结果分别对数据类型和内存使用情况进行了小结。

```
<class 'pandas.core.frame.DataFrame'>
RangeIndex: 891 entries, 0 to 890
Data columns (total 15 columns):
 #   Column       Non-Null Count  Dtype
---  ------       --------------  -----
 0   survived     891 non-null    int64
 1   pclass       891 non-null    int64
 2   sex          891 non-null    object
 3   age          714 non-null    float64
 4   sibsp        891 non-null    int64
 5   parch        891 non-null    int64
 6   fare         891 non-null    float64
 7   embarked     889 non-null    object
 8   class        891 non-null    object
 9   who          891 non-null    object
 10  adult_male   891 non-null    bool
 11  deck         203 non-null    object
 12  embark_town  889 non-null    object
 13  alive        891 non-null    object
 14  alone        891 non-null    bool
dtypes: bool(2), float64(2), int64(4), object(7)
memory usage: 92.4+ KB
```

图 8-17　df_titanic.info()的输出结果

上述 df_titanic.info()代码尽管提供了较为详细的信息，但这类信息过于粗略，仍然停留在数据处理之前的准备阶段。通过成员函数 describe()可以生成描述性统计信息。输入如下代码：

```
print(df_titanic.describe())
```

输出结果如图 8-18 所示。相对于前面的结果，图 8-18 已经产生了质的飞跃。如果说 df_titanic.info()的输出结果属于办公室文员级别的工作，那么 df_titanic.describe()的输出结果已经足以引起企业管理层的兴趣。

	survived	pclass	age	sibsp	parch	fare
count	891.000000	891.000000	714.000000	891.000000	891.000000	891.000000
mean	0.383838	2.308642	29.699118	0.523008	0.381594	32.204208
std	0.486592	0.836071	14.526497	1.102743	0.806057	49.693429
min	0.000000	1.000000	0.420000	0.000000	0.000000	0.000000
25%	0.000000	2.000000	20.125000	0.000000	0.000000	7.910400
50%	0.000000	3.000000	28.000000	0.000000	0.000000	14.454200
75%	1.000000	3.000000	38.000000	1.000000	0.000000	31.000000
max	1.000000	3.000000	80.000000	8.000000	6.000000	512.329200

图 8-18　df_titanic.describe()的输出结果

理解 df_titanic.describe()的输出结果需要读者具备一定的统计学知识。输出结果中包含 6 列数据，对应着 df_titanic 中的 6 列数值型数据。df_titanic.describe()针对每一列数值型数据都计算了它的 8 个统计量，分别是计数（count）、均值（mean）、标准差（std）、最小值（min）、分位数（25%、50%、75%）、最大值（max）。

作为示范，编者根据图 8-18 的输出结果解释了该数据集透露的部分信息。例如，根据 survived 列的输出结果，我们可以知道，泰坦尼克号乘客的死亡率非常高，只有不到 40%的乘客存活了下来（mean：0.383838）；根据 pclass 列的输出结果，我们可以知道，泰坦尼克号中一等座的乘客比率不高于 25%（25%：2），超过一半的是三等座乘客（50%：3）；根据 age 列的输出结果，我们可以知道，泰坦尼克号上年龄最小的乘客不到 1 岁（min：

0.42），年龄最大的乘客已经 80 岁高龄（max：80）；根据 fare 列的输出结果，我们可以知道，绝大多数泰坦尼克号上的乘客并不富裕，超过 75% 的乘客购买的都是低价票（75%：31），他们的票价甚至都还不到平均票价（mean：32.204208）。

4．访问指定数据内容

数据分析工作显然并不仅停留在上述这类全局性特征的提取和解释层面。为了深入挖掘数据中蕴含的有价值的信息，我们通常会根据需要从不同角度提取数据进行细粒度处理、分析等操作，这就要求我们具备熟练访问指定数据内容的能力。访问指定数据内容的方法在前面各小节中大多已经介绍过，这里将结合泰坦尼克号这个具体的数据集进行演示。

（1）访问指定的列

如果要访问数据集中的某一列数据（如 age），可以输入下面两行代码中的任意一行：

```
df_titanic.age
df_titanic.loc[:,'age']
```

输出结果如图 8-19 所示。

如果需要访问数据集中的多列数据，并且这些列位于相邻位置，编号连续，可以输入如下代码：

```
df_titanic.iloc[:,:6]
```

输出结果如图 8-20 所示，该代码用于获取前 6 列数据。

如果需要访问数据集中的多列数据，但这些列位于不相邻位置，编号不连续，可以输入如下代码：

```
df_titanic[['sex','embark_town']]
```

输出结果如图 8-21 所示，该代码指定的 2 列并不相邻。

	age
0	22.0
1	38.0
2	26.0
3	35.0
4	35.0
...	...
886	27.0
887	19.0
888	NaN
889	26.0
890	32.0
Name: age, Length: 891	

图 8-19　获取 age 列数据

	survived	pclass	sex	age	sibsp	parch
0	0	3	male	22.0	1	0
1	1	1	female	38.0	1	0
2	1	3	female	26.0	0	0
3	1	1	female	35.0	1	0
4	0	3	male	35.0	0	0
...	...	...	...	...	...	...
886	0	2	male	27.0	0	0
887	1	1	female	19.0	0	0
888	0	3	female	NaN	1	2
889	1	1	male	26.0	0	0
890	0	3	male	32.0	0	0
891 rows × 6 columns						

图 8-20　获取前 6 列数据

	sex	embark_town
0	male	Southampton
1	female	Cherbourg
2	female	Southampton
3	female	Southampton
4	male	Southampton
...	...	...
886	male	Southampton
887	female	Southampton
888	female	Southampton
889	male	Cherbourg
890	male	Queenstown
891 rows × 2 columns		

图 8-21　获取不相邻的 2 列数据

（2）访问指定的行

输入下面两行代码中的任何一行代码都可以访问 100～102 这 3 行数据：

```
df_titanic.loc[100:102]
df_titanic.iloc[100:103]
```

输出结果如图 8-22 所示。注意它们写法上的差别，第 1 行代码使用的是标签切片，因此包括终点；第 2 行代码使用的是编号切片，因此不包括终点。

	survived	pclass	sex	age	sibsp	parch	fare	embarked	class	who	adult_male	deck	embark_town	alive	alone
100	0	3	female	28.0	0	0	7.8958	S	Third	woman	False	NaN	Southampton	no	True
101	0	3	male	NaN	0	0	7.8958	S	Third	man	True	NaN	Southampton	no	True
102	0	1	male	21.0	0	1	77.2875	S	First	man	True	D	Southampton	no	False

图 8-22 访问 100~102 这 3 行数据

（3）同时指定行和列

输入下面两行代码中的任何一行代码都可以访问指定行和列的数据：

```
df_titanic.loc[:3,'age':"class"]
df_titanic.iloc[:4,3:9]
```

输出结果如图 8-23 所示。注意它们写法上的差别，第 1 行代码使用的是标签切片，因此包括终点；第 2 行代码使用的是编号切片，因此不包括终点。

	age	sibsp	parch	fare	embarked	class
0	22.0	1	0	7.2500	S	Third
1	38.0	1	0	71.2833	C	First
2	26.0	0	0	7.9250	S	Third
3	35.0	1	0	53.1000	S	First

图 8-23 访问指定行和列的数据

上一段代码中，我们指定的是多行和多列。如果需要访问具体某个数据，需要将行、列两者都指定到单一值。输入下面 4 行代码中的任何一行，都可以访问编号为 886 的记录的年龄值：

```
df_titanic.iloc[886, 3]
df_titanic.loc[886,'age']
df_titanic.iat[886, 3]
df_titanic.at[886,'age']
```

上面 4 行代码相互等价，输出的结果都是 27.0。第 1 行和第 3 行代码使用的是整数索引，第 2 行和第 4 行代码使用的是标签索引。

（4）根据条件进行筛选

我们还可以进一步通过关系表达式和逻辑表达式对需要提取的数据进行细粒度刻画，以便更为准确地筛选出满足需求的数据子集。输入如下代码可以查看船票价格大于 500 的乘客群体：

```
df_titanic[df_titanic.fare>500]
```

输出结果如图 8-24 所示。

	survived	pclass	sex	age	sibsp	parch	fare	embarked	class	who	adult_male	deck	embark_town	alive	alone
258	1	1	female	35.0	0	0	512.3292	C	First	woman	False	NaN	Cherbourg	yes	True
679	1	1	male	36.0	0	1	512.3292	C	First	man	True	B	Cherbourg	yes	False
737	1	1	male	35.0	0	0	512.3292	C	First	man	True	B	Cherbourg	yes	True

图 8-24 船票价格大于 500 的乘客

输入如下代码中的任何一行，都可以查看船票价格大于 120 且年龄大于 50 的乘客群体：

```
df_titanic[(df_titanic.fare>120) & (df_titanic.age>50)]
df_titanic.query('fare>120 & age>50')
df_titanic.query('fare>120 and age>50')
```

输出结果如图 8-25 所示。注意：第 1 行代码中不能将&换成 and。

	survived	pclass	sex	age	sibsp	parch	fare	embarked	class	who	adult_male	deck	embark_town	alive	alone
195	1	1	female	58.0	0	0	146.5208	C	First	woman	False	B	Cherbourg	yes	True
268	1	1	female	58.0	0	1	153.4625	S	First	woman	False	C	Southampton	yes	False
438	0	1	male	64.0	1	4	263.0000	S	First	man	True	C	Southampton	no	False

图 8-25　船票价格大于 120 且年龄大于 50 的乘客

8.5 数据整理和清洗

本节介绍如何利用 pandas 的相关函数进行数据整理和清洗操作。

8.5.1 索引整理

1．使用 reindex() 重建索引

通过 reindex() 方法重建索引，可实现指定行列的取舍和顺序的调整。重建时保留指定标签的数据，抛弃未指定的标签。

【实例 8-22】使用 reindex() 重建索引。

```
from pandas import DataFrame
import numpy as np
list1=list("古人学问无遗力，少壮工夫老始成。纸上得来终觉浅，绝知此事要躬行。")
df1=DataFrame(np.array(list1[:25]).reshape(5,5),
              index=list("solve"),columns=list("zhang"))
df1 #print(df1)
```

本实例的输出结果如图 8-26（a）所示。第 3 行代码生成原始的 DataFrame 对象 df1，行标签和列标签分别由 list("solve") 和 list("zhang") 给定。接下来，我们将以此为基础，使用 reindex() 进行行和列的重建索引操作。

使用 reindex() 时，若不给出 axis 参数，默认将重建行索引。输入如下代码：

```
df2=df1.reindex(list("love"))
df2 #print(df2)
```

输出结果如图 8-26（b）所示。上述代码以 list("love") 为基础进行行索引（index）重建。相对于最初代码中的 index=list("solve")，list 部分减少了"s"字符对应的行标签，并且其他 4 个行标签的顺序也发生了变化。因此，df2 中，标签"s"所在行丢失，剩余 4 行的顺序也发生变化。

读者也可以通过给定参数 axis=1，指定在列上重建索引。输入如下代码：

```
df3=df1.reindex(list("thank"), axis=1)
df3 #print(df3)
```

输出结果如图 8-26（c）所示。上述代码以 list("thank") 为基础进行列索引（columns）重建。相对于最初代码中的 columns=list("zhang")，list 部分增加了"t"和"k"这两个新标签，减少了标签"z"和"g"。因此，df3 将增加与这两个新标签对应的列，新标签对应的值默认为 NaN。标签"z"和"g"所在列数据将被丢弃。

	z	h	a	n	g
s	古	人	学	问	无
o	遗	力	，	少	壮
l	工	夫	老	始	成
v	。	纸	上	得	来
e	终	觉	浅	，	绝

（a）df1

	z	h	a	n	g
l	工	夫	老	始	成
o	遗	力	，	少	壮
v	。	纸	上	得	来
e	终	觉	浅	，	绝

（b）df2

	t	h	a	n	k
s	NaN	人	学	问	NaN
o	NaN	力	，	少	NaN
l	NaN	夫	老	始	NaN
v	NaN	纸	上	得	NaN
e	NaN	觉	浅	，	NaN

（c）df3

图 8-26　使用 reindex()重建索引

2．使用 rename()重命名

如果现有的列标签或者行标签不太合适，可使用 rename()方法进行修改。

【实例 8-23】使用 rename()重命名。

首先，创建原始的 DataFrame 对象 df1。输入如下代码：

```
from pandas import DataFrame
import numpy as np
list1=list("白日何短短，百年苦易满。苍穹浩茫茫，万劫太极长。麻姑垂两鬓，一半已成霜。天公见玉女，大笑亿千场。")
df1=DataFrame(np.array(list1[:20]).reshape(4,5),
              index=list("love"),columns=list("zhang"))
df1 #print(df1)
```

本实例的输出结果如图 8-27（a）所示。第 3 行代码生成原始的 DataFrame 对象 df1，行标签和列标签分别由 list("love")和 list("zhang")给定。下面将以 df1 为基础，使用 rename()重命名列标签或者行标签。

通过 rename()函数的 columns 参数可以指定对列标签进行修改。输入如下代码：

```
df2=df1.rename(columns={'z':'t', 'g':'k'})
df2 #print(df2)
```

输出结果如图 8-27（b）所示。参数 columns 的值以字典的形式给出，其中冒号前面为原来的列标签，冒号后面为新的列标签。

通过 rename()函数的 index 参数可以指定对行标签进行修改。输入如下代码：

```
df3=df1.rename(index={'o':'i', 'v':'k'})
df3 #print(df3)
```

输出结果如图 8-27（c）所示。参数 index 的值同样以字典的形式给出，其中冒号前面为原来的行标签，冒号后面为新的行标签。

图 8-27　使用 rename()重命名

上述两段代码中，更改列标签或者行标签后，将返回一个新的 DataFrame 对象（df2 或者 df3），而并不直接改动原有的 DataFrame 对象 df1。如果希望直接改动原有的 DataFrame 对象，则应该增加一个参数 inplace=True。输入如下代码：

```
df1.rename(columns={'z':'t', 'g':'k'},inplace=True)    #原位更改列名
df1 #print(df1)
```

输出结果与 8-27（b）类似。不同之处在于，这里是直接对 df1 进行了更改。此时函数返回的是空值，因此上述第 1 行代码我们并没有将函数返回值赋值给一个新的变量，而是直接输出了 df1 的值。

3．使用 set_index () 设定索引列

如果想指定某一列作为索引列，可用 set_index()方法实现。而使用 reset_index()方法可以重置索引列。

【实例 8-24】使用 set_index()设定索引列。

```
from pandas import DataFrame
import numpy as np
list1=list("山不厌高, 海不厌深。周公吐哺, 天下归心。")
df1=DataFrame(np.array(list1[:20]).reshape(4,5),
            index=list("love"),columns=list("zhang"))
df1 #print(df1)
```

本实例的输出结果如图 8-28（a）所示。第 3 行代码生成原始的 DataFrame 对象 df1，行标签和列标签分别由 list("love")和 list("zhang")给定。接下来以 df1 为基础，使用 set_index()进行重新设定索引操作。

接下来通过 set_index()函数指定"z"列作为 df2 的索引。输入如下代码：

```
df2=df1.set_index('z')
df2 #print(df2)
```

输出结果如图 8-28（b）所示。本代码将返回新对象 df2，并将原来的"z"列设为其索引。

读者还可以使用 reset_index()重置索引列。重置索引列时，将自动生成新索引，该索引为整数序列。之前设置的"z"列索引将重新恢复成普通数据列。注意：原索引"love"在前面更改时已经丢失，因此并没有在重置过程中恢复。

```
df2.reset_index(inplace=True)
df2 #print(df2)
```

输出结果如 8-28（c）所示。上述第 1 行代码中使用了 inplace=True 参数，此时是直接对 df2 进行原位修改。

（a）df1　　（b）df2　　（c）重置后的 df2

图 8-28　使用 rename()重命名

8.5.2　缺失值处理

1．缺失值概述

在现实场景中，人们收集的原始数据可能因为各种原因而导致部分数据缺失。pandas 用 NaN 表示缺失值，NumPy 用 np.nan 表示缺失值。

【实例 8-25】生成包含缺失值的测试数据。

```
import numpy as np
from pandas import DataFrame
arr1=np.arange(20,dtype="float32")
np.random.seed(10)
idx=np.random.randint(0,20,5)
arr1[idx]=np.nan
df1=pd.DataFrame(arr1.reshape(4, 5),
                 index=list('ping'), columns=list('zhang'))
df1 #print(df1)
```

本实例的输出结果如图 8-29 所示。第 3 行代码生成了包含 20 个元素的浮点型数组 arr1（0.0～19.0）。第 4 行代码设置了随机数种子，以确保代码的可重复性。第 5 行代码生成了 5 个（0～19）随机整数。第 6 行代码将 arr1 中与前述 5 个随机数作为下标的元素值设为空值。第 7 行代码以 arr1 为基础生成了 DataFrame 对象 df1。

	z	h	a	n	g
p	NaN	1.0	2.0	3.0	NaN
i	5.0	6.0	7.0	8.0	NaN
n	10.0	11.0	12.0	13.0	14.0
g	NaN	16.0	NaN	18.0	19.0

图 8-29　生成包含缺失值的测试数据

尽管 pandas 基于 Numpy，但两者对 nan 值的默认处理并不相同。NumPy 运算时若有 nan 则默认返回 nan；pandas 运算时若有 NaN 则忽略，用其他非 NaN 数据进行运算并返回结果。

【实例 8-26】nan 计算规则的比较。

本实例使用与上一实例相同的数据 arr1 和 df1。输入如下代码：

```
print("NumPy 运算: sum={}, mean={}".format(arr1.sum(),arr1.mean()))
print("pandas 运算: sum=\n{}, \nmean=\n{}".format(df1.sum(), df1.mean()))
```

本实例第 1 行代码基于 NumPy 数组 arr1 进行求和及求均值运算。由于 arr1 中存在缺失值，得到的结果都为 nan。第 2 行代码基于 DataFrame 对象 df1 进行求和及求均值运算。df1 中同样存在缺失值，pandas 忽略 NaN 后，对其他元素进行计算，此处默认是按列计算。本实例的运算结果如下：

```
NumPy 运算: sum=nan, mean=nan
pandas 运算: sum=
z    15.0
h    34.0
a    21.0
n    42.0
g    33.0
dtype: float32,
mean=
z     7.5
h     8.5
a     7.0
n    10.5
g    16.5
dtype: float32
```

2．缺失值检测

对于 nan 缺失值，一般我们需要进行两个层面的操作：一是缺失值检测；二是缺失值处理。这里先介绍缺失值检测。pandas 中，可以利用 isnull()或 notnull()函数找到缺失值。isnull()和 notnull()函数可以判断一个值是否为 nan 值，返回布尔值 True 和 False。结合 sum()函数和 isnull()、notnull()函数，可以检测数据中缺失值的分布以及数据中所存在缺失值的数量。

【实例 8-27】nan 缺失值检测。

```
import numpy as np
from pandas import DataFrame
df=pd.DataFrame(np.arange(12).reshape(4, 3),
                index=list('abcd'), columns= list('xyz'))
df.iloc[1:3, 0:2]=np.nan    #特意设置多个 nan 值
df.iloc[2, 2]=np.nan
print(df)
print(df.isnull().sum())    #统计缺失值个数, 2
```

【实例 8-28】检测 nan 缺失值数目。

```
print('各列缺失数据的数目为: \n{}'.format(df1.isnull().sum()))
print('各列非缺失数据的数目为: \n{}'.format(df1.notnull().sum()))
```

3．缺失值删除

缺失值处理一般可以采用删除、填充等方法。这里先介绍删除法。删除法可以用于删除行记录和删除列特征。删除法简单易行，但是会引起数据结构变动，样本减少。该方法通常用来删除缺失值较多但对最终预测结果影响不大的特征，或者删除缺失值较少的特征所对应的记录，以降低对最终结果的影响。

删除缺失值可以使用 dropna()函数，它既可以删除行，也可以删除列，还可以进行原位删除。

```
dropna(axis=0, how='any', thresh=None, subset=None, inplace=False)
```

dropna()函数的常用参数如下：

axis：{0 or 'index', 1 or 'columns'}，默认为 0。

how：{'any', 'all'}，默认为 any。

thresh：整型，可选，要求为非 NA 值。

inplace：布尔型，默认为 False。如果为 True，执行原位操作并返回 None。

【实例 8-29】删除 nan 缺失值。

```
df2=df1.dropna()                  #删除至少缺少一个元素的行
df3=df1.dropna(thresh=3)          #只保留至少有 3 个非 nan 值的行
df4=df1.dropna(axis=1,thresh=3)   #仅保留至少有 3 个非 nan 值的列
df5=df1.dropna(axis=1,how='any')  #删除任何存在 nan 值的列
#df1.dropna(inplace=True)         #原位删除，结果仍保留在原来的变量 df1 中
```

4．缺失值填充

缺失值填充方法主要包括替换法、插值法等。缺失值填充会影响数据的分布信息，导致信息量变动。替换法常常通过已有的数据计算中位数、平均数、众数等统计信息，并用于缺失值的填充。插值法通常需要利用回归算法推断出缺失值最大可能的取值。插值法较为复杂，可以进一步划分为线性插值、多项式插值、样条插值等，有兴趣的读者可以自行

扩展相关知识。

替换法使用难度较低。缺失值的特征为数值型时，通常利用其均值、中位数和众数等描述其集中趋势的统计量来代替缺失值；缺失值的特征为类别型时，则可以选择使用众数来替换缺失值。

【实例8-30】nan 缺失值填充。

通过 fillna()函数可以指定值或者方法对缺失值进行填充：

```
df6=df1.fillna(0)                #缺失值都用 0 填充
df7=df1.ffill()                  #缺失值用其前面的非 nan 值填充
df8=df1.bfill()                  #缺失值用其后面的非 nan 值填充
df9=df1.fillna(value=df1.mean()) #用计算得到的平均值填充
```

8.5.3 添加行或列

1．添加行

通常可以使用 df.loc[]来添加行。早期的 pandas 还支持使用 df.append()来添加行，目前已弃用。

【实例8-31】添加行。

```
from pandas import DataFrame
import numpy as np
list1=list("窗竹影摇书案上，野泉声入砚池中。少年辛苦终身事，莫向光阴惰寸功。")
df1=DataFrame(np.array(list1[:20]).reshape(4,5),
            index=list("love"),columns=list("zhang"))
df1 #print(df1)
```

本实例的输出结果如图 8-31（a）所示。

输入如下代码，使用 df.loc[]添加行：

```
df1.loc[4]=list("知耻近乎勇")
df1 #print(df1)
```

输出结果如图 8-30（b）所示。需要注意的是，使用 df.loc[]添加行是直接对原来的 DataFrame 对象进行原位修改。

（a）df1　　　　　（b）新的 df1

图 8-30　添加行

2．添加列

添加新列最简单的方法是直接给一个新列赋值。新列默认插在最后一列。要注意提供的数据个数应等于数据框的行数。

【实例8-32】添加列。

```
from pandas import DataFrame
```

```
import numpy as np
list1=list("太华生长松，亭亭凌霜雪。天与百尺高，岂为微飙折。")
df1=DataFrame(np.array(list1[:20]).reshape(4,5),
            index=list("love"),columns=list("zhang"))
df1 #print(df1)
```

本实例的输出结果如图 8-31（a）所示。

接下来为 df1 添加一个新的列。输入如下代码：

```
df1['new']=range(4)
df1 #print(df1)
```

输出结果如图 8-31（b）所示。

（a）df1　　　　　　（b）新的 df1

图 8-31　添加列

3．特殊添加

【实例 8-33】特殊添加。

```
from pandas import DataFrame
import numpy as np
list1=list("何处望神州，满眼风光北固楼。千古兴亡多少事，悠悠，不尽长江滚滚流。")
df1=DataFrame(np.array(list1[:20]).reshape(4,5),
            index=list("love"),columns=list("zhang"))
df1 #print(df1)
```

本实例的输出结果如图 8-32（a）所示。

标量值以广播的方式填充列。输入如下代码：

```
df1['天下英雄']='谁敌手？'
df1 #print(df1)
```

输出结果如图 8-32（b）所示。

插入与 DataFrame 索引不同的 Series 时，将以 DataFrame 的索引为准，其他未匹配的部分将设为 NaN。输入如下代码：

```
df1['部分'] = df1['h'][:2]
df1 #print(df1)
```

输出结果如图 8-32（c）所示。

	z	h	a	n	g
l	何	处	望	神	州
o	，	满	眼	风	光
v	北	固	楼	。	千
e	古	兴	亡	多	少

（a）df1

	z	h	a	n	g	天下英雄
l	何	处	望	神	州	谁敌手？
o	，	满	眼	风	光	谁敌手？
v	北	固	楼	。	千	谁敌手？
e	古	兴	亡	多	少	谁敌手？

（b）广播机制

	z	h	a	n	g	天下英雄	部分
l	何	处	望	神	州	谁敌手？	处
o	，	满	眼	风	光	谁敌手？	满
v	北	固	楼	。	千	谁敌手？	NaN
e	古	兴	亡	多	少	谁敌手？	NaN

（c）部分匹配

图 8-32　特殊添加

8.5.4 删除行或列

1．删除行

【实例8-34】删除行。

```
from pandas import DataFrame
import numpy as np
list1=list("抬望眼，仰天长啸，壮怀激烈。三十功名尘与土，八千里路云和月。莫等闲白了少年头，空悲切。")
df1=DataFrame(np.array(list1[:20]).reshape(4,5),
              index=list("love"),columns=list("zhang"))
df1 #print(df1)
```

输出结果如图8-33（a）所示。

接下来我们删除标签"v"对应的第3行，inplace= True 表示原位修改，也就是直接对df1 进行修改。输入如下代码：

```
df1.drop('v', inplace=True)
df1 #print(df1)
```

输出结果如图8-33（b）所示。

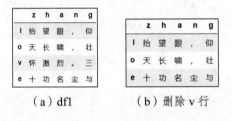

（a）df1　　　　（b）删除 v 行

图 8-33　删除行

2．删除列

可使用如下 3 种方法删除列。

① df.pop()。

② del。

③ df.drop()。

【实例8-35】删除列。

```
from pandas import DataFrame
import numpy as np
list1=list("胜败兵家事不期，包羞忍耻是男儿。江东子弟多才俊，卷土重来未可知。")
df1=DataFrame(np.array(list1[:20]).reshape(4,5),
              index=list("love"),columns=list("zhang"))
df1 #print(df1)
```

输出结果如图8-34（a）所示。

首先，我们删除标签"g"对应的列。注意：此处是原位修改，也就是直接对df1 进行修改。输入如下代码：

```
df1.pop('g')
df1 #print(df1)
```

输出结果如图8-34（b）所示。

然后，我们删除标签"z"对应的列。注意：此处也是原位修改。输入如下代码：

```
del  df1['z']
```

```
df1 #print(df1)
```

输出结果如图 8-34（c）所示。

最后，我们删除标签"n"对应的列。参数 axis=1 表示删除列，参数 inplace= True 表示原位修改，也就是直接对 df1 进行修改。输入如下代码：

```
df1.drop('n', axis=1, inplace=True)
df1 #print(df1)
```

输出结果如图 8-34（d）所示。

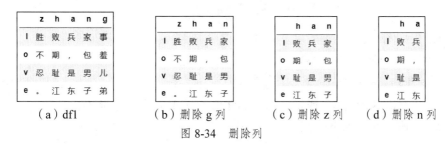

（a）df1　　　（b）删除 g 列　　　（c）删除 z 列　　　（d）删除 n 列

图 8-34　删除列

8.5.5　处理重复记录

可以使用 df.duplicated()函数检测数据中的重复值，使用 df.drop_duplicates()函数删除重复值。默认情况下，当两行记录的所有元素同时重复才会被判定为重复。读者也可以通过参数选择以指定的列为依据来进行重复记录的判定和处理。

【实例 8-36】DataFrame 对象元素的重复检测与处理。

首先创建一个 4 行 6 列的 DataFrame 对象 df1，元素取值范围为[12,16]。输入如下代码：

```
from pandas import DataFrame
import numpy as np
np.random.seed(10)
df1=DataFrame(np.random.randint(12,16,(4,6)),
              index=list("ping"),columns=list("python"))
df1 #print(df1)
```

输出结果如图 8-35（a）所示。

首先输入如下代码：

```
df1.duplicated(["y","o"])
#df1.duplicated()
```

输出结果如图 8-35（b）所示。第 1 行代码指定以 y、o 两列为依据对数据进行重复记录检测，返回布尔数组，重复值处显示 True。如果不给定参数（如加注释的那一行代码所示），则默认会对所有列进行比较，但两条记录完全相同才判断为重复。

接下来的代码以 y、o 两列为基础，对数据进行重复记录删除：

```
df1.drop_duplicates(["y","o"])
```

输出结果如图 8-35（c）所示。对于 n 和 g 两行，由于它们的 y、o 两列相同，因此排在后面的 g 行将被删除。

【实例 8-37】Series 对象元素的重复检测与处理。

```
from pandas import Series
```

```
np.random.seed(10)
s=Series(np.random.randint(12,16,4),index=list("love"))
s #print(s)
```

	p	y	t	h	o	n			p					p	y	t	h	o	n
p	13	13	12	15	12	13		p	False				p	13	13	12	15	12	13
i	15	12	13	13	12	13		i	False				i	15	12	13	13	12	13
n	13	14	12	13	12	14		n	True				n	13	14	12	13	12	14
g	12	14	12	15	12	12		g	True										
								dtype: bool											

（a）df1　　　　　（b）检测重复记录　　　　　（c）删除重复记录

图 8-35　处理 DataFrame 的重复记录

输出结果如图 8-36（a）所示。

检测重复值，输入如下代码：

```
print(s.duplicated())
```

输出结果如图 8-36（b）所示。返回布尔数组，重复值处显示 True。

删除重复值，输入如下代码：

```
print(s.(drop_duplicates())
```

输出结果如图 8-36（c）所示。

```
l        13            l    False           l        13
o        13            o     True           v        12
v        12            v    False           e        15
e        15            e    False           dtype: int64
dtype: int32          dtype: bool
```

（a）df1　　　　　（b）检测重复记录　　　　　（c）删除重复记录

图 8-36　处理 Series 的重复记录

8.6　综合案例：使用 pandas 进行数据预处理操作

本节以泰坦尼克号数据集为基础，演示如何使用 pandas 进行缺失值处理、冗余处理、标签修改等数据预处理操作。

8.6.1　案例概述

本章我们以泰坦尼克号数据集为基础，从数据分析的角度设计了 3 个综合案例。当前案例是这 3 个案例中的第 2 个案例，将对泰坦尼克号数据集进行数据预处理。

在实际数据分析等工作中，读者接收到的数据集通常比较粗糙，存在数据缺失、数据冗余等各种类型的问题。数据预处理是进行后续数据分析、智能预测等任务不可或缺的前置任务。实践经验表明，数据预处理在整个任务中的工作量甚至是比例最大的，其重要性也是非常高的。数据预处理质量的好坏直接影响后续任务完成质量的好坏。

8.6.2　案例实施

首先加载数据集：

```
import pandas as pd
df_titanic=pd.read_excel('data/ch08pandas/titanic.xlsx')
df_titanic.shape
```

1．缺失值处理策略示范

在 8.4 节的综合案例中，我们已经发现泰坦尼克号数据集中存在数据缺失问题。我们应当根据不同列的缺失情况选择合适的处理方法。为此，我们先查看各列数据的缺失情况，以决定后续处理的方式。输入如下代码：

```
print('各列缺失值的数目为：\n{}'.format(df_titanic.isnull().sum()))
print('各列非缺失值的数目为：\n{}'.format(df_titanic.notnull().sum()))
print('各列缺失值的比例为：\n{}'.format(df_titanic.isnull().sum()/df_titanic.shape[0]))
```

本实例的输出结果如图 8-37 所示。这里主要使用了 isnull() 和 notnull() 两个函数。通过对这两个函数的输出结果求 sum()，可以得到数据缺失情况的统计信息。

```
各列缺失值的数目为：          各列非缺失值的数目为：        各列缺失值的比例为：
survived        0          survived      891         survived    0.000000
pclass          0          pclass        891         pclass      0.000000
sex             0          sex           891         sex         0.000000
age           177          age           714         age         0.198653
sibsp           0          sibsp         891         sibsp       0.000000
parch           0          parch         891         parch       0.000000
fare            0          fare          891         fare        0.000000
embarked        2          embarked      889         embarked    0.002245
class           0          class         891         class       0.000000
who             0          who           891         who         0.000000
adult_male      0          adult_male    891         adult_male  0.000000
deck          688          deck          203         deck        0.772166
embark_town     2          embark_town   889         embark_town 0.002245
alive           0          alive         891         alive       0.000000
alone           0          alone         891         alone       0.000000
dtype: int64               dtype: int64              dtype: float64
```

| （a）缺失值数 | （b）非缺失值数 | （c）缺失值比例 |

图 8-37　缺失值情况统计

（1）删除法

根据图 8-37（c），deck 列的缺失最为严重，超过 77% 的记录缺失该值。因此我们可以直接删除该列。删除列的方法较多，读者可以自行查看前面内容。下面使用 drop() 删除列。drop() 默认删除行，需要加 axis=1 指定删除列。输入如下命令：

```
df_titanic.drop(labels='deck',axis=1,inplace=True)   #deck  0.772166
```

embarked 列和 embark_town 列也有一定程度的缺失，但是缺失比例不高，显然不应当直接删除这两列。我们可以查看其缺失的具体内容。输入如下命令：

```
df_titanic[df_titanic["embarked"].isnull()]
```

输出结果如图 8-38 所示。

	survived	pclass	sex	age	sibsp	parch	fare	embarked	class	who	adult_male	deck	embark_town	alive	alone
61	1	1	female	38.0	0	0	80.0	NaN	First	woman	False	B	NaN	yes	True
829	1	1	female	62.0	0	0	80.0	NaN	First	woman	False	B	NaN	yes	True

图 8-38　查看 embarked 列缺失的记录

根据图 8-38，embarked 列仅有两行数据缺失。由于整体数据量较多，一种简单的处理方式是直接删除这两行。下面代码根据 embarked 列的缺失值情况删除了对应的缺失行。这里提供了两种方法，后续我们还会演示如何使用其他方法对 embarked 列的缺失值进行处理。建议读者先使用非原位删除法进行练习。输入如下代码：

```
df_titanic.dropna(subset=['embarked'])                          #非原位删除
#df_titanic.dropna(subset=['embarked'], inplace=True)#原位删除
```

【思考】删除 embarked 列缺失行的方法有什么弊端？有其他处理方式吗？

（2）填充法

根据图 8-38（c），age 列有接近 20%的缺失。不论是删除行还是删除列，都会导致大量数据丢失。此时可以采用填充法，常用的填充方案包括利用中位数、均值、众数等进行填充。

下面我们利用所有人年龄的中位数来填补年龄数据列中的缺失值。输入如下代码：

```
print("年龄的中位数是: ",df_titanic.age.median())
print("年龄的均值是: ",df_titanic.age.mean())
age_median=df_titanic.age.median()
df_titanic.age.fillna(age_median,inplace=True)
```

请读者自行尝试修改成利用均值进行填充。

【思考】age 列缺失值处理方法中，哪种更好呢？还是其实它们都不好？

在前面的内容中，我们介绍了通过删除缺失记录的方式来处理 embarked 列的缺失值问题。接下来，我们使用填充法处理 embarked 列的缺失值。输入如下代码：

```
print(df_titanic.embarked.describe())
print("embarked 列的所有可能取值是: ",df_titanic.embarked.unique())
print("embarked 列的众数是: ",df_titanic.embarked.mode())
embarked_mode=df_titanic.embarked.mode()
df_titanic.embarked.fillna(embarked_mode[0],inplace=True)
df_titanic.iloc[[61,829]]    #print()
```

本实例的输出结果如图 8-39 所示。注意：倒数第 2 行代码中，embarked_mode 有一个下标[0]，这是因为 embarked_mode 是一个 Series 对象。由图 8-39 可知，原本 embarked 缺失的 61 和 829 两行记录，其缺失位置的 embarked 都已经填充为 S。

	survived	pclass	sex	age	sibsp	parch	fare	embarked	class	who	adult_male	deck	embark_town	alive	alone
61	1	1	female	38.0	0	0	80.0	S	First	woman	False	B	NaN	yes	True
829	1	1	female	62.0	0	0	80.0	S	First	woman	False	B	NaN	yes	True

图 8-39　查看 embarked 列的缺失填充结果

2．冗余列分析及处理示例

在 8.4 节的综合案例中，我们已经发现泰坦尼克号数据集中存在数据类内容相似的问题。例如，pclass 列和 class 列存储的都是乘客席位的等级信息，差别仅仅在于前者是使用数值方式描述，后者是使用字符串形式描述。由于字符串形式表示的 class 列不适合用于后续分析处理，为此我们予以删除。表 8-2 是该数据集中冗余情况的统计和处理方案。

表 8-2　数据冗余情况统计及处理方案

冗余情况	处理方案
pclass 列和 class 列的内容相似	删除 class 列
embarked 列和 embark_town 列的内容相似	删除 embark_town 列
survived 列和 alive 列的内容相似	删除 alive 列
alone 列和 sibsp 列+parch 列的内容相似	删除 alone 列
who 列和 sex 列+adult_mal 列的内容相似	删除 who 列

冗余列处理的难点在于找出所有冗余列，因为在实际工作中，并不是所有的冗余情况都是显而易见的。例如，本案例中，alone 列的内容可以通过 sibsp 列和 parch 列的组合推测出来，对这种冗余就需要我们进行一点简单思考才能发觉。

接下来可以使用 pop() 函数删除冗余列。输入如下代码：

```
df_titanic.pop("class")
df_titanic.pop("embark_town")
df_titanic.pop("alive")
df_titanic.pop("alone")
df_titanic.pop("who")
df_titanic.shape
输出结果为(891, 10)。
```

3．数据列标签修改场景示例

实践中，原始数据集的各个列标签可能并不能满足需求。例如，假定我们的目标客户是中国人，那么使用中文字符串命名所有的数据列显然更有利于拉近与客户的距离。输入如下代码：

```
print("修改前的列名称: ",df_titanic.columns)
df_titanic.rename(columns={'survived':'存活', 'pclass':'客舱等级','sex':'性别',
'age':'年龄',
                'sibsp':'同乘兄妹/配偶人数','parch':'同乘父母/小孩人数', 'fare':'票价',
                'embarked':'登船港口','adult_male':'成年男性','deck':'客舱号'},
                inplace=True)
print("修改后的列名称: ",df_titanic.columns)
```

输出结果如下所示：

```
修改前的列名称: Index(['survived', 'pclass', 'sex', 'age', 'sibsp', 'parch', 'fare',
        'embarked', 'adult_male', 'deck'],
        dtype='object')
修改后的列名称: Index(['存活', '客舱等级', '性别', '年龄', '同乘兄妹/配偶人数', '同乘父母/
小孩人数', '票价', '登船港口', '成年男性', '客舱号'],
        dtype='object')
```

最后，我们可以将预处理结果保存到文件中，以方便后续处理：

```
df_titanic.to_excel('data/ch08pandas/titanic01.xlsx',index=False)
```

8.7 数据分析处理基础

本节我们将由浅入深地介绍如何使用 pandas 进行数据分析处理。

8.7.1 基本运算

在前面的内容中，我们已经学习了如何访问 DataFrame 对象中的内容。以此为基础，我们可以对 DataFrame 进行各类基本运算。我们既可以进行四则混合运算、比较运算等简单运算，还可以调用 NumPy 中提供的各类函数进行更为复杂的运算。

【实例 8-38】基本运算。

首先准备测试数据集：

```
from pandas import DataFrame
import numpy as np
```

```
df1=DataFrame(np.arange(20).reshape(4,5),
              index=list("love"), columns=list("zhang"))
df1 #print(df1)
```

本实例生成了原始的 DataFrame 对象 df1。后面将以此为基础进行基本运算操作演示。本实例的输出结果如图 8-40（a）所示。

接下来，我们将分别通过列标签选择不同的类进行基本运算演示，并将运算结果以新列的形式增加到 df1 中。输入如下代码：

```
df1["乘法1"]=df1["a"]*df1["g"]
df1["乘法2"]=df1["a"]*10
df1["比较1"]=df1["a"]>df1["g"]
df1["比较2"]=df1["a"]>10
df1["指数"]=np.exp(df1["a"])
df1 #print(df1)
```

本段代码中，对于乘法运算和比较运算，我们分别展示了两种不同的情况。其中，第 2 行和第 4 行代码与整数 10 进行乘法和比较运算的时候，将会分别启用广播机制。上述代码的输出结果如图 8-40（b）所示。

	z	h	a	n	g
l	0	1	2	3	4
o	5	6	7	8	9
v	10	11	12	13	14
e	15	16	17	18	19

（a）df1

	z	h	a	n	g	乘法1	乘法2	比较1	比较2	指数
l	0	1	2	3	4	8	20	False	False	7.389056e+00
o	5	6	7	8	9	63	70	False	False	1.096633e+03
v	10	11	12	13	14	168	120	False	True	1.627548e+05
e	15	16	17	18	19	323	170	False	True	2.415495e+07

（b）计算结果

图 8-40 基本运算

8.7.2 通用函数

pandas 基于 NumPy 开发，因此也提供了大量与 NumPy 类似的通用函数。

【实例 8-39】通用函数举例。

首先准备测试数据集：

```
from pandas import DataFrame
df1=pd.DataFrame(np.arange(9).reshape(3,3), index=list('abc'), columns=list('xyz'))
df1 #print(df)
df1.sum()
```

本段代码中，函数 df1.sum() 没有给定参数，默认将按列进行求和。此时将分别对 df1 对象的 x、y、z 列数据进行求和，得到的各列求和结果分别是 9、12、15。

读者也可以通过参数 axis=1 指定按行求和，代码如下：

```
df1.sum(axis=1)
```

此时将分别对 df1 对象的 a、b、c 行数据进行求和，得到的各行求和结果分别是 3、12、21。

读者甚至还可以对 df1 对象中的所有元素进行求和，代码如下：

```
df1.sum().sum()
```

本代码中，第 1 个 df1.sum() 计算后得到一个 Series 对象，后面的 sum 将以此为基础进行计算，得到最终的结果，即 36。

8.7.3 自定义函数

另一类常见的操作是将自定义的函数应用到各行或各列上。通过使用 DataFrame 的 apply()方法可以实现对整行或整列进行自定义的统计运算。DataFrame 还有一个 applymap()方法，可以将指定操作应用到单个数据上。新版本中，applymap()方法将被替换成 map()方法。

【实例 8-40】自定义函数。

```
from pandas import DataFrame
df1=pd.DataFrame(np.arange(9).reshape(3,3), index=list('abc'), columns=list
('xyz'))
f=lambda x: x.max() - x.min()
df1.apply(f)
```

本实例的第 3 行代码首先定义了函数 f。函数 f 的参数 x 可以代表整行或整列。最后一行代码分别在每列上求最大值和最小值之差，得到的 x、y、z 3 列的计算结果都是 6。

读者也可以通过参数 axis=1 将 f 函数应用到行，此时 a、b、c 各行的计算结果都是 2。输入如下代码：

```
df1.apply(f, axis=1)
```

对于较为简单的函数，读者可以直接利用 lambda 定义函数。输入如下代码：

```
df1.apply(lambda  x:x-x.mean())
```

输出结果如图 8-42（a）所示。上述代码将计算每列数据与均值的差。

map()方法或 applymap()方法的用法与 apply()类似：

```
df1.map(lambda  x:str(x)*3)
```

上述代码定义了一个匿名函数 lambda x:str(x)*3，其中的 x 代表每个数据，str(x)将其转换为字符串，然后将每个字符串乘以 3。计算结果图 8-41（b）所示。

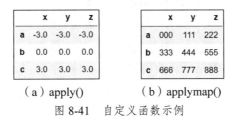

（a）apply() （b）applymap()

图 8-41　自定义函数示例

8.7.4 排序

对 DataFrame 对象进行排序，可按索引或数据值两种不同的方式进行。按索引排序使用 sort_index()方法，按数据值排序使用 sort_values()方法。排序后将返回新的有序集，不直接改变原数据集。对 DataFrame 对象进行排序时，可以设定 axis 参数，以指定按行或按列排序。

【实例 8-41】排序。

准备测试数据集：

```
from pandas import DataFrame
import numpy as np
np.random.seed(10)
arr1=np.random.randint(1, 100, size=20).reshape(4,5)
```

```
df1=DataFrame(arr1, index=list("love"),columns=list("zhang"))
df1 #print(df1)
```

本段代码生成原始的 DataFrame 对象 df1。后面将以此为基础进行基本运算操作演示。本实例的输出结果如图 8-43（a）所示。

接下来按列标签进行降序排列。输入如下代码：

```
df1.sort_index(axis=1, ascending=False)
```

输出结果如图 8-42（b）所示。上述代码实际上就是按照字母表顺序对 "zhang" 中 5 个字母进行排序。而分别以这 5 个字母作为列标签的各列，也随之移动到相应的位置。

df1.sort_index() 函数默认按行标签升序排列，因此下面两行代码是等价的：

```
df1.sort_index()
#df1.sort_index(axis=0, ascending=True)
```

输出结果如图 8-42（c）所示。上述代码实际上就是按照字母表顺序对 "love" 中 4 个字母进行排序。而分别以这 4 个字母作为行标签的各列，也随之移动到相应的位置。

	z	h	a	n	g			z	n	h	g	a			z	h	a	n	g
l	10	16	65	29	90		l	10	29	16	90	65		e	89	63	34	73	79
o	94	30	9	74	1		o	94	74	30	1	9		l	10	16	65	29	90
v	41	37	17	12	55		v	41	12	37	55	17		o	94	30	9	74	1
e	89	63	34	73	79		e	89	73	63	79	34		v	41	37	17	12	55

　　（a）df1　　　　　　　（b）按列标签降序　　　（c）按行标签升序

图 8-42　sort_index() 排序

除了按照标签进行排序外，还可以使用 sort_values() 函数按照数值进行排序。读者既可以按照指定行，也可以按照指定列的数值进行排序。

```
df1.sort_values(by='z')
```

输出结果如图 8-43（a）所示。上述代码以 z 列的数值为基础进行升序排列。

下述代码以 a 列的数值为基础进行降序排列。

```
df1.sort_values(by='a', ascending=False)
```

输出结果如图 8-43（b）所示。

读者也可以以某行数值为基础进行排序。

```
df1.sort_values(by='e',axis=1, ascending=False)
```

输出结果如图 8-43（c）所示。上述代码以 e 行的数值为基础进行降序排列。

	z	h	a	n	g			z	h	a	n	g			z	g	n	h	a
l	10	16	65	29	90		l	10	16	65	29	90		l	10	90	29	16	65
v	41	37	17	12	55		e	89	63	34	73	79		o	94	1	74	30	9
e	89	63	34	73	79		v	41	37	17	12	55		v	41	55	12	37	17
o	94	30	9	74	1		o	94	30	9	74	1		e	89	79	73	63	34

　　（a）z 列数值升序　　　（b）a 列数值降序　　　（c）e 行数值降序

图 8-43　sort_values() 排序

8.8 数据分析处理进阶

本节介绍如何利用 pandas 进行数据合并、数据分段、分组统计、数据透视表等操作。

8.8.1 数据合并

1．merge()方法

pandas 提供了 merge()函数，该函数可连接不同 DataFrame 对象的行，类似于关系数据库的连接运算。

【**实例 8-42**】使用 merge()合并数据。

首先准备测试数据集：

```
import pandas as pd
import numpy as np
np.random.seed(10)
df1=pd.DataFrame({'姓名':list('甲乙丙丁'),'收入':np.random.randint(5000,10000,4)})
df2=pd.DataFrame({'姓名':list('乙丙丁戊'), '支出':np.random.randint(5000,10000,4)})
df3=pd.DataFrame({'编号':list('甲乙丙戊'), '存款':np.random.randint(50000,100000,4)})
```

本实例生成原始的 DataFrame 对象 df1、df2 和 df3，结果分别如图 8-44（a）、图 8-44（b）、图 8-44（c）所示。接下来将以此为基础进行基本运算操作演示。

默认情况下，merge()方法会自动将同名列作为连接键，横向连接两个 DataFrame 对象。以充当连接键的列的值为基础，被进行连接运算的两个对象中，列值相等的行将被保留，而列值不相等的行将被丢弃。与此同时，连接时会丢弃原 DataFrame 对象的行标签，并重新编号。

```
df4=pd.merge(df1, df2)
# df4=pd.merge(df1, df2, on='姓名')
df4 #print(df4)
```

	姓名	收入			姓名	支出			编号	存款
0	甲	6289		0	乙	6180		0	甲	92909
1	乙	9623		1	丙	7009		1	乙	66241
2	丙	6344		2	丁	9829		2	丙	93002
3	丁	8441		3	戊	6520		3	戊	59224

（a）df1   （b）df2   （c）df3

图 8-44　测试数据集

输出结果如图 8-45（a）所示。df1 和 df2 将使用相同的列标签"姓名"进行数据连接操作。df1 和 df2"姓名"列的值并不完全相同，合并结果中只保留相同值对应的行。我们也可以显式指定用于连接计算的列标签，如第 2 行代码所示。

如果待连接的两个 DataFrame 对象中，作为连接键的列标签名称不相同，可以用 left_on 和 right_on 参数分别指定：

```
df5=pd.merge(df4, df3,left_on='姓名', right_on='编号')
df5 #print(df5)
```

输出结果如图 8-45（b）所示。上述代码指定分别以"姓名""编号"作为 df4 和 df3 的连接键，表示当 df4 表的"姓名"列值等于 df3 表的"编号"列值时，满足连接条件。

	姓名	收入	支出
0	乙	8536	6681
1	丙	5630	6454
2	丁	8416	6159

（a）df4

	姓名	收入	支出	编号	存款
0	乙	8536	6681	乙	63980
1	丙	5630	6454	丙	65434

（b）df5

图 8-45　连接运算结果

2．concat 方法

concat()是与连接有关的另一个方法，它默认沿纵向合并两个 DataFrame 对象。

【实例 8-43】使用 concat()方法。

准备测试数据集：

```
import pandas as pd
import numpy as np
np.random.seed(10)
df1=pd.DataFrame(np.random.randint(5000,10000,4).reshape(2, 2),
                columns=['收入', '支出'],index=['张无忌', '郭靖'])
df2=pd.DataFrame(np.random.randint(5000,10000,4).reshape(2, 2),
                columns=['收入', '支出'],index=['黄蓉', '小龙女'])
```

本段代码生成原始的 DataFrame 对象 df1 和 df2，结果如图 8-46 所示。后面将以此为基础进行基本运算操作演示。

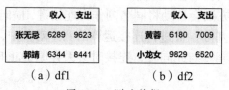

	收入	支出
张无忌	6289	9623
郭靖	6344	8441

（a）df1

	收入	支出
黄蓉	6180	7009
小龙女	9829	6520

（b）df2

图 8-46　测试数据

concat()默认沿纵向合并，返回的 dataFrame 对象的行数增加。

```
df3=pd.concat([df1, df2])
```

合并结果如图 8-47（a）所示。

读者也可以通过令参数 axis=1 指定沿横向合并，返回的 dataFrame 对象的列数增加。

```
df4=pd.concat([df1, df2], axis=1)
```

合并结果如图 8-47（b）所示。

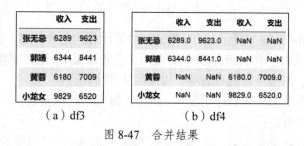

	收入	支出
张无忌	6289	9623
郭靖	6344	8441
黄蓉	6180	7009
小龙女	9829	6520

（a）df3

	收入	支出	收入	支出
张无忌	6289.0	9623.0	NaN	NaN
郭靖	6344.0	8441.0	NaN	NaN
黄蓉	NaN	NaN	6180.0	7009.0
小龙女	NaN	NaN	9829.0	6520.0

（b）df4

图 8-47　合并结果

8.8.2　数据分段

数据分段是将数据按指定的区间归类，以统计每个区间的数据个数。例如，可以将成绩分为优、良、中、不及格区间段等。数据分段可以使用 pd.cut()函数，分段前要自定义数据区间段，并设置对应的标识文字。

【实例 8-44】数据分段。

准备测试数据集：

```
import numpy as np
import pandas as pd
np.random.seed(10)
score_list=np.random.randint(40, 100, size=120)
print(score_list)
```

本实例第 4 行代码将随机生成 120 个整数，用以代表不同同学的成绩。输出结果如下：

```
[49 76 55 40 89 99 66 85 69 88 69 89 98 48 49 40 82 80 94 76 91 56 76 87
 51 94 64 83 98 73 48 76 54 89 91 94 53 45 53 91 65 53 68 62 70 70 65 52
 41 71 97 76 67 58 69 53 62 63 70 96 51 68 50 64 49 55 58 56 94 47 64 51
 57 86 47 51 68 73 60 98 72 64 84 45 44 47 64 64 90 84 94 74 80 55 53 64
 55 46 94 61 82 62 51 88 52 68 72 94 97 89 55 84 80 82 85 97 83 73 90 85]
```

接下来我们将这些以百分制形式表示的成绩，变换成以 A～E 等级形式表示的成绩，代码如下：

```
bins=[0, 59, 69, 79, 89,100]
labels=['E','D', 'C', 'B', 'A']
scut=pd.cut(score_list, bins, labels=labels)
print(pd.Series(scut).value_counts())
```

上述第 1 行代码定义了区间边界 bins。第 2 行代码通过 labels 为各个区间设置了相应的区间标识。第 3 行代码通过调用 pd.cut()对 score_list 按 bins 进行了分段，并依据 labels 定义为各段中的数据分配了标签。第 3 行代码得到的 scut 内容如图 8-48（a）所示。第 4 行代码通过 pd.value_counts()对 scut 进行了统计，分别得到了各类别的数据个数。该函数返回的是 Series 类型对象，标签与 labels 定义的相同。第 4 行代码的输出结果如图 8-48（b）所示。

```
['E', 'C', 'E', 'E', 'B', ..., 'A', 'B', 'C', 'A', 'B']
Length: 120
Categories (5, object): ['E' < 'D' < 'C' < 'B' < 'A']
```

```
E    39
D    25
B    21
A    20
C    15
dtype: int64
```

（a）scut   （b）分段统计

图 8-48　数据分段

8.8.3　分组统计

pandas 支持数据分组操作，其功能类似数据库中的分组统计（group by）。通过 DataFrame 对象的成员函数 groupby()可以实现该功能。

【实例 8-45】分组统计。

准备测试数据集：

```
import pandas as pd
df1=pd.DataFrame({'color': ['red', 'white', 'black', 'red', 'black', 'red'],
                  'size':['m','xl','l','xxl','xxl','m'],
                  'deposit': [900, 400, 200, 300, 500, 600]},
                  index=list("甲乙丙丁戊己"))
df1 #print(df1)
```

本实例的输出结果如图 8-49（a）所示。测试数据 df1 包括 6 条记录，分别对应甲、乙、丙、丁等 6 个同学。每条记录均包含 color、size、deposit 这 3 个特征，分别表示他们喜好的颜色、衣服的尺寸和银行的存款。

接下来，我们以 color 列为基础进行分组：

```
g=df1.groupby('color')
```

使用 groupby()分组后，得到的变量 g 是一个 DataFrameGroupBy 对象。我们可以遍历该对象，以提取各个组名和相应的内容：

```
for name, group in g:
        print(name)          #输出组名
        print(group)         #组内容
```

由输出结果可知，DataFrameGroupBy 对象 g 中包括 black、red 和 white 3 个组。输出结果如图 8-49（b）所示。

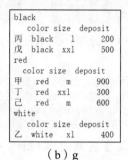

（a）df1　　　　　　（b）g

图 8-49　分组统计

DataFrameGroupBy 对象提供了许多与分组统计等功能相关的属性和方法，如表 8-3所示。

表 8-3　pandas 分组对象的属性和方法

属性或方法	功能描述
g.ngroups	分组数
g.groups	列出每个分组包含的数据索引编号
g.size()	列出每个分组的数据个数
g.sum()	对数值列求和，非数值列未显示
g.get_group('red')	指定返回 red 组数据
g.head(1)	取每个分组的第 1 个数据
g.nth(0)	取每组编号为 0 的数据
g.deposit.describe()	对'deposit'列做 describe()，得到一组常用统计量

读者可以自行测试表 8-3 中各行的效果。例如，读者输入表 8-3 最后一条属性：

```
g.deposit.describe()
```

输出结果如图 8-50（a）所示。

DataFrameGroupBy 对象有一个 agg()方法。它允许传递多个统计函数，可以一次性得到指定的多个统计值。例如，使用如下代码可以求 deposit 列数据的和、均值、最大值、最小值：

```
g.deposit.agg(('sum', 'mean', 'max', 'min'))
```

输出结果如图 8-50（b）所示。

读者也可以自行定义列名：

```
g.deposit.agg([('均值','mean'), ('最大值','max'), ('求和','sum')])
```

输出结果如图 8-50（c）所示。

color	count	mean	std	min	25%	50%	75%	max
black	2.0	350.0	212.132034	200.0	275.0	350.0	425.0	500.0
red	3.0	600.0	300.000000	300.0	450.0	600.0	750.0	900.0
white	1.0	400.0	NaN	400.0	400.0	400.0	400.0	400.0

（a）describe()

color	sum	mean	amax	amin
black	700	350.000000	500	200
red	1900	633.333333	1000	300
white	400	400.000000	400	400

（b）agg()

color	均值	最大值	求和
black	350.000000	500	700
red	633.333333	1000	1900
white	400.000000	400	400

（c）使用 agg() 自定义列名

图 8-50　获取某列统计量

8.8.4　数据透视表

Excel 中有一个数据透视表功能，pandas 提供了类似的命令 pivot_table()。

【实例 8-46】数据透视表。

准备测试数据集：

```
import pandas as pd
df=pd.DataFrame({'color': ['red', 'white', 'black', 'red', 'black', 'red'],
                 'size':['m','xl','l','xxl','xxl','m'],
                 'deposit': [900, 400, 200, 300, 500, 600]},
                index=list("甲乙丙丁戊己"))
df1 #print(df1)
```

本实例的输出结果如图 8-51（a）所示。

接下来进行数据透视，输入如下代码：

```
df.pivot_table(index='color', columns='size', values='deposit', aggfunc='sum')
```

输出结果如图 8-51（b）所示。参数中 index 指定分组索引列，columns 指定列名，values 指定要计算的列，aggfunc 指定计算方法。例如，sum 是求和，mean 是求平均值，count 是计数。

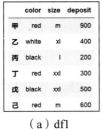

	color	size	deposit
甲	red	m	900
乙	white	xl	400
丙	black	l	200
丁	red	xxl	300
戊	black	xxl	500
己	red	m	600

（a）df1

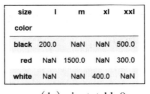

color	size	l	m	xl	xxl
black		200.0	NaN	NaN	500.0
red		NaN	1500.0	NaN	300.0
white		NaN	NaN	400.0	NaN

（b）pivot_table()

图 8-51　数据透视

8.9　综合案例：数据处理和数据分析技巧的综合应用

本节以泰坦尼克号数据集为基础，演示如何使用 pandas 进行数据合并、分段、分组统计、智能预测等操作。

8.9.1 案例概述

当前案例是本章所设计的 3 个泰坦尼克号数据集案例中的最后一个案例，将以泰坦尼克号数据集为基础，对前两节所学的数据处理和数据分析技巧进行综合应用。

8.9.2 案例实施

1．多源数据整合

现实中，读者得到的数据有可能有多个文件（来源）。例如，这些文件可能分别对应不同月份的数据。对数据进行合并是数据分析实践中经常遇到的事情。为此，我们有必要设计案例进行示范。本实例原始数据集只有一个文件，因此先将它拆分成两个文件，以便进行合并演示。现实应用中，通常得到的就是多个文件，并不需要拆分这一步。

```
import pandas as pd
df_titanic=pd.read_excel(' data/ch08pandas/titanic30.xlsx')
df_titanic_p1=df_titanic[:450]
df_titanic_p2=df_titanic[450:]
df_titanic_p1.to_excel(' data/ch08pandas/titanic30_p1.xlsx',index=False)
df_titanic_p2.to_excel(' data/ch08pandas/titanic30_p2.xlsx',index=False)
```

先读入多个数据文件：

```
import pandas as pd
df_titanic_p1=pd.read_excel('data/ch08pandas/titanic30_p1.xlsx')
df_titanic_p2=pd.read_excel('data/ch08pandas/titanic30_p2.xlsx')
df_titanic_p1.shape,df_titanic_p2.shape
```

输出结果如下：

```
((450, 9), (441, 9))
```

接下来进行数据纵向合并操作：

```
df_titanic=pd.concat([df_titanic_p1, df_titanic_p2], ignore_index=True)
df_titanic.shape
```

输出结果如下：

```
(891, 9)
```

【思考】请构造出两个适合于横向合并的数据文件，并进行横向合并。

2．基本分析及结果解读

查看前几行数据，了解数据基本情况。输入如下代码：

```
df_titanic.head()
```

输出结果如图 8-52 所示。本次导入的数据是按照 8.6 节综合案例处理后的数据（但没有更改数据列名称）。通过查看前几条数据，不难发现，无关的列均已经被删除了。

	survived	pclass	sex	age	sibsp	parch	fare	embarked	adult_male
0	0	3	male	22.0	1	0	7.2500	S	True
1	1	1	female	38.0	1	0	71.2833	C	False
2	1	3	female	26.0	0	0	7.9250	S	False
3	1	1	female	35.0	1	0	53.1000	S	False
4	0	3	male	35.0	0	0	8.0500	S	True

图 8-52　查看前几行数据

计算同行亲人数，输入如下代码：

```
df_titanic["同行亲人数"]=df_titanic["sibsp"]+df_titanic["parch"]
df_titanic.head()
```

输出结果如图 8-53 所示。

	survived	pclass	sex	age	sibsp	parch	fare	embarked	adult_male	同行亲人数
0	0	3	male	22.0	1	0	7.2500	S	True	1
1	1	1	female	38.0	1	0	71.2833	C	False	1
2	1	3	female	26.0	0	0	7.9250	S	False	0
3	1	1	female	35.0	1	0	53.1000	S	False	1
4	0	3	male	35.0	0	0	8.0500	S	True	0

图 8-53　计算同行亲人数

指定按"同行亲人数"列的数值排序，输入如下代码：

```
df_titanic.sort_values(by='同行亲人数')
```

输出结果如图 8-54 所示。由最后一列数据不难发现，部分家庭有 10 位亲人同时在船上。更不幸的是，如果进一步分析 survived 列，还会发现他们的存活率并不高。

	survived	pclass	sex	age	sibsp	parch	fare	embarked	adult_male	同行亲人数
890	0	3	male	32.0	0	0	7.7500	Q	True	0
680	0	3	female	28.0	0	0	8.1375	Q	False	0
681	1	1	male	27.0	0	0	76.7292	C	True	0
391	1	3	male	21.0	0	0	7.7958	S	True	0
682	0	3	male	20.0	0	0	9.2250	S	True	0
...	...	...	...	...	...	...	...	...	...	...
201	0	3	male	28.0	8	2	69.5500	S	True	10

图 8-54　按"同行亲人数"列的数值排序

接下来，我们查看各列数据的平均值：

```
import numpy as np
numeric_cols = df_titanic.select_dtypes(include=np.number).columns.tolist()
df_titanic[numeric_cols].mean()
```

输出结果如图 8-55 所示。

根据上面信息可知，乘客的存活率（survived：0.383838）并不高，只有不到 40%。绝大多数人都只能坐三等舱（pclass：2.308642）。目前，mean()默认只对数值型列进行运算。例如，embarked 列的数据是字符串，在进行 mean()处理过程中，将自动忽略该列。未来这项功能可能会取消。届时读者可以显式指定对数值型列进行运算。其他类似的统计量计算还包括 max()、min()等。根据

```
survived        0.383838
pclass          2.308642
age            29.361582
sibsp           0.523008
parch           0.381594
fare           32.204208
adult_male      0.602694
同行亲人数          0.904602
```

图 8-55　查看各列数据的平均值

上面的提示信息，利用下面代码对 pclass 列数据进行求最大值运算，结果为 3：

```
df_titanic.pclass.max()
```

3．数据分段及结果解读

我国古代以十年为单元，将人生大致分为 9 个阶段，分别是"幼""弱""壮""强""艾""耆""老""耄""期"。

人生十年日幼，学。二十日弱，冠。三十日壮，有室。四十日强，而仕。五十日艾，服官政。六十日耆，指使。七十日老，而传。八十、九十日耄，七年日悼，悼与耄虽有罪，不加刑焉。百年日期，颐。　　　　《礼记》

本实例将以此为依据，对 df_titanic.age 列进行分段处理：

```
bins=[0, 10, 20, 30, 40, 50, 60, 70, 90,200]
labels=['幼','弱','壮','强','艾','耆','老','耄','期']
scut=pd.cut(df_titanic.age, bins, labels=labels)
pd.Series(scut).value_counts()
```

输出结果如图 8-56 所示。bins 用于定义区间段，labels 用
于设置各段标识。

通过上述分析可知，船上乘客分布以"壮""强"两年龄
段为主，60 岁以上的人员相对较少。进一步，我们还可以以此
为基础，从数据集中提取指定分段的所有数据进行分析。例如，
分别从 df_titanic 数据集中提取所有"幼""壮"两段数据，
比较他们的存活率。输入如下代码：

```
壮      407
强      155
弱      115
艾       86
幼       64
耆       42
老       17
耄        5
期        0
Name: age, dtype: int64
```

图 8-56　对 df_titanic.age 列
进行分段处理

```
surv1=df_titanic[scut=='幼'].survived.mean()
surv2=df_titanic[scut=='壮'].survived.mean()
print("幼段存活率为{}；壮段存活率为{}".format(surv1,surv2))
```

输出结果如下：

```
幼段存活率为 0.59375；壮段存活率为 0.334152334152233414
```

根据上述结果分析可知，"幼"段人员的存活率接近 60%。该数值要明显高于"壮"
段人员的存活率（约 33%）。与此同时，"壮"段人员的存活率也小于整体的存活率（38%）。
"幼"段人员本身是不具备资源竞争能力的，显然是因为"壮"段人员作为资源竞争能力最
强的群体，把机会留给了弱势群体。

4. 分组统计及结果解读

一般而言，乘客席位等级 pclass 与乘客消费能力、财富水平、社会阶层正相关。为此
我们可以以 pclass 为基础对数据进行分组，分析与财富水平、社会阶层等因素相关的信息。
输入如下代码：

```
numeric_cols = df_titanic.select_dtypes(include=np.number).columns.tolist()
g = df_titanic.groupby('pclass')[numeric_cols]
g.size()
```

最后一行代码列出了每个分组的数据个数，输出结果如下：

```
pclass
1    216
2    184
3    491
```

由结果可知，三等舱的乘客数量要远远大于其他两个更高等级舱位的乘客数量。

接下来根据分组情况计算均值数据：

```
g.mean()
```

输出结果如图 8-57 所示。

头等舱（pclass=1）乘客的存活率（0.629630）要远远高于其他舱位的乘客，三等舱乘
客的存活率（0.242363）还不到头等舱乘客存活率的 38.5%。西方社会的底层人员弱势地位
特征明显。

	survived	pclass	age	sibsp	parch	fare	同行亲人数
pclass							
1	0.629630	1.0	36.812130	0.416667	0.356481	84.154687	0.773148
2	0.472826	2.0	29.765380	0.402174	0.380435	20.662183	0.782609
3	0.242363	3.0	25.932627	0.615071	0.393075	13.675550	1.008147

图 8-57 以 pclass 为基础进行分组统计

5．智能预测及应用

下面介绍一个更复杂的 Python 应用，涉及通过机器学习进行预测。尽管许多读者可能还没有接触机器学习相关内容，但不影响理解这个例子。泰坦尼克号数据集最初用于预测乘客是否存活。没有机器学习基础的读者看完之后估计会一头雾水：存活（survived）那一列数据不是本身就在的吗，为什么还要预测？

本案例中，编者从缺失数据填充的角度出发，介绍一个智能预测应用实例。大家应该还记得，我们得到的原始数据中存在较多缺失值，其中年龄列的缺失值较多。这里介绍一种更为高级的缺失数据补全方法：通过智能计算，对缺失年龄进行预测和补全。需要声明的是，鉴于大部分读者人工智能方面的知识有限，本示例中的预测模型并没有涉及过多的优化策略，因此本示例的算法并不是最优的。

首先加载数据集。数据文件 titanic_age_pre.xlsx 在 titanic.xlsx 的基础上进行了如下的预处理：①删除了部分列，仅保留图 8-58（a）中出现的列；②将 sex 列修改成数值类型，其中 1 代表 male，0 代表 female。代码如下：

```
import pandas as pd
df_titanic=pd.read_excel('data/ch08pandas/titanic_age_pre.xlsx')
df_titanic.head()
```

输出结果如图 8-58（a）所示。

将数据拆分为两组，一是年龄缺失组，二是年龄未缺失组，代码如下：

```
missing=df_titanic.loc[df_titanic.age.isnull(),]
nomissing=df_titanic.loc[~df_titanic.age.isnull(),]
print(missing.shape)
print(nomissing.shape)
```

输出结果如下所示：

```
(177, 6)
(714, 6)
```

作为对比，先查看预测填充之前的结果。输入如下代码：

```
missing.tail()
```

输出结果如图 8-58（b）所示。

接下来，我们将基于非缺失值构建 K 近邻（K-Nearest Neighbor，K-NN）模型，用于对缺失组做预测填充。在真实应用中，读者通常需要将非缺失值进一步划分为训练和测试两部分，以构造一个误差最小的预测方案，然后才用这个预测方案去进行缺失值填充。限于篇幅，也为方便读者理解，这里的方案只是一个非最优的简化版本。输入如下代码：

```
from sklearn import neighbors
X=nomissing.columns[nomissing.columns != 'age']
knn=neighbors.KNeighborsRegressor()
knn.fit(nomissing[X], nomissing.age)
pred_age=knn.predict(missing[X])
```

```
missing.loc[:,"age"]=pred_age
missing.tail()
```

	survived	sex	age	sibsp	parch	adult_male
0	0	1	22.0	1	0	True
1	1	0	38.0	1	0	False
2	1	0	26.0	0	0	False
3	1	0	35.0	1	0	False
4	0	1	35.0	0	0	True

	survived	sex	age	sibsp	parch	adult_male
859	0	1	NaN	0	0	True
863	0	0	NaN	8	2	False
868	0	1	NaN	0	0	True
878	0	1	NaN	0	0	True
888	0	0	NaN	1	2	False

（a）前 5 行   （b）后 5 行

图 8-58 数据集部分样本

第 1 行代码从 sklearn 中导入了所需要的模块。第 2 行代码提取出 age 列之外的所有列作为自变量。第 3 行代码构建了 K 近邻模型。第 4 行代码进行了模型训练。第 5 行代码进行了年龄缺失值预测。第 6 行代码用预测值填充了年龄缺失值。第 7 行代码查看了预测填充之后的结果，默认查看最后 5 行记录，输出结果如图 8-59 所示。

	survived	sex	age	sibsp	parch	adult_male
859	0	1	36.6	0	0	True
863	0	0	10.2	8	2	False
868	0	1	36.6	0	0	True
878	0	1	36.6	0	0	True
888	0	0	21.8	1	2	False

图 8-59 填充后的结果

如果需要直接将预测结果填充到 df_titanic 对象中的缺失位置，可以使用如下代码：

```
df_titanic.loc[df_titanic.age.isnull(),'age']=pred_age
```

本章小结

本章介绍了数据分析等领域中最常用的 Python 工具集 pandas。pandas 提供了 Series 与 DataFrame 两种主要数据结构，其中 DataFrame 在实践中最为常见。本章以 pandas 基础，详细介绍了数据读/写、数据整合、数据清洗、统计分析等数据分析中常见功能的实施方法，还设计了 3 个综合性案例，由浅入深地展示了基于 Python 进行数据分析的基本技巧。需要提醒的是，初学者总容易存在技术崇拜的倾向，迷失在层出不穷的人工智能模型之中，而忘记进行数据分析的最初目的。数据分析不仅是一门技术，其成功更依赖于对问题的理解、对结果的解读和对价值的发现。

习题 8

1. 从 CSV 文件中读取数据并转换为 pandas DataFrame 的函数是什么？
2. 重命名 pandas DataFrame 的索引或列的函数是什么？
3. 检测与处理缺失值的方法主要有哪些？
4. pandas 的核心数据结构有哪些？
5. 在 pandas 中，可以使用哪个函数查看 DataFrame 的前几行数据？
6. 如何查看给定的 DataFrame 对象的行数和每一列的数据类型？请举例说明。
7. DataFrame 的许多成员函数支持原位操作，请问原位操作和非原位操作有什么区别？请结合实例说明。
8. 读/写数据文件是数据分析中的基本操作，请对本章介绍的读/写数据方法进行总结。

9. 如何对不同来源的数据进行合并？请分情况分别举例说明。

10. 如何读取 DataFrame 对象中的某一/几行、某一/几列数据？请举例说明。

实训 8

1. 编写代码，创建一个包含 5 个元素的 Series 对象，索引为['A', 'B', 'C', 'D', 'E']，值为[10, 20, 30, 40, 50]。输出该 Series 对象，并访问该 Series 对象的第 2 个和第 4 个元素。

2. 编写代码，创建一个包含 3 行 2 列的 DataFrame 对象，行索引为['A', 'B', 'C']，列名为['X', 'Y']，值为[[1, 2], [3, 4], [5, 6]]。输出该 DataFrame 对象，并访问该 DataFrame 对象的第一行和第二列。

3. 假定 df=pd.DataFrame({'X': [1, 2, 3, None], 'Y': [4, 5, 6, 6]})，该 DataFrame 对象 df 包含两列数据'X'和'Y'，其中存在缺失值、重复记录，且需要进行排序。请完成以下任务。

（1）处理 DataFrame 对象中的缺失值，使用各列的均值进行填充。

（2）向 DataFrame 对象中添加一行数据，行索引为'D'，值为[4, 5, 6]。

（3）删除 DataFrame 对象中的一列，列名为'Y'。

（4）处理 DataFrame 对象中的重复记录，删除所有重复的行。

（5）对 DataFrame 对象进行排序，按照'X'列的值进行升序排列。

（6）创建另一个 DataFrame 对象 df2，包含'X'和'Z'两列数据。

（7）将两个 DataFrame 对象按列进行合并。

（8）请编写代码完成以上任务，并输出最终合并后的 DataFrame 对象。

4. 现有一个 DataFrame 对象 df，包含 3 列数据'Age'、'Gender'和'City'，内容如下：

```
df=pd.DataFrame({'Age': [15, 20, 25, 30, 35, 40],
                 'Gender': ['M', 'F', 'F', 'M', 'F', 'M'],
                 'City': ['Beijing', 'Shanghai', 'Beijing', 'Shanghai', 'Shanghai',
'Beijing']})
```

请以此为基础，完成以下任务。

（1）按照'Age'列的值对 DataFrame 对象 df 进行分组，并将年龄分为 0～18 岁、18～30 岁和 30 岁以上 3 个组，计算每个分组的人数。

（2）使用透视表功能，对 DataFrame 对象 df 按照'Gender'列和'City'列进行汇总，并统计每个组的平均年龄。

（3）请编写代码完成以上任务，并输出最终分组统计结果和透视表结果。

5. 加载鸢尾花数据集，完成以下操作。

（1）查看数据集样本的类别总数及数据集样本各个特征的名称。

（2）基于该数据集创建 Dataframe 对象，并将样本的类别标签增设为新的特征列"target"。

（3）查看数据集的维度、大小等信息。

（4）使用 describe()方法对数据集进行统计性描述。

（5）计算不同类别样本各个特征值的均值。

第9章 数据可视化与 Matplotlib

随着大数据时代的到来，数据的规模和维度日益增长，给人们理解和运用数据带来了极大的挑战。对此，数据可视化提供了一种解决方案。它以海量数据的分析和处理结果为基础，通过图形的方式展示数据，帮助人们直观地把握和揭示数据背后的深刻含义。本章介绍的 Matplotlib 为数据可视化提供了理想的解决方案。

> ⚠ **注意：** 本章案例中，由于纸质版本采用灰度模式打印，导致部分颜色信息丢失，请前往慕课平台或者出版社官网下载本章图片的电子版。

9.1 概述

9.1.1 数据可视化

数据可视化（Data Visualization）与信息图形、信息可视化、科学可视化以及统计图形密切相关，是涉及信息技术、自然科学、统计分析、图形学等多种学科的交叉领域。数据可视化旨在借助于图形化手段，清晰有效地传达与沟通信息。

数据可视化技术通过图形化形式表达抽象或复杂的概念和信息。它将每一个数据项作为单个图元元素表示，大量的数据集构成数据图像，同时将数据的各个属性值以多维数据的形式表示，帮助人们可以从不同的维度观察数据，从而对数据进行更深入地观察和分析。

数据可视化技术包含以下基本概念。

① 数据空间：指由 n 维属性和 m 个元素组成的数据集所构成的多维信息空间。

② 数据开发：指利用一定的算法和工具对数据进行定量的推演和计算。

③ 数据分析：指通过切片、旋转等动作剖析多维数据，从而多角度、多侧面地观察数据。

④ 数据可视化：指将大型数据集中的数据以图形图像形式表示，并利用数据分析和开发工具发现其中未知信息的处理过程。

9.1.2 可视化工具

目前市面上的数据可视化工具多种多样，其中 Excel 可以说是典型的入门级数据可视化工具。从数据可视化的自动化方面来看，建议使用 Python 编程来实现。Python 中用于数据可视化的库有很多，常见的有 Matplotlib、Seaborn、Plotly、Bokeh、ggplot 等，前面章节学习的 pandas 也提供了简单的绘图功能。这些绘图库各有特点和适合的应用场景，可以供

人们根据需求进行选择。例如，如果需要在科学研究或数据分析中绘制基本图形，Matplotlib
和 Seaborn 是不错的选择。Matplotlib 是 Python 中最常用的绘图库之一，它可以创建各种类
型的图表，包括折线图、散点图、柱状图、饼图等。Seaborn 是建立在 Matplotlib 之上
的统计数据可视化库，专注于统计图形的美观和可读性。它提供了更高级别的接口，使
得绘制统计图形变得更加简单。如果需要交互式和动态的图形，可以考虑使用 Plotly 或
Bokeh。

本书重点介绍 Matplotlib，并在综合案例部分适当使用 Seaborn 等其他库。Matplotlib
是一个非常强大的 Python 绘图库，也是 Python 生态圈中应用最广泛的绘图库。我们可以
使用该工具轻松地将数据以图形化方式直观地呈现。Matplotlib 可以用来绘制各种静态、动
态、交互式的图表。Matplotlib 支持二维绘图和部分三维绘图，可以绘制线图、散点图、等
高线图、条形图、柱状图、3D 图形等。

9.2 Matplotlib 基础

9.2.1 Matplotlib 安装

本书第 1 章中我们建议读者安装 Anaconda，因为 Matplotlib 已经包含在 Anaconda 之中，
无须另外安装。如果使用 Python 官方安装包，则可以使用如下命令自行安装：

```
pip install matplotlib
```

读者可以输入如下代码测试 Matplotlib 是否安装成功：

```
import matplotlib
print(matplotlib.__version__)
```

上述代码首先导入 Matplotlib 库，然后查看 Matplotlib 库的版本号。如果正确输出版本
号，则通常表示安装成功。上述第 2 行代码中，version 的前后分别是两根下划线。

9.2.2 plot()函数

Pyplot 是 Matplotlib 中最常用的绘图模块。使用它，用户能很方便地绘制图表。Pyplot
包含一系列绘图函数，这些绘图函数接口与 MATLAB 中的相关函数接口非常类似。plot()
函数是绘制二维图形最常用的函数，可以绘制点和线，语法格式如下：

```
plot([x], y, [fmt], *, data=None, **kwargs)
plot([x1], y1, [fmt], [x2], y2, [fmt2], ..., **kwargs)
```

第 1 行代码用于绘制单条曲线，第 2 行代码用于绘制多条曲线，参数含义见表 9-1。

表 9-1 plot()函数的参数说明

参数	说明
x, y; xn,yn	点或线的节点，x、y 分别对应 x、y 轴的数据，它们可以是列表、序列等
fmt	可选，用于定义基本格式，如颜色、标记和线条样式
**kwargs	可选，用在二维平面图上，用于设置指定属性，如标签、线的宽度等

【实例 9-1】绘制单条曲线。

```
import matplotlib.pyplot as plt
```

```
import numpy as np
x=np.linspace(-2, 2, 100)
y=x**3-2*x-1
plt.plot(x,y)
plt.show()
```

本实例的第 1 行代码使用 import 导入了 Pyplot 库，并设置了一个别名 plt，这也是导入 Pyplot 模块的惯例。第 2～4 行代码通过 NumPy 库的辅助生成了测试数据集(x,y)，其中 x 保存区间[−2, 2]内等间距产生的 100 个点，y 是 x 的三次函数的计算结果。第 5、6 行代码使用 plot()函数绘制曲线，并通过 show()函数显示出来。本实例的输出如图 9-1 所示。

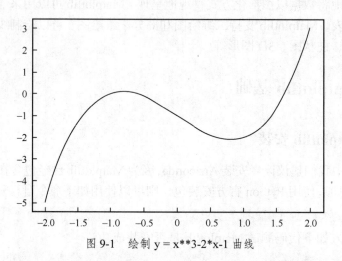

图 9-1　绘制 y = x**3-2*x-1 曲线

使用 plot()函数绘图时，还可以指定线条的颜色、线型、标记符号等样式。本实例中，我们没有设置格式符号，此时将使用默认的格式字符。plot()函数支持多种不同的样式，部分常用的样式符号如表 9-2 所示。读者可以使用 "plt.plot()" 命令查看更多信息。

表 9-2　常用的格式符号

颜色字符	'b' 蓝色，'m' 洋红色，'g' 绿色，'y' 黄色，'r' 红色，'k' 黑色，'w' 白色，'c' 青绿色
线型参数	'-' 实线，'--' 破折线，'-.' 点划线，':' 虚线
标记字符	'.' 点标记，',' 像素标记（极小点），'o' 实心圈标记，'v' 倒三角标记，'^' 上三角标记，'>' 右三角标记，'<' 左三角标记

【实例 9-2】绘制多条曲线。

```
import matplotlib.pyplot as plt
import numpy as np
x=np.arange(0,4*np.pi,0.1)
y=np.sin(x)
z=np.cos(x)
plt.plot(x,y,"ro",x,z,"b--")
plt.show()
```

本实例第 6 行代码同时绘制了两条曲线（x,y）和（x,z），并且分别为它们指定了绘图样式。其中正弦函数 y 采用红色实心圈绘制，而余弦函数 z 采用蓝色破折线绘制。本实例的输出结果如图 9-2 所示。

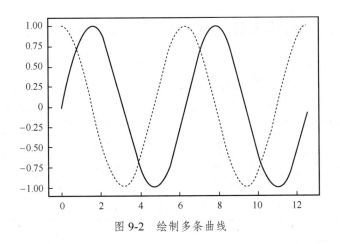

图 9-2　绘制多条曲线

【实例 9-3】不同的绘图样式设置方式。

```
import matplotlib.pyplot as plt
import numpy as np
x=np.arange(0,4*np.pi,1)
y=np.sin(x)
z=np.cos(x)
plt.plot(x,y,"b--")
plt.plot(x,z,color='green',linestyle='-',linewidth=3,marker='<', markersize=15)
plt.show()
```

本实例第 3 行代码故意增大了生成 x 所使用的步长，此时生成的曲线不再光滑，呈现明显的折线效果。第 6、7 行分别采用两种不同的方式指定了绘图格式，第 6 行代码绘制正弦曲线时采用蓝色破折线；第 7 行代码绘制余弦曲线时设置了颜色、线型、线宽、标记符及标记大小，使用绿色实线绘制，并添加了左三角形标记。两种方式可以实现相同的目的，读者可以自由选择，必要时甚至可以混合使用。本实例的绘制结果如图 9-3 所示。

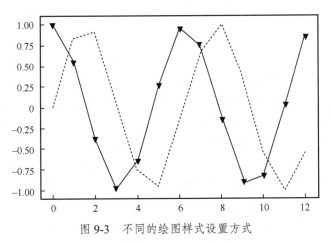

图 9-3　不同的绘图样式设置方式

9.2.3　绘图装饰

Pyplot 还提供了大量成员方法，用于设置标题、刻度、坐标轴标签文字等装饰项，常见成员方法的用法示例如表 9-3 所示。例如，如果要突出图形而淡化其他内容，可以设置 plt.axis('off')将坐标轴隐藏起来；如果想更清楚地观察数据值，可以设置 plt.grid(True)将网格显示出来。

表 9-3　常见成员方法的用法示例

方法示例	解释	方法示例	解释
plt.figure(figsize=(m,n))	图形大小	plt.grid(True/False)	是否显示网格
plt.xlim(0,5)	x 轴范围	plt.ylim(0,8)	y 轴范围
plt.yticks(range(0,7,2))	修改 x 轴刻度	plt.yticks(range(0,7,2))	修改 x 轴刻度
plt.xlabel('x 轴')	x 轴标记文字	plt.ylabel('y 轴')	y 轴标记文字
plt.title('标题')	图形标题	plt.legend()	显示图例
plt.text(x,y,'text')	坐标处显示文字	plt.savefig('a.png')	保存图片
plt.axis('equal')	x/y 轴单位长度相等	plt.axis('on/off')	是否显示坐标轴

【实例 9-4】Pyplot 综合实例。

```python
import numpy as np
import matplotlib.pyplot as plt
x=np.linspace(-2, 2, 100)
y1=np.exp(-x)*np.cos(2*np.pi*x)
y2=x**3-2*x-1
plt.figure(figsize=(8,4))
plt.plot(x,y1,'b-',label='$e^{-x}cos(2{\pi}x)$')
plt.plot(x,y2,'r--',label='$x^3-2x-1$')
plt.xlabel('x', fontsize=12)
plt.ylabel('y', fontsize=12)
plt.title("Example for Pyplot", fontsize=14)
plt.text(0,3,"An idle youth, a needy age.", fontsize=12)
plt.legend()
plt.grid()
xlabels=(r'$-\pi/2$',  r'$-\pi/4$',0,  r'$+\pi/4$',  r'$+\pi/2$')
plt.xticks((-np.pi/2, -np.pi/4,0, np.pi/4, np.pi/2), xlabels )
plt.yticks(range(-6,10,3))
plt.xlim(-2,2)
plt.ylim(-6,10)
plt.show()
plt.savefig("zp.png")
```

本实例第 1、2 行分别用于导入 Numpy 库和 matplotlib.pyplot 子库。第 3 行代码在区间[−2, 2]内等间距产生 100 个点。第 4、5 行代码分别计算了 y1 和 y2。第 6 行代码设置了图片尺寸。第 7、8 行代码分别用于绘制 y1 和 y2 两条曲线，并为曲线设定了不同的绘图样式。label 参数中使用了 LaTeX 语法，用以表达复杂的数学公式。这两行 label 的内容将用于后面第 13 行代码的图例显示。第 9、10 行代码分别用于设置 x 轴和 y 轴的标签内容和标签字体大小。第 11 行代码用于设置图片的标题。第 12 行代码演示如何在图片指定坐标位置插入一段文字。第 13 行代码用于显示图例，即图片右上角内容。需要注意的是，图例并不必定出现在图片右上角。本实例没有给 legend()函数设置位置参数，因此由系统自动选择最佳的图例位置。读者还可以通过 loc 参数指定图例的显示位置。第 14 行代码用于显示网格线。第 15～17 行代码修改了 x 轴和 y 轴的刻度显示，其中第 15 行代码中的字符串使用了 LaTeX 语法。第 18～19 行代码分别用于设置 x 轴和 y 轴的显示范围。第 20行代码用于显示图形。第 21 行代码用于把所绘制的图形以图片的形式保存到当前目录中。本实例的输出效果如图 9-4 所示。

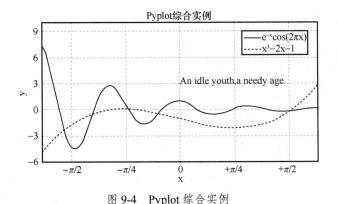

图 9-4 Pyplot 综合实例

9.2.4　子图绘制

可以在一张图上同时显示多个子图形,以便进行比较研究。绘制多子图可以借助 figure 对象。

【实例 9-5】使用 figure 对象添加子图。

```
import matplotlib.pyplot as plt
import numpy as np
x=np.arange(1,4*np.pi,0.1)
fig=plt.figure()
ax1=fig.add_subplot(221)
ax1.plot(x,np.sin(x)/x)
ax2=fig.add_subplot(222)
ax2.plot(x,np.sin(x)*x)
ax3=fig.add_subplot(223)
ax3.plot(x,np.exp(x)/1000)
ax4=fig.add_subplot(224)
ax4.plot(x,np.log(x))
#plt.subplots_adjust(wspace=0, hspace=0)
plt.show()
```

本实例第 1、2 行代码导入了相关模块。第 3 行代码生成了 x 坐标。第 4 行代码创建了一个 figure 对象。第 5 行代码添加了 2 行×2 列图形的第 1 个子图。第 6 行代码在第 1 个子图上绘制曲线。第 7、9、11 行代码分别添加了 2 行×2 列图形的第 2、3、4 个子图。第 8、10、12 行代码在第 2、3、4 个子图上分别绘制曲线。第 13 行被注释掉的代码将子图间的水平和垂直间距调整为 0。第 14 行代码显示绘制出的图形。本实例的输出效果如图 9-5 所示。

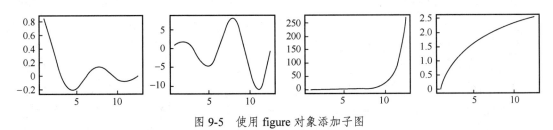

图 9-5　使用 figure 对象添加子图

由于创建 figure 和 subplot 对象都是很常见的绘图任务,因此绘图库提供了一个更方便的方法:plt.subplots()。

【实例 9-6】使用 subplots 添加子图。

```python
import matplotlib.pyplot as plt
import numpy as np
fig, axes=plt.subplots(nrows=2, ncols=2,
                       sharex=True, sharey=True)
for m in range(2):
    for n in range(2):
        axes[m,n].hist(np.random.rand(1000),
                       bins=50, color='b', alpha=0.8)
#plt.subplots_adjust(wspace=0, hspace=0)
plt.show()
```

本实例第 1、2 行代码导入了相关模块。第 3 行代码返回了 figure 对象和 2×2 的 axes 数组，参数 sharex/y 为 True 表示各子图使用同一个 x、y 轴刻度。axes 数组形状为(2, 2)，包含 4 个子图，调用时使用 axes[m,n]形式。第 5、6 行代码通过双重 for 循环遍历了 axes 数组。第 7、8 行代码在各个子图上绘制了随机直方图。第 9 行被注释掉的代码将子图间的水平和垂直间距调整为 0。第 10 行代码显示绘制出的图形。本实例的输出效果如图 9-6 所示。

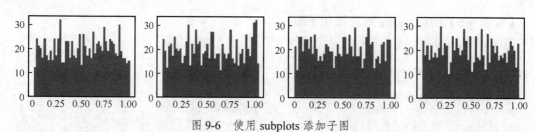

图 9-6　使用 subplots 添加子图

除了上面两种方法外，还可用 plt.axes([left, bottom, width, height])方法直接指定子图的位置，4 个参数的坐标和尺寸均为相对值（相对于主图窗口），窗口左下角设为坐标原点，窗口的横、纵长度视为 1。其中前两个参数 left、bottom 分别用于设定左下角的 x、y 坐标，后两个参数 width、height 分别用于设定子图的宽度、高度。

【实例 9-7】使用 axes 添加子图。

```python
import matplotlib.pyplot as plt
import numpy as np
ax1=plt.axes([0.05, 0.1, 0.4, 0.32])
ax2=plt.axes([0.52, 0.1, 0.4, 0.32])
ax3=plt.axes([0.05, 0.53, 0.87, 0.44])
x=np.arange(1,4*np.pi,0.1)
ax1.plot(x,np.sin(x))
ax2.plot(x,np.cos(x))
ax3.plot(x,np.log(x))
ax1.grid(True)
ax2.xaxis.grid(color='r', linestyle=':', linewidth=1)
ax3.yaxis.grid(color='b', linestyle='--', linewidth=1)
plt.show()
```

本实例第 1、2 行代码导入相关模块。第 3~5 行代码分别设置 3 个子图的左下角 x 坐标、y 坐标、宽度、高度。第 6 行代码生成 x 坐标。第 7~9 行代码分别在 3 个子图中绘制了图形。第 10 行代码设置 ax1 显示横纵网格线。第 11 行代码设置 ax2 显示纵向网格线。第 12 行代码设置 ax3 显示横向网格线。第 13 行代码显示绘制出的图形。本实例的输出效果如图 9-7 所示。

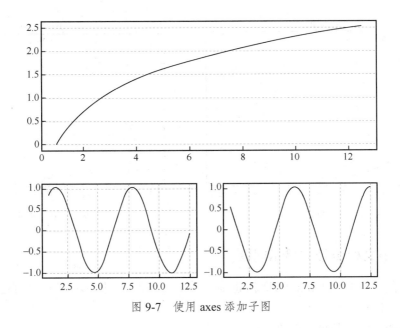

图 9-7　使用 axes 添加子图

9.2.5　视觉差异问题

由于屏幕的横向、纵向分辨率不同，单位长度对应的横、纵屏幕点数也不同。在某些横、纵屏幕尺寸比例比较敏感的场景，使用默认参数甚至可能产生较为奇怪的视觉效果。

【实例 9-8】眼见未必为实：扁扁的圆。

本实例中我们将试图使用 plot() 函数在屏幕中绘制一个圆，输入如下代码：

```
import numpy as np
import matplotlib.pyplot as plt
x=np.linspace(-2, 2, 100)
y=np.sqrt(4-x**2)
plt.figure(1)    #图1
plt.plot(x, y)   #上半圆
plt.plot(x,-y)   #下半圆
plt.title("Default")
plt.show()
plt.figure(2)    #图2
plt.plot(x,y,x,-y)
plt.axis('equal')
plt.title("plt.axis('equal')")
plt.show()
```

本实例第 1、2 行代码导入了相关模块。第 3、4 行代码用于准备好绘图数据，(x,y) 表示的是一个半径为 2 的圆的上半部分，$(x,-y)$ 表示的是一个半径为 2 的圆的下半部分。第 5～9 行代码使用默认参数将两个半圆组合绘制成了一个完整的圆。出乎意料的是，这个圆在视觉上变成了一个椭圆，如图 9-8 所示。读者可以再次检查 y 的生成代码，该行代码确实使用了一个圆的方程。这是由于屏幕的横向、纵向分辨率不同，导致屏幕上显示一个圆时看起来会像椭圆。作为对比，第 10～14 行代码我们使用相同的数据绘制了一个视觉上看起来更像圆的图形。这两个图形绘制代码的区别在于后者通过设置 plt.axis('equal') 将横、纵轴的屏幕单位长度设为相同，如图 9-9 所示。

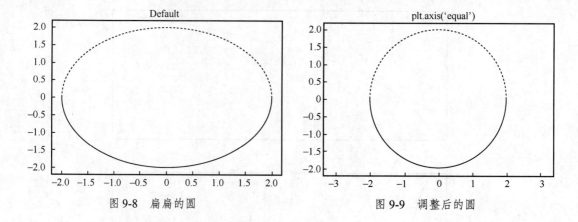

图 9-8 扁扁的圆   图 9-9 调整后的圆

9.2.6 中文和负号的显示问题

默认配置情况下，Matplotlib 无法正确显示中文和负号，图形中的中文标题和负号将错误显示为小方格。

【实例 9-9】中文和负号的显示问题。

```python
import numpy as np
import matplotlib.pyplot as plt
t=np.linspace(0, 2*np.pi, 200)
r=0.5+np.cos(t)
x, y=r*np.cos(t), r*np.sin(t)
plt.plot(x,y,"r-")
plt.axis('equal')
plt.xlabel('x轴')
plt.ylabel('y轴')
plt.title("红苹果? ")
#plt.rcParams['font.sans-serif']=['SimHei']  #黑体
#plt.rcParams['axes.unicode_minus']=False    #负号
plt.show()
```

本实例第 1、2 行代码导入了相关模块。第 3～5 行代码生成了曲线坐标集。第 6～10 行代码绘制了曲线并添加了装饰。第 11～12 行被注释掉的代码用来解决中文和负号显示问题。第 13 行代码显示所绘制的图形。图 9-10 存在显示问题，图 9-11 是启用第 11～12 行代码后的显示效果。

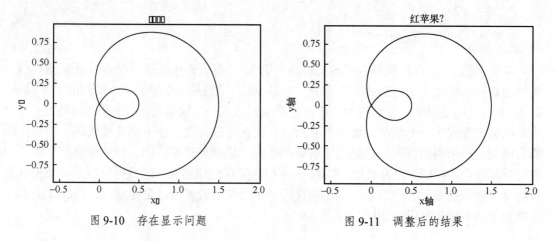

图 9-10 存在显示问题   图 9-11 调整后的结果

要正确显示中文可用下面两种方法解决。

方法 1：直接在程序中设定参数。

本方法只对当前程序有效，【实例 9-9】中就使用了这一方法：

```
plt.rcParams['font.sans-serif'] = ['SimHei']
plt.rcParams['axes.unicode_minus'] = False
```

第 1 行代码修正了中文字体显示为方块的问题，指定中文字体为黑体。这里假定读者机器上存在该字体，否则会提示类似如下的错误：

```
findfont: Generic family 'sans-serif' not found because none of the following
families were found: SimHei
```

编者在 Windows 10 中进行测试，该系统默认已经安装了该字体。通过第 1 行代码启用中文显示后，会引入一个新的问题，即坐标轴上负号'-'显示为方块。而第 2 行代码就是用于修正坐标轴上负号'-'显示为方块的问题。

方法 2：修改 Matplotlib 配置文件，以显示中文。

本方法可在本机上一劳永逸解决中文和负号的显示问题。

① 定位 Matplotlibrc 配置文件的位置，代码如下：

```
import matplotlib
matplotlib.matplotlib_fname()
```

第 1 行代码导入了 Matplotlib 库，第 2 行代码显示配置文件路径，输出结果如下：

```
'C:\\Users\\zp\\anaconda3\\lib\\site-packages\\matplotlib\\mpl-data\\matplotlibrc'
```

该结果为编者电脑上配置文件 Matplotlibrc 的保存路径。

② 用记事本程序或者其他文本编辑器打开并修改配置文件 Matplotlibrc。

首先解决中文字体问题，找到以"font.sans-serif"开头的这行说明：

```
#font.sans-serif: DejaVu Sans, Bitstream Vera Sans,（省略该行后续内容）
```

去掉行首的注释符号"#"，并在字体列表前添加 SimHei（黑体常规字体）。读者的字体列表可能与编者的不同，不需要修改其他内容。修改后的结果如下：

```
font.sans-serif: SimHei, DejaVu Sans, Bitstream Vera Sans,（省略该行后续内容）
```

然后解决负号显示问题，找到以"axes.unicode_minus"开头的这行说明：

```
#axes.unicode_minus: True
```

去掉行首的注释符号"#"，同时将 True 改为 False，即修改如下：

```
axes.unicode_minus: False
```

保存配置文件，重启后配置生效，图形中的中文和负号将正常显示。

9.3 常见图形的绘制

9.3.1 柱状图绘制函数 bar()

柱状图用于对一组数据值进行比较，是最常见的对比图形。可以使用 Pyplot 中的 bar() 方法来绘制柱状图，语法格式为：

```
matplotlib.pyplot.bar(x, height, width=0.8, bottom=None, *, align='center', data
```

```
=None, **kwargs)
```

bar()函数主要参数的含义如表 9-4 所示。制作柱状图时至少要提供参数 x 和 height 两组数据。如果 x 是非数值型，如字符数据，plt 就将柱形依次顺序排列；如果 x 是数值型，plt 就将柱形显示在 x 轴的对应位置上。详情可查看"plt.bar?"帮助。

表 9-4 柱状图 bar()函数的参数说明

参数	说明
x	浮点型数组，柱状图的 x 轴数据
height	浮点型数组，柱状图的高度
width	浮点型数组，柱状图的宽度
bottom	浮点型数组，底座的 y 坐标，默认为 0
align	柱状图与 x 坐标的对齐方式，'center'表示以 x 位置为中心，这是默认值。'edge'将柱状图的左边缘与 x 位置对齐。要对齐右边缘的条形，可以传递负数的宽度值及 align='edge'
**kwargs	其他参数

【实例 9-10】柱状图（grouped）。

```
import matplotlib.pyplot as plt
import numpy as np
x=np.arange(4)
y1=np.array([8000,10000,20000,30000])
y2=np.array([10000,15000,10000,20000])
width=0.3
plt.rcParams['font.sans-serif'] = ['SimHei']
plt.bar(x-width/2,y1,
        width=width,                    #宽度
        tick_label=list("甲乙丙丁"),     #坐标轴标签
        label='收入')                   #图例
plt.bar(x+width/2, y2, width=width,label='支出')
plt.legend()                            #显示图例
plt.show()
```

本实例中我们演示了如何绘制分组的柱状图。第 4、5 行代码分别给出了 y1 和 y2 两组数据，各自下标相同的元素将分别显示在 x 轴上相邻的位置。第 8、12 行代码中的 plt.bar()分别将 y1 和 y2 以柱状图的形式显示出来。为了避免两者对应的柱状图相互重叠，我们对其 x 坐标进行了微调，即分别在原来的 x 基础上向左（−）或者向右（＋）偏移了 width/2。之所以引入第 7 行代码，是因为 tick_label 和 label 等位置使用了中文字符，该行代码用于指定使用中文黑体字体显示中文字符。本实例的输出结果如图 9-12 所示。

【实例 9-11】柱状图（Stacked）。

```
import matplotlib.pyplot as plt
import numpy as np
x=np.arange(4)
y1=np.array([8000,10000,20000,30000])
y2=np.array([10000,15000,10000,20000])
width=0.6
plt.rcParams['font.sans-serif'] = ['SimHei']#指定中文黑体字体
plt.bar(x, y1, width=width,
        color='grey',                       #内部填充色
        edgecolor='r',                      #边缘色
        hatch='/',                          #内部填充图案
        tick_label=list("甲乙丙丁"),         #坐标轴标签
```

```
          label='余额')                        #图例
plt.bar(x, y2, width=width,                #y2 以 y1 为底部，实现堆叠效果
        bottom=y1,
        edgecolor='b', hatch='x',
        label='收入')
plt.legend()
plt.show()
```

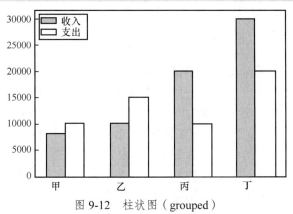

图 9-12 柱状图（grouped）

本实例中我们演示了如何绘制堆叠的柱状图。本实例的数据与上一个实例相同，代码结构基本一致。第 4、5 行代码分别给出了 $y1$ 和 $y2$ 两组数据，各自下标相同的元素将分别以堆叠的方式显示在 x 轴上相同的位置。第 8、14 行代码中的 plt.bar() 分别将 $y1$ 和 $y2$ 以柱状图的形式显示出来。由于采用堆叠方式，故 x 坐标是相同的。堆叠效果是通过第 2 条 plt.bar()语句中的 bottom=$y1$ 参数实现的。此时 $y2$ 将绘制在 $y1$ 之上。本实例与上一个实例另一个最重要的区别是为 plt.bar() 函数增加了较多的参数，读者可以结合代码中的注释和显示效果理解不同参数的含义。本实例的输出结果如图 9-13 所示。

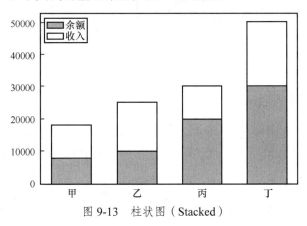

图 9-13 柱状图（Stacked）

9.3.2 水平柱状图绘制函数 barh()

除了垂直放置的柱状图，读者还可以绘制水平放置的柱状图（horizontal bar），具体可以通过 plt.barh()函数实现。plt.barh()函数语法格式如下：

```
matplotlib.pyplot.barh(y, width, height=0.8, left=None, *, align='center', **kwargs)
```

各个参数的含义与 plt.bar()中的基本相同。

【实例 9-12】水平柱状图。

```
import matplotlib.pyplot as plt
import numpy as np
x=np.arange(4)
y1=np.array([8000,10000,20000,30000])
y2=np.array([10000,15000,10000,20000])
plt.barh(x,y1,label='x')
plt.barh(x,-y2,tick_label=list("ABCD"),label='y')
plt.rcParams['axes.unicode_minus']=False
plt.legend()
plt.show()
```

本实例代码之所以看起来更为简单，是因为其中的绝大多数函数参数都采用默认值。本实例中的数据与前面两个实例完全一致，代码结构也基本保持一致。由于本实例中的标签都使用了英文字符，因此也不需要为中文字符指定字体。本实例的重要变化在于在第 6、7 行代码中我们用 plt.barh()代替了之前实例中的 plt.bar()，这两行代码将以水平的形式绘制柱状图。另外有个需要注意的细节是第 7 行代码中，我们通过在 y2 前面添加负号，将其显示在负半轴，从而实现了另一种方式的堆叠。第 8 行代码用于解决坐标轴上负数中的负号不能正常显示的问题。本实例的输出结果如图 9-14 所示。

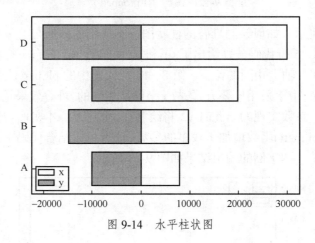

图 9-14　水平柱状图

9.3.3　饼图绘制函数 pie()

饼图用于显示数据集中各数据所占百分比。最简单的饼图只需提供一组数值和标签，绘图库即可自动计算各数值所占比例。可以使用 Pyplot 中的 pie()函数来绘制饼图。pie()函数语法格式如下：

```
matplotlib.pyplot.pie(x, explode=None, labels=None, colors=None, autopct=None,
pctdistance=0.6, shadow=False, labeldistance=1.1, startangle=0, radius=1, counterclock=
True, wedgeprops=None, textprops=None, center=0, 0, frame=False, rotatelabels=False,
*, normalize=None, data=None)
```

pie()函数的主要参数说明如表 9-5 所示。

表 9-5　饼图 pie()函数的参数说明

参数	说明
x	浮点型数组，表示每个扇形的面积
explode	数组，表示各个扇形之间的间隔，默认值为 0

参数	说明
labels	列表，各个扇形的标签，默认值为 None
colors	数组，表示各个扇形的颜色，默认值为 None
autopct	设置饼图内各个扇形百分比的显示格式，%d%%表示整数百分比，%0.1f 表示一位小数，%0.1f%%表示一位小数百分比，%0.2f%%表示两位小数百分比
labeldistance	标签标记的绘制位置，相对于半径的比例，默认值为 1.1，如 <1 则绘制在饼图内侧
pctdistance	类似于 labeldistance，用于指定 autopct 的位置刻度，默认值为 0.6
shadow	布尔值 True 或 False，用于设置饼图的阴影，默认值为 False，不设置阴影
radius	设置饼图的半径，默认值为 1
startangle	起始绘制饼图的角度，默认为从 x 轴正方向逆时针画起，如设定为 90 则从 y 轴正方向画起
counterclock	布尔值，设置指针方向，默认值为 True，即逆时针；False 为顺时针
wedgeprops	字典类型，默认值为 None。传递给 wedge 对象的字典参数，用来绘制饼图。例如，wedgeprops={'linewidth':5}表示设置 wedge 线宽为 5
textprops	字典类型，默认值为None。传递给 text 对象的字典参数，用于设置标签（labels）和比例文字的格式
center	浮点类型的列表，默认值为(0,0)，用于设置图标中心位置
frame	布尔类型，默认值为 False。如果是 True，则绘制带有表的轴框架
rotatelabels	布尔类型，默认值为 False。如果是 True，则旋转每个 label 到指定的角度

【实例 9-13】饼图。

```
import matplotlib.pyplot as plt
import numpy as np
y=[20, 30, 15, 50]
labels=list('ABCD')
plt.pie(y, labels=labels)
plt.title("plt.pie()")
plt.show()
```

本实例第 3 行代码给出了一组数据，第 4 行代码给出了该组数据各自对应的标签。第 5 行代码用于绘制饼图并设置标签。本实例的输出结果如图 9-15 所示。

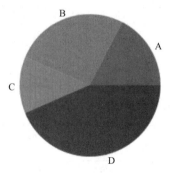

图 9-15　饼图

我们还可以对饼图进行进一步修饰，以增强特定的视觉效果。

【实例 9-14】修饰后的饼图。

```
import matplotlib.pyplot as plt
import numpy as np
y=[20, 30, 15, 50]
labels=list('ABCD')
```

```
explode=(0, 0, 0.2, 0)
autopct='%.2f%%'
#colors=["blue", "green", "red", "#a564c9"] #设置饼图颜色
plt.pie(y, labels=labels,explode=explode,autopct=autopct)
plt.show()
```

本实例中，我们主要做了两个方面的修饰。首先，我们通过参数 explode 设置了各部分分割出来的间隙。参数 explode 指定了一组数值，其中第 3 元素非零，代表对其进行突出显示。该数值越大，表示该分区距离饼图中心越远。其次，我们还通过参数 autopct 将各个分区的比例显示在饼图之中，该参数用于格式化输出百分比的样式。本实例的输出结果如图 9-16 所示。plt.pie()支持的参数远不止这些，有兴趣的同学可以自行参考官方帮助文档。

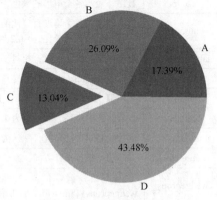

图 9-16　修饰后的饼图

9.3.4　散点图绘制函数 scatter()

散点图通常使用两组数据构成多个坐标点，从而将这两组数据显示为一组点。值由点在图表中的位置表示。根据散点图可以初步判断数据点之间的关系。散点图的应用场景较为广泛，如可以用于回归分析中，通过散点图显示数据点在直角坐标系平面上的分布情况，从而判断出因变量随自变量变化的大致趋势，进而可以据此选择合适的函数对数据点进行拟合。散点图还可以用于总结坐标点的分布模式，如通常可以用于比较多个类别数据的聚合情况。

Matplotlib 中提供了 scatter()函数来绘制散点图。scatter()方法的语法格式如下：

```
matplotlib.pyplot.scatter(x, y, s=None, c=None, marker=None, cmap=None, norm=None,
vmin=None, vmax=None, alpha=None, linewidths=None, *, edgecolors=None, plotnonfinite=
False, data=None, **kwargs)
```

scatter()函数的常见参数说明如表 9-6 所示。参数 x、y 是必选参数，分别代表 x 和 y 坐标，其他参数都是可选参数。

表 9-6　散点图 scatter()函数的参数说明

参数	说明
x，y	长度相同的数组，也就是我们即将绘制散点图的数据点，为输入数据
s	表示点的大小，默认为 20。也可以是个数组，数组中每个参数为对应点的大小
c	表示点的颜色，默认为蓝色'b'，也可以是个 RGB 或 RGBA 二维行数组
marker	表示点的样式，默认为小圆圈'o'
cmap	Colormap，默认为 None，标量或者是一个 colormap 的名字，只有 c 是一个浮点数数组时才使用。如果没有声明就是 image.cmap
norm	Normalize，默认为 None，数据亮度为 0~1，只有 c 是一个浮点数数组时才使用
vmin，vmax	亮度设置，在 norm 参数存在时会忽略
alpha	透明度设置，0~1，默认为 None，即不透明
linewidths	表示标记点的长度
edgecolors	表示颜色或颜色序列，默认为'face'，可选值有'face'、 'none'、None
plotnonfinite	布尔值，设置是否使用非限定的 c (inf, -inf 或 nan)绘制点
**kwargs	其他参数

【**实例9-15**】二维数据散点图。

```
import matplotlib.pyplot as plt
import numpy as np
x=np.linspace(-2, 2, 30)
y=1-x**3+2*x
np.random.seed(10)
y1=y+np.random.randn(30)
plt.plot(x, y)
plt.scatter(x, y1)
plt.rcParams['axes.unicode_minus']=False
plt.show()
```

本实例第3、4行代码用于生成基准曲线的数据。这是一个理想数据集，数据集中不含任何噪声。现实中的数据通常都是带有噪声的数据，因此我们通过第5、6行代码生成一个带有噪声的数据集y1。第7行代码以理想数据集为基础绘制参考基准曲线。第8行代码以噪声数据集为基础绘制散点图。第9行代码用于解决坐标轴上负数中的负号不能正常显示的问题。本实例的输出结果如图9-17所示。

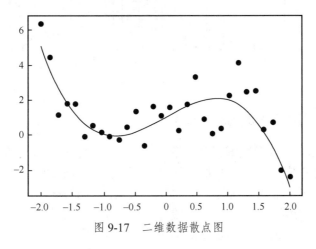

图9-17 二维数据散点图

9.3.5 直方图绘制函数 hist()

直方图（histogram）是一种统计报告图，用于对数值数据的分布情况进行图形化表示。它用一系列高度不等的纵向条带或线段表示数据分布的情况，一般用横轴表示数据区间段，用纵轴表示每个区间段内数据的频数或频率。为了构建直方图，首先将数值范围分段，即将数据的取值范围分成一系列间隔，然后计算每个间隔中有多少数据，最后以条形高度的形式表达统计结果。直方图也可以被归一化，以显示"相对"频率。

Matplotlib 中提供了直方图的绘制函数 hist()，其语法格式如下：

```
matplotlib.pyplot.hist(x, bins=None, range=None, density=False, weights=None,
cumulative=False, bottom=None, histtype='bar', align='mid', orientation='vertical',
rwidth=None, log=False, color=None, label=None, stacked=False, *, data=None, **kwargs)
```

直方图的参数中第1个x参数是必需的，后面的皆为可选参数。由于参数太多，这里不做详细介绍，有兴趣的读者可以自行参考官方帮助文档。

【**实例9-16**】直方图。

```
import matplotlib.pyplot as plt
import numpy as np
```

```
np.random.seed(10)
x=np.random.randn(1000)
plt.hist(x,bins=30,edgecolor='black',facecolor='pink', alpha=0.8)
plt.show()
```

本实例第 3、4 行代码设置了随机数种子，并生成了 1000 个符合正态分布的随机数。第 5 行代码绘制了直方图并设置了条带数目、颜色、透明度等参数。本实例的输出结果如图 9-18 所示。

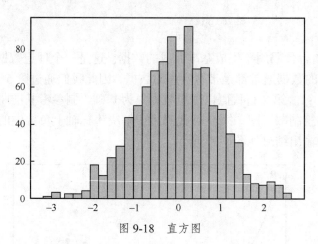

图 9-18　直方图

9.3.6　箱形图绘制函数 boxplot()

箱形图（box plot）又称为箱线图、箱须图（box-whisker plot）等，是一种用于显示一组数据分散情况的统计图，因其形状如箱子而得名。箱形图绘制过程中使用了多个常用的统计量，尤其是大量使用了分位值（数）的概念。它能提供有关数据位置和分散情况的关键信息。如图 9-19 所示的箱形图中标示了箱形图的 6 个主要元素及含义。下四分位数（Q1）、中位数（median）、上四分位数（Q3）组成一个盒子。四分位距 IQR = Q3-Q1，IQR 构成盒子的长度，这个区间包含 50% 的数据点分布。下边缘定义了最小正常观测值 min = Q1-1.5*IQR，上边缘定义了最大正常观测值 max = Q3 +1.5*IQR。大多数正常数据都应分布于[min, max]区间。统计学上将位于[min,max]区间以外的数据称为异常值（flier points，也称离群点）。盒子中间的竖直线被称为胡须线（whisker）。胡须线的下限取正常数据中的最小值，胡须线的上限取正常数据中的最大值，上限和下限各用一短横线表示，离群点单独用小圆圈标记。

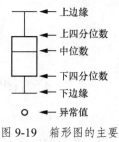

图 9-19　箱形图的主要
元素及含义

Matplotlib 中提供了箱形图的绘制函数 boxplot()，其语法格式为：

```
matplotlib.pyplot.boxplot(x, notch=None, sym=None, vert=None, whis=None, positions=None, widths=None, patch_artist=None, bootstrap=None, usermedians=None, conf_intervals=None, meanline=None, showmeans=None, showcaps=None, showbox=None, showfliers=None, boxprops=None, labels=None, flierprops=None, medianprops=None, meanprops=None, capprops=None, whiskerprops=None, manage_ticks=True, autorange=False, zorder=None, *, data=None)
```

函数 boxplot()的参数众多，但只有第 1 个参数 x 是必选参数，其他参数都是可选参数。boxplot()将根据参数 *x* 给出的数据集，自动绘制箱形图。对于其他参数，大多数情况下使用默认值即可，因此本书不详细介绍，有兴趣的读者可以自行参考官方帮助文档。

【实例 9-17】箱形图。

```python
import matplotlib.pyplot as plt
import numpy as np
np.random.seed(10)
all_data=[np.random.normal(0, std, size=100) for std in range(1, 4)]
labels=['x1', 'x2', 'x3']
bplot2=plt.boxplot(all_data,
                   notch=True,          #在箱形图中间设置凹槽
                   vert=True,           #箱形图竖直排列
                   patch_artist=True,   #用颜色填充箱体
                   labels=labels)       #用给定的标签标记 x 轴
colors=['pink', 'lightblue', 'lightgreen']
for patch, color in zip(bplot2['boxes'], colors):
        patch.set_facecolor(color)
plt.grid(True)
plt.show()
```

本实例第 4 行代码用于生成 3 组符合正态分布的随机数，每组数据的数量都是 100，各组数据的均方差分别是 1、2、3。第 6~10 行代码用于绘制箱形图，其中第 7~10 行代码用于设置样式参数，这些参数的具体含义请参考代码中的注释，它们都可以被省略。第 11~13 行代码用于对箱形图进行颜色填充。第 14 行代码用于显示网格线。这 4 行代码都不是必需的。本实例的输出结果如图 9-20 所示。

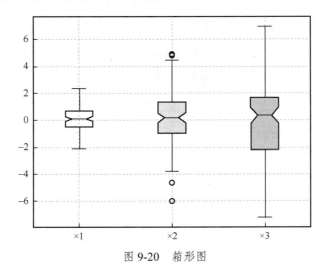

图 9-20　箱形图

9.4　综合案例：葡萄酒数据集可视化分析

9.4.1　案例概述

葡萄酒数据集有 1599 个样本，包含了葡萄酒的不同理化性质（如酸度、糖分、pH 值和酒精含量等）、品质评分（从 0~10）和酒的类型（红葡萄酒或者白葡萄酒）。

本案例以经典的葡萄酒数据集为基础进行可视化分析综合实践，主要涉及概要分析、

对比分析、高维数据分析等。

9.4.2 概要分析

首先导入数据：

```python
import pandas as pd
import matplotlib.pyplot as plt
import seaborn as sns
wines=pd.read_csv("data\matplotlib\综合案例——高维数据分析\winequality.csv")
print(wines.columns)
print(wines.head())
```

倒数第 1 行代码查看了前 5 行数据内容，结果如图 9-21 所示。

	fixed acidity	volatile acidity	citric acid	residual sugar	chlorides	free sulfur dioxide	total sulfur dioxide	density	pH	sulphates	alcohol	quality	wine_type
0	7.0	0.17	0.74	12.8	0.045	24.0	126.0	0.99420	3.26	0.38	12.2	8	white
1	7.7	0.64	0.21	2.2	0.077	32.0	133.0	0.99560	3.27	0.45	9.9	5	red
2	6.8	0.39	0.34	7.4	0.020	38.0	133.0	0.99212	3.18	0.44	12.0	7	white
3	6.3	0.28	0.47	11.2	0.040	61.0	183.0	0.99592	3.12	0.51	9.5	6	white
4	7.4	0.35	0.20	13.9	0.054	63.0	229.0	0.99888	3.11	0.50	8.9	6	white

图 9-21　wines.head()的结果

倒数第 2 行代码输出了数据集的各列标签，输出结果如下：

```
Index(['fixed acidity', 'volatile acidity', 'citric acid', 'residual sugar',
'chlorides', 'free sulfur dioxide', 'total sulfur dioxide', 'density', 'pH', 'sulphates',
'alcohol', 'quality', 'wine_type'], dtype='object')
```

各列标签的具体含义说明如表 9-7 所示。

表 9-7　数据集各列标签的含义说明

编号	标签	含义说明
0	fixed acidity	非挥发性酸
1	volatile acidity	挥发性酸
2	citric acid	柠檬酸
3	residual sugar	剩余糖分
4	chlorides	氯化物
5	free sulfur dioxide	游离二氧化硫
6	total sulfur dioxide	总二氧化硫
7	density	密度
8	pH	酸碱性
9	sulphates	硫酸盐
10	alcohol	酒精
11	quality	质量
12	wine_type	葡萄酒类型

为了深入了解各列数据的分布特征，可以输入如下代码：

```python
wines.hist(bins=30,color="steelblue",edgecolor="black",linewidth=1,
        xlabelsize=8,ylabelsize=8,grid=False)
plt.tight_layout(rect=(0,0,1.2,1.2))
```

第 1 行代码调用 pandas 自带的绘图函数 hist()，绘制了各列数据的直方图信息，结果如图 9-22 所示。根据输出结果，我们可以形成对列数据分布情况的直观印象。例如，根据图 9-22（a），我们可以发现 fixed acidity 大致上呈现正态分布，其中均值位于[5,10]之间。再比如，根据图 9-22（c），我们可以发现 quality 的取值具有离散特征，大多数样本的 quality 值为 6。

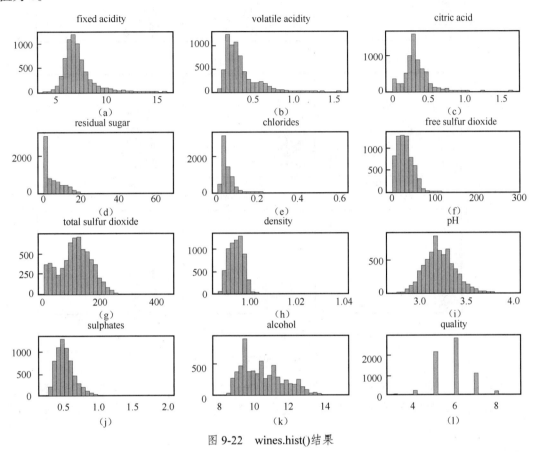

图 9-22　wines.hist()结果

图 9-22 本质上是一种针对单变量的分析，对数据集每个字段的分析是独立进行的。这是数据分析或可视化较为简单的形式，获取的信息也相对有限。

一般而言，数据集的各个字段之间并不是相互独立的。通过将某两个字段作为坐标维度，我们可以将数据集投影到这两个字段形成的坐标平面中，从而有利于观察字段间的相互关联特征。输入如下代码：

```
sns.pairplot(wines.iloc[:,[5,6,7]])
```

本行代码将选择数据集的 5、6、7 三列数据（即 free sulfur dioxide、total sulfur dioxide、density），对其两两组合可以得到多个不同的二维坐标平面；然后以散点图的形式将数据集各个样本绘制到这些坐标平面中，输出结果如图 9-23 所示。图中对角线上 3 个图分别是 5、6、7 三列数据的直方图。以对角线为界，左下方和右上方的子图成镜像关系，可以分为 3 对子图，每对子图的差别在于 x、y 坐标轴发生了交换。例如，第 2 行第 1 列的子图的纵坐标为 total sulfur dioxide，横坐标为 free sulfur dioxide；第 3 行第 1 列的子图的纵坐标为 density。比较这两幅子图，我们不难发现它们的分布特征是不一样的。更准确地说，第 2

行第 1 列的子图中两个坐标轴对应字段的相关性更大。

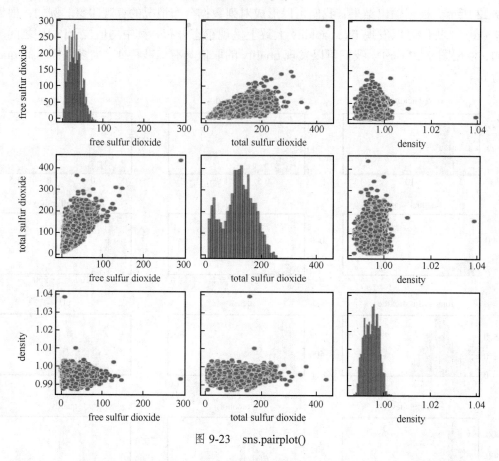

图 9-23　sns.pairplot()

然而，对于初学者而言，根据图 9-23 得出前述相关性大小的判定结论并不容易。为此，我们有必要对不同维度间的相关性进行量化计算，以得出更为准确的结论。输入如下代码：

```
f,ax=plt.subplots(figsize=(8,6))
#corr=wines.corr()
corr=wines.iloc[:,:-1].corr()
hm=sns.heatmap(round(corr,2),annot=True, ax=ax, cmap="coolwarm",
               fmt=".2f",linewidth=.05)
f.subplots_adjust(top=0.93)
t=f.suptitle("wine attribute correlation",fontsize=14)
```

第 2 行代码计算相关性。注意：新版本的 pands 需要显式去除最后一列（wine_tupe，非数值列），否则会提示"ValueError:could not convert string to float"。第 3 行代码以热图的形式显示相关性计算结果，其他 4 行代码主要用来调整图形样式，输出结果如图 9-24 所示。根据图中第 6 行第 6、7 两列数据，我们可以知道，free sulfur dioxide 与 total sulfur dioxide 之间的相关性更大（0.72）。

如前所述，这个数据集的目的是研究葡萄酒质量（quality）和各类理化参数之间的关系。质量（quality）可以看作一种分类属性，品质的评价范围是 0～10，这个数据集中的范围是 3～8。箱形图可以根据分类属性中的不同数值描述数据的分布特征。通过箱形图可以了解数据的各分位数值以及潜在异常值。输入如下代码：

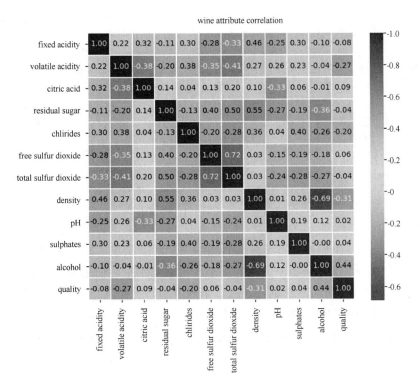

图 9-24　sns.heatmap()

```
f,ax=plt.subplots()
f.suptitle("Wine Quality - ALcohol",fontsize=14)
sns.boxplot(x="quality",y="alcohol",data=wines,ax=ax)
ax.set_xlabel("Wine Quality",size=12,alpha=0.8)
ax.set_ylabel("Wine Alcohol",size=12,alpha=0.8)
```

第 3 行代码以质量（quality）和酒精度（alcohol）为基础绘制了箱形图，如图 9-25 所示。图中共有 7 个子图，每一个子图对应一种品质。通过结果不难发现，品质较高的样本（7～9），其酒精度整体而言更高。第 3 行代码也可以替换成如下代码：

```
sns.violinplot(x="quality",y="alcohol",data=wines,ax=ax)
```

替换后的代码将绘制小提琴图。它使用核密度图显示分组数据的分布情况，描绘了数据在不同值下的概率密度，如图 9-26 所示。

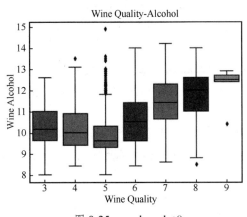

图 9-25　sns.boxplot()

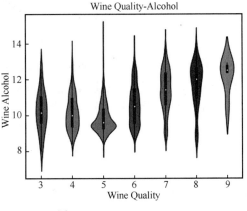

图 9-26　sns.violinplot()

　数据可视化与 Matplotlib ／ 第 9 章

9.4.3 对比分析

本数据集的最后 1 列为葡萄酒类型（wine_type）。我们可以葡萄酒类型为基础将数据进行拆分，分别进行统计，以方便比对。输入如下代码：

```
f, (ax1, ax2)=plt.subplots(1, 2, figsize=(14, 4))
sns.violinplot(x="quality", y="volatile acidity", hue="wine_type",
               data=wines, split=True, inner="quart", linewidth=1.3,
               palette={"red": "#FF9999", "white": "white"}, ax=ax1)
ax1.set_xlabel("Wine Quality",size=12,alpha=0.8)
ax1.set_ylabel("Wine Volatile Acidity",size=12,alpha=0.8)
sns.boxplot(x="quality",y="alcohol",hue="wine_type",
            data=wines,palette={"red":"r","white":"c"},ax=ax2)
ax2.set_xlabel("Wine Quality",size=12,alpha=0.8)
ax2.set_ylabel("Wine Alcohol",size=12,alpha=0.8)
```

第 2～4 行代码将两种不同类型葡萄酒的小提琴图绘制在一起。统计意义上而言，不同质量的红葡萄酒的 volatile acidity 值普遍高于相同质量水平的白葡萄酒。第 7、8 行代码将两种不同类型葡萄酒的箱形图绘制在一起，请读者自行分析其结果含义。上述代码的输出结果分别如图 9-27 和图 9-28 所示。

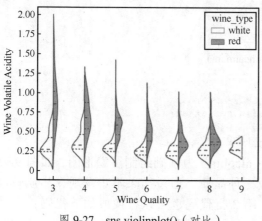

图 9-27　sns.violinplot()（对比）

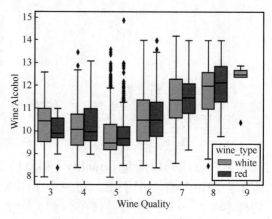

图 9-28　sns.boxplot()（对比）

在图 9-23 中，我们以 3 个字段为基础，两两组合绘制了散点图。为了进一步观察这 3 个字段与 wine_type 的关系，我们对该行代码进行了如下修改：

```
cols=['free sulfur dioxide', 'total sulfur dioxide', 'density',"wine_type"]
sns.pairplot(wines[cols][:200],hue="wine_type",size=1.8,aspect=1.8,
             palette={"red":"r","white":"c"},
             plot_kws=dict(edgecolor="k",linewidth=0.5))
```

由于数据集样本太多，使用全部样本绘制时，样本间相互堆叠，效果并不好。为此，在第 2 行代码中，我们只使用了前 200 条样本，输出结果如图 9-29 所示。由此，我们可以得到不同类型葡萄酒的数据分布特征。

有时候我们可能需要对比分析不同葡萄酒类型中其他某个字段数据（如质量 quality）的分布情况，这时我们其实可以直接通过直方图的形式进行对比。输入如下代码：

```
cp=sns.countplot(x="quality",hue="wine_type",data=wines,
                 palette={"red":"r","white":"c"})
```

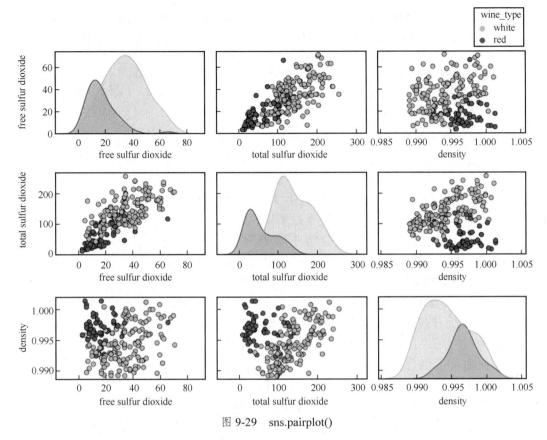

图 9-29　sns.pairplot()

输出结果如图 9-30 所示。根据结果，白葡萄酒的样本数显然更多，并且其峰值对应的质量（6）也更高。当然，我们也可以用 Matplotlib 或者 pandas 提供的函数绘制类似的图片。

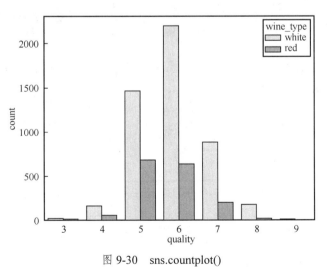

图 9-30　sns.countplot()

9.4.4　高维数据分析

我们生活在三维空间中，而实践中数据集的维度通常是远远大于三维的。例如，本案

　　　　数据可视化与 Matplotlib　第 9 章

例使用的数据集就有 14 维。在三维空间中对高维数据进行可视化，需要较高的技巧。

在前面的例子中我们绘制的都是二维图形。绘制三维图形可以参考如下代码：

```
fig=plt.figure()
ax=fig.add_subplot(111,projection="3d")
xs=wines["residual sugar"][:200]
ys=wines["fixed acidity"][:200]
zs=wines["alcohol"][:200]
ax.scatter(xs,ys,zs,s=50,alpha=0.6,edgecolor="w")
ax.set_xlabel("residual sugar")
ax.set_ylabel("fixed acidity")
ax.set_zlabel('alcohol')
ax.zaxis.labelpad=-2
```

第 2 行通过参数指定绘制三维图形。第 3～5 行代码准备了 3 个维度的数据。为了避免样本过多导致绘制图形重叠，我们只使用前 100 个样本。第 6 行代码使用 scatter() 绘制了散点图，与之前案例的区别在于这里输入了 3 个维度的数据。第 7～9 行代码设置了各个维度的标签。但此时 z 轴标签可能不能正常显示，第 10 行代码用于解决这一问题。输出结果如图 9-31 所示。

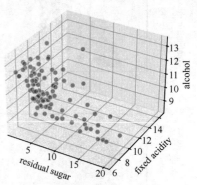

图 9-31　scatter()绘制三维图

我们的目的是表达 3 个维度的信息，但三维坐标系并不是必需的。结合前面知识（9.3.4 小节的散点图），我们不难发现图 9-29 中的 6 个散点图，其实都是在二维平面中表达了三维信息。其中的两个维度对应两个坐标轴，另一个维度（葡萄酒类型（wine_type））是通过颜色的形式表达出来的。我们也可以通过 pairplot() 将其中的某一个散点图单独显示出来。例如，下面代码中 x、y 坐标轴分别为 free sulfur dioxide 和 total sulfur dioxide：

```
sns.pairplot(wines[:200],x_vars=['free sulfur dioxide'],
             y_vars=['total sulfur dioxide'],height=4.5,
             hue="wine_type",palette={"red":"r","white":"c"},
             plot_kws=dict(edgecolor="k",linewidth=0.5))
```

输出结果如图 9-32 所示。

这种实现方式并不是唯一的。下面代码中，我们以尺寸大小作为第三维，其中点的尺寸大小表征第三维的数量。

```
plt.scatter(wines["fixed acidity"][:100],
            wines["alcohol"][:100],
            s=wines["residual sugar"][:100]*25,
            alpha=0.4,edgecolor="w")
plt.xlabel("Fixed Acidity")
plt.ylabel("Alcohol")
plt.title("Wine Alcohol- Fixed Acidity- Residual Sugar",y=1.05)
```

输出结果如图 9-33 所示。

进一步地，下面代码中，我们通过颜色来表达第四维信息：

```
a = wines["fixed acidity"][:100]
b = wines["volatile acidity"][:100]
c = wines["residual sugar"][:100]
d = wines["citric acid"][:100]
plt.scatter(a, b, c=c,s=d*500,alpha=0.6)
plt.colorbar()
plt.show()
```

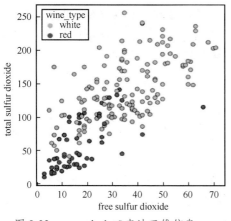

图 9-32　sns.pairplot()表达三维信息

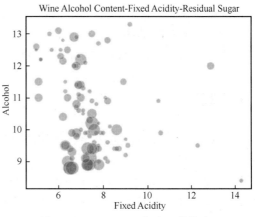

图 9-33　plt.scatter()表达三维信息

第 5 行代码用于绘制散点图，我们分别将点的颜色 c、大小 s 与两个数据维度建立联系。alpha=0.6 表示设置透明度，取值范围为[0,1]，1 表示不透明，颜色最深。第 6 行代码用于显示右侧的颜色条。上述代码的输出结果如图 9-34 所示。

【思考】如何在二维或者三维坐标系中表达更高维度的信息？

除此之外，我们还可以通过平行坐标系等技术对高维数据进行可视化分析。下面代码通过平行坐标系对四维数据进行可视化分析：

```
from pandas.plotting import parallel_coordinates
fig,axes=plt.subplots()
parallel_coordinates(wines.iloc[:100,[5,3,6,2,12]],"wine_type",
                ax=axes, color=( '#3ECDC4', '#F7E464'))
plt.legend()
```

上述代码的输出结果如图 9-35 所示。图 9-35 中的 4 个纵轴分别对应 4 个维度的数据（分别对应编号为[5,3,6,2]的字段，编号为 12 的字段对应"wine_type"，注意编号是从 0 开始）。通过结果不难发现，前 3 个维度的信息对葡萄酒类型具有很好的区分度。

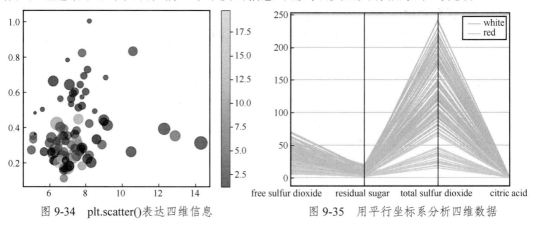

图 9-34　plt.scatter()表达四维信息

图 9-35　用平行坐标系分析四维数据

【思考】如何在平行坐标系中表达更高维度的信息？

本章小结

本章介绍了可视化领域中最常用的 Python 工具集 Matplotlib。Matplotlib 提供了各类常见图形的绘制函数，它是 Python 生态圈中应用最广泛的绘图库。本章以 Matplotlib 为基础，详细介绍了不同类型的图形绘制、子图绘制、绘图装饰等内容，另外还借助综合案例系统讲解了概要分析、对比分析、高维数据分析等可视化分析任务的实施。

习题 9

1. 用于导入 Matplotlib 库绘图模块的语句是什么？
2. 用于绘制折线图的函数是什么？
3. 代码 plt.plot(x, y, color='r',marker='o',linestyle='dashed')实现的功能是什么？
4. Matplotlib 库中将同一画布划分成多个子区域的是什么函数？
5. Matplotlib 库中什么函数用于设置图表标题？

实训 9

1. 生成正态分布数据并绘制概率分布图。
2. 加载鸢尾花数据集，使用循环和子图绘制各种特征之间的散点图。
3. 加载鸢尾花数据集，绘制各个特征的箱形图。
4. 绘制一个简单的饼图，显示数据集中的各个类别分别占比多少。
5. 绘制一个箱形图，横轴是类别，纵轴是数值，数据来源于一个字典。
6. 绘制一个直方图，横轴是数值，纵轴是频数，数据来源于一个字典。
7. 绘制一个散点图，横轴和纵轴的范围都是 0～10，点大小为 200，颜色为绿色。
8. 使用 Matplotlib 库绘制一幅线性图，其中横坐标为[1,2,3,4,5]，纵坐标为[1,4,9,16,25]，并添加标题和标签。
9. 在同一张图中绘制两个函数，函数 1 为 $y=2x$，函数 2 为 $y=x^2$。其中 x 的范围为 0～5，并添加图例、标题和标签。
10. 绘制一个水平柱状图，横轴是数量，纵轴是课程名称，数据来源于一个字典。

第 10 章 人工智能与 Sklearn

机器学习和深度学习是人工智能领域最为成功的技术。尽管深度学习的能力更强，但对样本数量及机器性能的要求更高，本书暂不涉及。本章重点对机器学习及其应用进行介绍。

10.1 概述

10.1.1 人工智能

人工智能（Artificial Intelligence，AI）是计算机科学和工程领域的一个分支。人工智能的概念最早于 1956 年正式提出，旨在研究如何使计算机完成一些通常需要人类智力才能完成的任务。人工智能是一门研究、开发用于模拟、延伸和扩展人的智能的理论、方法、技术及应用系统的新的技术科学。它通过模拟人类思维和学习过程，创建能够感知、理解、推理、决策和执行任务的智能系统。

人工智能领域有多种学派和方法论，常见的人工智能学派包括符号主义（Symbolism）学派、连接主义（Connectionism）学派、进化计算（Evolutionary Computation）学派等。

1. 符号主义学派

符号主义学派认为，通过使用形式化的符号系统和逻辑推理，可以模拟人类的思维和智能过程。代表性的符号主义方法包括专家系统和基于规则的推理系统。

① 专家系统（Expert Systems）：基于规则和知识库，通过推理和逻辑规则来解决问题。例如，MYCIN 系统用于诊断疾病。

② 逻辑推理系统（Logical Reasoning Systems）：使用形式化的逻辑知识进行推理和决策。例如，Prolog 语言用于逻辑编程。

2. 连接主义学派

连接主义学派（也称为神经网络学派）的研究基于对生物神经系统的模拟，认为人工智能可以通过复杂的神经元网络来实现。

① 神经网络（Neural Networks）：由大量神经元和连接组成的网络，可模拟人脑的信息处理和学习过程。例如，卷积神经网络（Convolutimal Neural Networks，CNN）用于图像识别，循环神经网络（Recurrent Neural Networks，RNN）用于自然语言处理。

② 深度学习（Deep Learning）：使用多层次的神经网络进行学习和特征提取，通过大量数据训练来提高性能，如用于图像分类的 AlexNet、用于机器翻译的 Transformer 模型等。

3．进化计算学派

进化计算学派的研究借鉴了生物进化中的基因遗传和选择机制，通过模拟进化过程来优化问题求解。常见的进化计算方法包括遗传算法、进化策略等。

① 遗传算法（Genetic Algorithms）：通过模拟生物进化中的遗传、交叉和变异过程来优化问题求解，如用于优化调度问题的遗传算法。

② 进化策略（Evolutionary Strategies）：通过模拟进化过程来优化参数和策略，如用于机器人控制和问题优化的进化策略方法。

4．混合方法学派和其他

混合方法学派将不同的人工智能技术和方法进行融合，以解决复杂的问题。例如，将符号主义和连接主义相结合的混合智能系统可以同时利用逻辑推理和神经网络学习的优势。除了以上提到的学派，还有许多其他的研究方法和学派，如贝叶斯学派、进化学习学派、强化学习学派等。人工智能领域的研究和发展是多学科交叉融合的结果，各种学派和方法的交流、探索都对人工智能的进步起到了积极的促进作用。

10.1.2　机器学习

机器学习是人工智能的一个分支。机器学习研究如何通过计算的手段，利用经验来改善系统自身的性能。机器学习涉及概率论、统计学、逼近论、凸分析、计算复杂性理论等多门学科的知识。机器学习理论主要用于设计和分析一些让计算机可以自动学习的算法，对一组样本数据（训练数据）进行分析并获得规律，然后利用这些规律对新样本数据进行预测。例如，对于第 8 章的泰坦尼克号数据集，每一行对应一个乘客的信息，这就是一个样本。每个样本既可能是一个数字，也可能包含了多个数字。样本中的每个数字分别对应于样本的某个属性或特征。例如，在第 8 章的案例中，每个乘客信息就包含了 survived、pclass、sex、age、sibsp 等多个特征。

深度学习是一类特殊的机器学习技术，主要基于人工神经网络技术构建深度学习模型。该模型更为复杂，具有更强的表达能力，广泛应用于各类复杂的应用场景。深度学习对训练样本数量及机器性能的要求更高，入门门槛更高，本书暂不涉及。

机器学习可以有多种分类方式。根据有无监督，机器学习可以划分为有监督学习（Supervised Learning）和无监督学习（Unsupervised Learning）。在有监督学习中，训练数据中包含想要预测的附加属性（通常也被称为目标值、标签），目的是根据反馈信息学习到能够将输入映射到输出的规则。分类问题和回归问题都是具有代表性的有监督学习问题。在无监督学习中，训练数据由一组没有任何对应目标值的输入向量组成，计算机需要自己发现输入数据中的结构规律。此类问题的目标或是在数据中发现类似的示例组（称为聚类），或确定数据在输入空间中的分布（称为密度估计），或将数据从高维空间投影到二维或三维空间中，以实现可视化。

1．分类问题

分类问题是有监督学习中最常见的一类问题。分类问题中，样本属于两个或多个类别，我们可以从已经标记的数据中学习如何预测未标记数据的类别。分类问题是一种离散（而不是连续）形式的有监督学习，其中类别的数量是有限的。对于提供的每一个样本，我们都试图用正确的类别来标记它，其目的是将每个输入向量分配给有限数量的离散类别中的一个。例如，识别我们所看到的动物是小猫还是小狗，识别所接收到的邮件是否为垃圾邮件，诊断病人身体里的肿瘤是恶性的还是良性的，判断手写数字是 0～9 中的哪一个等，这些问题全部都属于分类问题的范畴。

根据类别的数量，还可以进一步将分类问题划分为二元分类和多元分类。例如，判断我们看到的动物是小猫还是小狗，判断接收到的邮件是否为垃圾邮件，判断肿瘤是否为恶性的等，这些都是典型的二元分类问题；手写数字识别、信用卡客户信用等级分类、上市公司类型的划分等则属于多元分类问题。

机器学习里的分类算法非常多，常见的有线性判别分析、支持向量机（Support Vector Machine，SVM）、决策树（Decision Trees）等。其中，线性分类器中的判别分析和逻辑回归是最基础、最具代表性的分类方法。判别分析是一种简单直观的分类方法，基于观测值与不同类别之间的距离差异进行分类。它利用样本构造判别函数，根据观测点与不同类别中心点的距离将其归属于距离"最短"的那一类。逻辑回归分类则是先建立一个回归模型，然后采用极大似然估计方法估计模型参数，得出回归的拟合值，最后通过数学方法在不同的概率中作出决策，完成分类问题。

分类算法在医学、生物学和经济管理等诸多领域都有着广泛的应用。分类算法的好坏一般可从 3 个方面进行判别：①预测的准确度；②计算的复杂度；③模型的简洁度。

2．回归问题

回归问题是另一种常见的有监督学习问题。回归问题中，需要预测的输出值由一个或多个连续变量组成。回归问题多用来预测一个具体的数值，如预测房价、未来的天气情况等。例如，我们根据一个地区若干年的 PM2.5 数值变化来估计该地区某一天的 PM2.5 数值大小；再比如，我们根据鲑鱼的长度和体重等数据来预测鲑鱼的年龄。预测值与实际数值大小越接近，回归分析算法的可信度越高。例如，通过回归分析预测某只股票的收盘价格为 100 元，而其实质收盘价格为 99.9 元，很显然这是一个比较好的回归分析结果。

回归问题按照输入变量的个数可以分为一元回归问题和多元回归问题，按照输入变量和输出变量之间关系的类型分为线性回归问题和非线性回归问题。回归学习最常用的损失函数是平方损失函数，在此之下，回归问题的求解方法用得最多的是最小二乘法。最小二乘法通过最小化误差的平方和寻找数据的最佳匹配模型。

分类与回归存在一定的区别和联系。

分类与回归的区别：①分类和回归的应用场景不同，分类用于预测离散值，回归用于预测连续值。②分类和回归预测的评估方式并不相同，准确度可以用于评估分类预测的性能，但一般不用于评估回归预测的性能；均方误差可以用于评估回归预测的性能，但一般不用于评估分类预测的性能。

分类与回归的联系非常紧密，一些算法只需要经过很少的修改，便既可用于分类，又可用于回归，如决策树和人工神经网络。分类算法可以预测连续值，但是连续值是类标签的概率形式；回归算法可以预测离散值，但是以整数量的形式预测离散值。

3．聚类问题

聚类问题是代表性的无监督学习问题。聚类分析起源于分类学，但是聚类不等于分类。聚类与分类的不同在于聚类要求划分的类是未知的，聚类是在没有给定划分类别的情况下，根据数据样本的相似度进行样本分组的一种方法。它根据数据本身的特征，将样本按照相似度划分为不同的类簇，从而揭示样本之间内在的性质以及相互之间的联系规律。例如，市场分析人员将消费者分类成不同的消费群体，从而评估出不同类型消费群体的消费模式和消费习惯。聚类算法在数据分析算法中也可以作为其预处理步骤，如异常值识别。

俗话说："物以类聚，人以群分。"聚类是根据物以类聚的原理，按照某个特定标准（如距离）把一个数据集分割成不同的类或簇。与分类算法不同，聚类属于无监督学习算法，其输入数据没有类别标签。聚类通过对类别标签未知的数据集中的对象进行分组，使得组与组之间的相似度尽可能小，而组内数据之间的相似度尽可能大。也即聚类使同一类的数据尽可能聚集到一起，不同类的数据尽量分离。常用的聚类方法主要可以分为划分式聚类方法（Partition-Based Methods）、层次化聚类方法（Hierarchical Methods）、基于密度的聚类方法（Density-Based Methods）等。

K-means 是最著名的划分式聚类方法，其基本流程为：在给定 K 值和 K 个初始类簇中心点的情况下，把每个点分到离其最近的类簇中心点所代表的类簇中；所有点分配完毕之后，根据一个类簇内的所有点重新计算该类簇的中心点（取平均值）；然后再迭代地进行分配点和更新类簇中心点的步骤，直至类簇中心点的变化很小，或者数据分配簇没有变化，或者达到指定的迭代次数。

K-means 算法的思想简单，但计算复杂度高，而且 K 值和 K 个初始点选取对性能的影响很大。该算法复杂度为 $O(tknm)$，其中，t 为迭代次数，k 为类的个数，n 为 item 的个数，m 为空间向量的特征数。如何确定 K 个初始聚类中心点？最简单的方法是随机选择 K 个点作为初始类簇中心点。但这种方法不稳定，效果一般较差。常用的选取方法有两种：其一，选择彼此距离尽可能远的 K 个点；其二，先进行初始聚类。

10.2 Sklearn 基础

目前，不论是在产业界，还是在学术界，Python 都是机器学习和深度学习开发过程中最常用的程序设计语言。Scikit-learn（也称为 Sklearn）是针对 Python 程序设计语言的免费机器学习库。Sklearn 中包含大量常见的机器学习算法，代表性算法的包括支持向量机、随机森林（Rondom Forest）、梯度提升、K 均值和 DBSCAN（Density-Based Spatial Clustering of Applications with Noise，具有噪声的基于密度的聚类方法）等。

本书推荐读者基于 Anaconda 搭建开发环境，因为 Anaconda 中已经包括 Sklearn，不需要再进行单独安装。读者如果需要安装或更新 Sklearn，可以使用 pip 或者 conda，但需要做好出错的准备。安装 Sklearn 的过程中会涉及大量依赖包的安装。由于不同的 Python 包之间存在复杂的版本依赖关系，处理不当容易导致各种错误，而网络连接中断也是引发错误的常见因素。

Sklearn 以 API（Applications Programming Interface，应用程序接口）的形式提供了大量类和函数，基本可以满足常见的机器学习需求。这些类和函数依据其功能用途被组织到不同的子模块中。Sklearn 提供的常用功能模块包括分类（Classification）、回归（Regression）、聚类（Clustering）、数据降维（Dimensionality Reduction）、模型选择（Model Selection）和数据预处理（Preprocessing）等。完整地掌握所有函数接口用法并不是一件容易的事情，初学者可以结合后面的案例了解。

Sklearn 的使用一般分为数据准备、模型选择、模型训练和模型测试 4 个阶段。

① 数据准备：指所研究问题涉及的数据加载及数据预处理过程。

② 模型选择：指需要根据任务的不同选取合适的模型，建立模型评估对象。

③ 模型训练：指根据经验设定模型参数，将数据集送入模型。

④ 模型测试：指根据评价指标评估模型，以便进一步模型优化。

10.2.1 数据准备

1．内置数据集

机器学习离不开数据支持。sklearn.dataset 模块中内置了一些常用的数据集。通过调用该模块提供的接口，可以导入、在线下载及本地生成数据集。数据集接口主要有 3 类。

① load_\<dataset_name\>：加载内置的小型标准数据集。这类数据集在安装 Sklearn 时已经下载到本地，可以直接加载使用。例如，可以分别使用命令 load_iris()和 load_boston()加载入门训练使用最多的鸢尾花数据集和波士顿房价数据集。

② fetch_\<dataset_name\>：加载较大数据集。初次使用这类数据集时需要联网，系统将自动下载。例如，可以使用 fetch_20newsgroups()加载机器学习的标准数据集 20newsgroup。

③ make_\<dataset_name\>：各种随机样本的生成器，可以用来建立可控制大小和复杂性的人工数据集。这类接口可以用来生成适合特定机器学习模型的数据，用于分类、回归、聚类、流形学习或者因子分解等任务。例如，可以使用 make_classification()生成分类模型随机数据。

> ⚠ 注意：随着 Sklearn 版本的变化，部分数据集发生了变动。例如，load_boston()在 Sklearn 1.12 中已经被移除，增加了 California housing dataset（fetch_california_housing()）和 Ames housing dataset（fetch_openml(name="house_prices", as_frame=True)），但是这 3 个数据集不论是特征值数量和种类，还是样本数量都不完全相同。

2．数据预处理

在机器学习中，数据预处理是一个重要的步骤，它涉及对原始数据进行清理、转换和规范化，以便为模型提供更好的输入。下面是一些常见的数据预处理技术。

① 数据清洗（Data Cleaning）：主要包括处理缺失值和异常值。可以删除包含缺失值的样本，也可以使用均值、中位数或其他统计量填充缺失值；可以通过识别删除异常值，或者使用插值等方法对异常值进行替换。

② 特征选择（Feature Selection）：根据业务背景知识和特征相关性进行选择，保留最相关的特征，去除冗余或无关的特征。可以使用统计方法（如相关系数）、基于模型的方法（如随机森林的特征重要性）或者基于经验的方法（如领域专家的建议）。

③ 特征缩放（Feature Scaling）：对特征进行缩放，以便将不同范围或单位的特征统一到相似的尺度上，避免某些特征对模型的影响过大。常见的缩放方法包括标准化（将数据转换为均值为 0、方差为 1 的分布）、归一化（将数据缩放到 0～1 的范围）等。

④ 类别变量编码（Categorical Variable Encoding）：将类别变量转换为模型能够处理的数值形式，以便模型能够对其进行计算。常见的编码方法包括独热编码（One-Hot Encoding）、标签编码（Label Encoding）等。

⑤ 特征构建（Feature Engineering）：根据业务理解和特征之间的关系构建新的特征来提取更多的信息。可以通过组合、交互、分箱等方式创建新特征，以捕捉特征之间的非线性关系或重要模式。

这些是常见的数据预处理技术，具体使用哪些技术需要根据数据集的特点和问题的需求而定。实际上，本章的综合案例中对上面提及的绝大多数预处理技术都没有涉及。数据预处理的工具有许多。pandas 提供了常见的数据预处理功能。机器学习库 Sklearn 的 preprocessing 模块提供了多种数据预处理类，用于数据的标准化、正则化、缺失数据的填补、类别特征编码以及自定义数据转换等数据预处理操作。在实际应用中，所得到的数据集通常并不能直接满足要求，数据预处理可能会占据整个项目的大部分时间。为此，我们需要根据数据的情况选择合适的预处理方法，并进行实验和评估，以找到最佳的预处理策略，从而提高机器学习模型的性能和稳定性。

3．数据集划分

数据集划分是指将数据集划分为训练集、验证集和测试集，用于模型的训练、调优和评估。对于简单的问题，可以只划分训练集和测试集。一般采用随机划分或按时间顺序划分的方法，以确保样本的独立性和泛化能力。在数据集准备阶段，送入模型的数据可以被分为样本特征矩阵 X 和标签 y 两部分。其中样本特征矩阵 X 可以表示为 NumPy 二维数组，数组的行数代表样本个数，列数代表样本特征数；标签 y 就是每个样本对应的类别，表示为一维数组，元素个数与样本个数相同。

现实应用中，待预测的样本是我们从未见过的。为了测试模型的性能，需要通过实验对模型的泛化误差进行评估，进而做出选择，所以需要一个"测试集"来测试模型对新样本的判别能力。因此，在机器学习任务中可以将数据集划分为训练集和测试集两部分，人为地将一小部分数据作为测试数据，以便测试模型的性能。首先在训练集上训练模型，输入训练数据的特征矩阵 X 和标签 y；然后在测试集上测试模型，输入测试数据的特征；最后对输出的预测标签和真实标签进行比较，检验模型的性能。

Sklearn 中提供了用于划分测试集和训练集的 train_test_split()函数，返回划分好的训练集、测试集样本和训练集、测试集的标签。

10.2.2　模型选择

不同模型适用于处理不同规模的数据，解决不同类型的问题，目前不存在适用于解决机器学习领域所有问题的通用模型和算法。在实际应用中，用户需要对问题类型和数据规模进行深入分析，从数据量大小、特征维度数量以及给定的任务要求等多方面综合考量，选择适合的机器学习模型和算法。

1．有监督学习模型

Sklearn 提供了多种有监督学习模型，通常既可以用于分类问题，又可以用于回归问题。不同模型适用于不同的场景和目标。Sklearn 提供了统一的 API，能够方便地应用这些模型。以下介绍 6 种常见模型。

① 线性模型（linear models）：模块 sklearn.linear_model 提供了大量线性模型，其中既包括分类模型，也包括回归模型。分类方面，Sklearn 提供了包括 LogisticRegression、RidgeClassifier、SGDClassifier、Perceptron 等在内的代表性分类算法；回归方面，Sklearn 提供了包括 LinearRegression、Ridge、Lasso、ElasticNet、SGDRegressor 等在内的代表性回归算法。

② 决策树：使用树结构来建立预测模型，可以处理分类和回归任务，并且能够处理多输出问题。

③ 支持向量机：既可以用于分类问题，也可以用于回归问题。SVM 通过在不同类别之间寻找超平面来完成分类任务。

④ 朴素贝叶斯（Naive Bayes）：基于贝叶斯定理和特征之间的条件独立假设，用于解决文本分类和垃圾邮件过滤等问题。

⑤ K 近邻：非参数模型，将样本点分类并拟合分界线。

⑥ 集成学习（Ensemble Learning）：包括随机森林、AdaBoost、Bagging 等，将多个分类器集成起来完成分类任务。

2．无监督学习模型

Sklearn 提供了多种无监督学习模型。

（1）聚类算法

聚类问题可以使用 sklearn.cluster 模块来解决。Sklearn 提供了包括 K-means、MeanShift、SpectralClustering、AffinityPropagation、DBSCAN 等在内的代表性聚类算法。

① K-means：将数据划分为 K 个簇，每个簇内的样本相似度较高。

② 层次聚类（Hierarchical Clustering）：通过构建层次结构将样本逐步合并或分割为簇。

③ 密度聚类（Density-Based Clustering）：基于样本间的密度来识别簇的分布。

（2）降维算法

① 主成分分析（Principal Component Analysis，PCA）：通过线性变换将高维数据映射到低维子空间。

② t-SNE：通过非线性嵌入将高维数据映射到低维空间，适用于可视化高维数据。

③ 独立成分分析（Independent Component Analysis，ICA）：将多维随机变量分解为互相独立的子变量。

（3）混合模型

① 高斯混合模型（Gaussian Mixture Model，GMM）：用多个高斯分布组合来描述复杂数据分布。

② 潜在狄利克雷分配（Latent Dirichlet Allocation，LDA）：用于主题模型的无监督学习算法。

3．模型选择

选择合适的机器学习模型是一个关键的决策，下面是进行机器学习模型选择的一些步骤和方法。

① 理解问题：首先要明确待解决的问题是有监督学习问题、无监督学习问题还是强化学习问题；然后进一步确定该问题是分类问题、回归问题还是聚类问题等。

② 收集数据：获取足够的训练数据并进行数据预处理，包括数据清洗、缺失值处理、特征选择、归一化等，确保数据质量和可用性。

③ 特征工程：根据问题的特点和数据的特征对原始数据进行特征提取、转换和构建更有意义的特征，以提高模型的性能和效果。

④ 模型评估指标：根据问题的性质选择适当的模型评估指标，如准确率、精确率、召回率、F1-score 等，来衡量模型的性能。

⑤ 尝试多个模型：尝试不同类型的机器学习算法，并根据问题的性质和数据的特点选择合适的模型，可以使用交叉验证等技术来对模型进行评估和比较。

⑥ 调参优化：对于选定的模型，通过调节模型的超参数来优化模型的性能，可以使用网格搜索、随机搜索等方法来找到最佳的参数组合。

⑦ 模型比较和选择：根据模型在评估指标上的表现进行比较和选择，选择性能较好的

模型作为最终的选择。

⑧ 模型验证：使用独立的测试集对最终选定的模型进行验证，评估其在真实数据上的性能。如果模型没有达到预期的性能，可以返回步骤④和⑥进行进一步优化和验证。

需要注意的是，模型选择不仅针对单个问题和单个数据集，还需要考虑模型的复杂度、计算资源、实时性要求等因素。此外，也可以考虑集成学习方法，结合多个模型的预测结果来提高整体性能。

10.2.3 模型训练

1. 模型调参

机器学习模型的参数可以分为两种：第一种是模型自身的参数，如逻辑回归的参数、神经网络的权重及偏置等，可以通过训练样本学习得到；第二种是超参数，如 k-NN 中的初始值个数 k 和 SVM 中的正则项系数 C 等，是在建立模型时用于控制算法行为的参数，这些参数不能从常规训练过程中获得。在模型训练之前，需要对超参数赋值。

模型调参就是为模型找到最好的超参数。机器学习模型的性能与超参数直接相关。超参数调优越好，得到的模型就越好。实际应用中，通常依靠经验设定超参数，也可以依据实验获得超参数。模型训练过程中，可以从训练集中单独留出一部分样本集，用于调整模型的超参数和对模型性能进行初步评估，称之为验证集。

2. fit () 和 predict () 方法

Sklearn 对绝大多数常用机器学习算法进行了封装，并提供了较为一致的成员方法，以方便用户使用。fit()和 predict()是两种最常用的成员方法，fit()方法用于训练模型，predict()方法用于预测新的数据。

一般情况下，我们使用 fit()方法来拟合一个模型，并将训练数据集传递给它。fit()方法最常见的语法形式如下：

```
model.fit(X_train, y_train)
```

其中，X_train 是特征矩阵，y_train 是目标变量。这个方法会将特征矩阵 X_train 和目标变量 y_train 传递给模型，并训练模型。在训练的过程中，模型会学习到特征与目标变量之间的关系。训练结束后，模型就可以用来预测新的数据。

predict()方法是 Sklearn 库中另一个非常重要的方法，它用于预测新的数据。predict()方法的语法如下：

```
y_pred=model.predict(X_test)
```

其中，X_test 是测试数据集。这个方法会将测试数据集 X_test 传递给模型，并预测测试数据的目标变量，预测的结果会存储在 y_pred 中。

10.2.4 模型评价

测试与评价用于检验模型是否符合预期。具体任务的预期目标不同，对应的评价指标也各不相同。模型测试通过检验一组带标签数据的模型训练结果是否符合预期效果来评估模型的好坏。一般来说，模型训练完成后，会用测试集来验证模型，通过评价指标来评估模型性能的好坏。单一指标高，模型不一定就好。例如，在一个包含 1000 个样本的不均衡数据集中，有 999 个正样本，1 个负样本。如果简单粗暴地全部预测为正样本，虽然准确率达到 99.9%，但是无法说明这个模型的性能很好。因此，实际应用中，通常会使用多个指标进行综合评估。

1. 分类模型评价指标

① 混淆矩阵（Confusion Matrix）。混淆矩阵也称误差矩阵，是有监督学习中的一种可视化工具。混淆矩阵的每一列代表实例的预测类别，每一列的数据总和表示该类别的预测数据数目；每一行代表实例的真实类别，每一行的数据总和表示该类别的真实数据数目。每一列中的数值表示真实数据被预测为该类的数目。函数 sklearn.metrics.confusion_matrix() 可以计算混淆矩阵。

② 准确率（accuracy）。准确率是最常用的分类性能指标，是指预测正确的样本占总体样本的比例。函数 sklearn.metrics.accuracy_score() 可计算分类准确率。

③ 精确率（precision）。与准确率不同，精确率是对预测结果而言的，只针对预测正确的正样本，而不是针对所有预测正确的样本，表现为预测出的正样本里面正确的正样本数量。函数 sklearn.metrics.precision_score() 可计算分类精确率。

④ 召回率（recall）。召回率是针对样本数据集而言的，是指实际样本中的正样本被预测正确的数量。函数 sklearn.metrics.recall_score() 可计算分类召回率。

⑤ F1 值（F1 socre）。F1 值是精确率和召回率的调和平均数，更接近于两个数中的较小值，所以当精确率和召回率接近时，F1 值最大。函数 sklearn.metrics.f1_score() 可计算模型的 F1 值。

⑥ ROC 与 AUC。对于样本不均衡下的模型评估，常常采用 ROC（Receiver Operating Characteristic，操作者操作特征）曲线与 AUC（Area Under Curve，曲线下面积）指标评价模型的性能。对于分类问题中正负类的界定，通常会设置一个阈值，大于阈值的为正类，小于阈值为负类。如果减小阈值，则更多的样本会被识别为正类，这虽然可以提高正类的识别率，但同时会使更多负类被错误识别为正类。ROC 曲线可以直观地描述这一现象。函数 sklearn.metrics. roc_curve() 可计算 ROC 曲线。AUC 指 ROC 曲线下的面积，通常大于 0.5 且小于 1。函数 sklearn.metrics.auc() 可计算 AUC 值。

2. 回归模型评价指标

① 均方误差（Mean-Squared Error，MSE）。均方误差是所有真实值与预测值差值平方的均值。当预测值与真实值完全相同时，均方误差为 0。该指标取值越大，表示均方误差越大。函数 sklearn.metrics.mean_squared_error() 可计算均方误差回归损失。

② 平均绝对误差（Mean-Absolute Error，MAE）。平均绝对误差是所有真实值与预测值偏差绝对值的均值，表示预测值和真实值之间绝对误差的平均值。MAE 指标的值越小，说明模型的效果越好。函数 sklearn.metrics.mean_absolute_error() 可计算平均绝对误差。

③ 决定系数（R2 score）。决定系数又称拟合优度，表征回归模型在多大程度上解释了因变量的变化，或者说模型对真实值的拟合程度如何。R2 值越接近 1，观察点在回归直线附近越密集，模型的拟合效果越好。函数 sklearn.metrics.r2_score() 可计算决定系数。

3. 聚类模型评价指标

① SSE（Sum of Squared Errors）：簇内平方和误差，表示簇内样本点与簇中心的距离之和。SSE 越小，说明簇内样本点越紧密，簇内相似度越高。

② 轮廓系数（Silhouette Coefficient）：结合了簇内距离和簇间距离，用于度量样本点与其所在簇以及其他簇之间的相似程度。轮廓系数介于 −1～1 之间，越接近 1，说明样本点

与其所在簇的相似度越高，与其他簇的相似度越低。

③ DBI（Davies-Bouldin Index）：计算簇间距离和簇内距离的比值，指标值越低，说明聚类效果越好。DBI等于所有簇的平均相似度减去簇内最大相似度的平均值，数值越小，说明簇内样本点越密集，簇间距离越大。

④ CH指数（Calinski-Harabasz Index）：计算簇间离散度与簇内离散度的比值，指标值越大，说明聚类效果越好。离散度通过样本点与簇中心的距离计算。

⑤ 纯度（purity）：用于评价聚类结果的准确性，主要应用于有已知类别标签的数据集。纯度等于正确分类的样本点数除以总样本点数，数值越高，说明聚类结果与真实类别标签的一致性越好。

10.3 综合案例：分类问题综合应用实践

10.3.1 案例概述

手写数字数据集是机器学习领域中最常用的数据集之一。该数据集的样本为单个的手写数字（0~9），每个样本包括图像（images）和标签（target）两部分，图像占用64位（8×8），标签为该图像对应的数字（0~9）。

本案例进行手写数字图像识别，将根据上述手写数字的图像数据集建立模型，以预测给定的手写数字的标签。模型输出是离散的图像类别标签，即手写数字0~9，因此这是一个典型的分类问题。

10.3.2 案例详解

1. 加载并查看数据集

```python
import matplotlib.pyplot as plt
from sklearn import datasets, svm, metrics
digits=datasets.load_digits()
images_and_labels=list(zip(digits.images, digits.target))
for index, (image, label) in enumerate(images_and_labels[30:40]):
    plt.subplot(2, 5, index + 1)
    plt.axis('off')
    plt.imshow(image, cmap=plt.cm.gray_r)
    plt.title(label)
```

第1行代码引入了绘图模块。第2行代码引入了内置数据集模块、分类器模块、性能指标模块。第3行代码加载了手写数字数据集。数据集由大小为8×8的数字图像组成，每个图像具有相同的大小。每个图像配备一个标签，代表它是哪个数字。图像存储在数据集的"images"属性中，标签存储在数据集的"target"属性中。images和target的数据类型都是numpy.ndarray。第i个样本的图像和标签分别对应于images[i]和target[i]。第4行代码将images和target组合成了一个新的列表对象，以方便在接下来的for循环中遍历。第5~9行代码通过for循环以图形化的形式显示了其中编号从30开始的10幅图像，结果如图10-1所示。

图10-1 查看数据集样本

2．数据预处理和数据集拆分

为了展示数据拆分的底层细节，本案例直接进行数据拆分。实际上，我们一般不按照下面方法进行数据集拆分，而是直接调用 train_test_split()函数，具体细节可以参考本章其他综合案例。下面的实现过程也没有进行打乱数据集等优化操作。

```
n_samples=len(digits.images)
data=digits.images.reshape((n_samples, -1))
print(digits.images.shape,data.shape)
n_samples_half=int(n_samples / 2)
```

第 1 行代码统计了数据集的样本数量。第 2 行代码将图像展平，以方便后续进行模型训练。第 3 行代码进行了展平前后形状的对比。digits.images 是三维的，具体形状为(1797, 8, 8)，第 1 个维度表示样本数量，后两个维度表示图像尺寸为 8×8。展平后 data 是二维的，具体形状为(1797, 64)。第 4 行代码进行数据集拆分。本案例将数据集分成两等份，前一半用于训练，后一半用于验证。

3．创建分类器模型并进行训练

```
classifier=svm.SVC(gamma=0.001)
classifier.fit(data[:n_samples_half], digits.target[:n_samples_half])
```

第 1 行代码创建了分类器模型，这里采用的是支持向量机模型。第 2 行代码进行了模型训练，训练时使用的是数据集的前一半样本。

4．预测结果可视化

```
images_test=digits.images[n_samples_half:]
target_test=digits.target[n_samples_half:]
predicted_test=classifier.predict(data[n_samples_half:])
images_target_predictions=list(zip(images_test,target_test,predicted_test))
for index, (image,target, prediction) in enumerate(images_target_predictions[:10]):
    plt.subplot(2, 5, index + 1)
    plt.axis('off')
    plt.imshow(image, cmap=plt.cm.gray_r)
    plt.title('实%i, 预%i' %(target,prediction))
plt.show()
```

第 1 行代码准备了测试数据集的图像部分。第 2 行代码准备了测试数据集的标签部分。第 3 行代码调用前面训练出的分类器模型，对测试数据的样本进行了预测。注意：predict()函数中输入的参数是 data，而不是 images。在前面第 2 步中，我们已经将 images 进行了展平操作，得到了 data 数据集。第 4 行代码将图像、真实标签和预测结果组合成了一个新的列表对象。第 5～9 行代码遍历了前述对象，并将其显示成 2 行 5 列的子图矩阵。第 9 行代码在每张子图上表示样本的真实标签和预测值。第 10 行代码显示该图片。本段代码的输出结果如图 10-2 所示。根据图 10-2，该分类器在所选定的所有 10 个样本中都成功预测出了正确结果。若存在中文显示问题，请参考 9.2.6 节。

图 10-2　预测结果可视化

5．评估模型

上一步中，我们通过可视化的方式展示了模型的预测能力，这可以视为对模型性能的一种直观评估方式。然而这种评估方式并不全面。Sklearn 提供了更为专业的评估标准：

```
print("分类器 %s:\n"  % classifier)
print("分类性能报告: \n %s\n"
        % metrics.classification_report(target_test, predicted_test))
```

第 1 行代码交代了当前评估的模型信息。第 2 行代码调用了 classification_report()函数对模型的预测性能进行了评估。此时将显示主要分类指标报告，结果如图 10-3 所示。

```
分类器 SVC(gamma=0.001):

分类性能报告:
              precision    recall  f1-score   support

           0       1.00      0.99      0.99        88
           1       0.99      0.97      0.98        91
           2       0.99      0.99      0.99        86
           3       0.98      0.87      0.92        91
           4       0.99      0.96      0.97        92
           5       0.95      0.97      0.96        91
           6       0.99      0.99      0.99        91
           7       0.96      0.99      0.97        89
           8       0.94      1.00      0.97        88
           9       0.93      0.98      0.95        92

    accuracy                           0.97       899
   macro avg       0.97      0.97      0.97       899
weighted avg       0.97      0.97      0.97       899
```

图 10-3　分类性能报告

图 10-3 中主要字段的含义如下。

① precision（精确率）：正确预测为正样本的数量占全部预测为正样本数量的比例。

② recall（召回率）：正确预测为正样本的数量占全部实际为正样本数量的比例。

③ F1-score（F1 值）：精确率和召回率的调和平均数。

④ support（各分类样本的数量或测试集样本的总数量）。

⑤ macro avg（宏平均值）：所有标签结果的平均值。

⑥ weighted avg（加权平均值）：所有标签结果的加权平均值。

混淆矩阵也是一种常用的分类器性能评价方式。执行下面代码：

```
print("混淆矩阵:\n%s" % metrics.confusion_matrix(target_test, predicted_test))
```

第 1 行代码调用 confusion_matrix()函数对模型的预测性能进行了评估，输出了混淆矩阵。混淆矩阵也称误差矩阵，是表示精度评价的一种标准格式，用 n 行 n 列的矩阵形式来表示。输出结果如图 10-4 所示。

```
混淆矩阵:
[[87  0  0  1  0  0  0  0  0  0]
 [ 0 88  1  0  0  0  0  0  1  1]
 [ 0  0 85  1  0  0  0  0  0  0]
 [ 0  0  0 79  0  3  0  4  5  0]
 [ 0  0  0  0 88  0  0  0  0  4]
 [ 0  0  0  0  0 88  1  0  0  2]
 [ 0  1  0  0  0  0 90  0  0  0]
 [ 0  0  0  0  0  1  0 88  0  0]
 [ 0  0  0  0  0  0  0  0 88  0]
 [ 0  0  0  1  0  1  0  0  0 90]]
```

图 10-4　混淆矩阵

混淆矩阵的每一列代表了数据的预测类别，每一列的数据总数表示预测为该类别数据的数目；每一行代表了数据的真实归属类别，每一行的数据总数表示该类别数据实际的数目。每一列中的数值表示真实数据被预测为该类的数目。例如，第 1 行第 1 列中的 87 表示有 87 个实际归属为第 1 类的样本被预测为第 1 类；同理，第 1 行第 5 列的 1 表示有 1 个实际归属为第 1 类的样本被错误预测为第 5 类。

【思考】本案例中，我们将一半数据用于模型训练，将另一半数据用于模型评估。如果我们增加或者减少训练样本的数量，会对模型的性能产生影响吗？请修改用于模型训练的样本数量，并观察模型的性能变化情况。① 20%用于模型训练，80%用于模型评估。② 80%用于模型训练，20%用于模型评估。

【思考】本案例中，我们没有打乱数据集，就直接将数据集拆分成训练集和测试集两部分，请问这样会对模型训练有影响吗？

10.4 综合案例：回归问题综合应用实践

10.4.1 案例概述

波士顿房价数据集统计了波士顿地区 506 套房屋的特征以及它们的成交价格，这些特征包括周边犯罪率、房间数量、房屋是否靠河、交通便利性、空气质量、房产税率、社区师生比例（即教育水平）、周边低收入人口比例等。

本案例任务是根据上述数据集建立模型，以预测房屋价格及其走势。本案例的目的是寻找房屋的特征数据和房价之间的规律（即回归函数），模型输出是个连续值（房价），因此这是一个回归问题。

本任务涉及的主要实践内容为：加载、查看波士顿房价数据集；将数据拆分为训练集与测试集；构建线性回归模型，拟合训练数据；预测房价；评估模型；生成房价预测走势曲线。

10.4.2 案例详解

1. 加载、查看波士顿房价数据集

```
import pandas as pd
import numpy as np
from sklearn.model_selection import train_test_split
from sklearn.linear_model import LinearRegression
#data_url="http://lib.stat.cmu.edu/datasets/boston"
data_url="data/10sklearn/boston.csv"
raw_df=pd.read_csv(data_url, sep="\s+", skiprows=22, header=None)
data=np.hstack([raw_df.values[::2, :], raw_df.values[1::2, :2]])
target=raw_df.values[1::2, 2]
print(data.shape,target.shape)
```

前 4 行代码引入了所需要的模块和函数。第 3 行代码引入了数据集拆分函数。第 4 行代码引入了 LinearRegression 类。第 5 行被注释掉的代码是数据集的原始下载地址。第 6 行代码是数据集的本地存储地址。第 7 行代码用于加载数据集。数据集文件的前 22 行为说明性文字，需要在读入时通过 skiprows 跳过。每条记录分为 14 个字段，各个字段的含义如表 10-1 所示。在本案例中，前 13 个字段用作特征值（feature）；第 14 个字段为房价数据，用作标签值（target）。在数据集文件中，每条记录分两行存储在文件中相邻的位置，其中前 11 个字段存在奇数行，后 3 个字段存储在相邻的偶数行。第 8 行代码用于将提取所有记录的前 13 个字段存放在 data 中，后续将用作特征数据。第 9 行代码用于将提取所有记录的第 14 个字段存放在 target 中，后续将用作标签值。第 10 行代码查看了输入数据的形状和标签数组的形状，输出结果分别为(506, 13)和(506,)。根据输出结果可知，该数据集共有 506 条样本，每个样本有 13 个特征值，这 506 套房屋对应的成交价格作为标签值存放变量 target 中。我们的任务是基于这 506 套房屋的交易数据建立一个回归模型，以便对波士顿地区的房价数据进行预测。

表 10-1　波士顿房价数据集各个字段的含义

字段	含义
CRIM	per capita crime rate by town
ZN	proportion of residential land zoned for lots over 25,000 sq.ft.
INDUS	proportion of non-retail business acres per town
CHAS	Charles River dummy variable (= 1 if tract bounds river, 0 otherwise)
NOX	nitric oxides concentration (parts per 10 million)
RM	average number of rooms per dwelling
AGE	proportion of owner-occupied units built prior to 1940
DIS	weighted distances to five Boston employment centres
RAD	index of accessibility to radial highways
TAX	full-value property-tax rate per $10,000
TRATIO	pupil-teacher ratio by town
B	1000(Bk - 0.63)^2 where Bk is the proportion of blacks by town
LSTAT	% lower status of the population
MEDV	Median value of owner-occupied homes in $1000's

2．数据集拆分

```
X_train, X_test, y_train, y_test=train_test_split(data, target,
                                         test_size=0.25,
                                         random_state=0)
print(X_train.shape, X_test.shape)
print(y_train.shape, y_test.shape)
```

第 1 行代码通过 train_test_split()函数将数据集（data 和 target）随机拆分成了训练集与测试集，参数 test_size=0.25 代表 25%的数据作为测试集，75%的数据作为训练集。第 2、3 行代码查看了拆分结果。在机器学习中，一般用大写 X_表示输入数据（即特征数据），小写 y_表示输出数据（即标签）。本段代码的输出结果如下：

```
(379, 13) (127, 13)
(379,) (127,)
```

3．创建线性回归模型，拟合训练数据

```
model=LinearRegression()
model.fit(X_train, y_train)
```

第 1 行代码用于创建线性回归模型。第 2 行代码用于拟合训练数据，也就是利用给定的特征数据和标签数据去训练模型。注意：这里的训练数据是 X_train 和 y_train。上面两步也可以合并成下面一行代码：

```
# model=LinearRegression().fit(X_train, y_train)
```

Sklearn 提供了大量不同类型的模型。这些模型的构建和训练过程的接口调用方式基本类似。学习机器学习最重要的是在熟悉模型的思想原理、参数及优缺点的前提下，根据任务选择不同的模型来实现。

4．使用模型预测房屋价格

```
y_pred=model.predict(X_test)
print(y_pred[:10])
```

在 Sklearn 中，模型的预测使用 predict()方法。第 1 行代码调用 model 的 predict()函数，对测试集 X_test 中各个样本对应的房价进行预测。第 2 行代码输出了测试集中前 10 套房屋

的预测价格，结果如下：

```
[24.95233283 23.61699724 29.20588553 11.96070515 21.33362042 19.46954895
 20.42228421 21.52044058 18.98954101 19.950983  ]
```

为了方便比较所训练模型的预测性能，我们有必要将预测结果与实际价格进行对比：

```
print('预测房价: ', np.round(y_pred[:10],decimals=2))
print('实际房价: ', np.round(y_test[:10],decimals=2))
```

第 1 行代码输出了测试集中前 10 套房屋的预测价格，np.round()用于进行四舍五入取整，decimals=2 用于指定保留两位有效数字。第 2 行代码输出了测试集中前 10 套房屋的实际价格，输出结果如下：

```
预测价格:  [24.95 23.62 29.21 11.96 21.33 19.47 20.42 21.52 18.99 19.95]
实际价格:  [22.6 50.  23.   8.3 21.2 19.9 20.6 18.7 16.1 18.6]
```

仅对比前 10 套房屋的数据并不能给出关于模型性能客观准确的评价，我们无法得知模型的准确率，所以还需要进行模型的准确性评估。Sklearn 提供了专门的模型评估函数。

5．评估模型

```
train_score=model.score(X_train, y_train)
test_score=model.score(X_test, y_test)
print('Train set score:', train_score)
print('Test set score:', test_score)
```

Sklearn 中，模型的评估可以使用 score()函数。该函数的参数 1 为输入特征数据，参数 2 为标签（即实际房价）。第 1 行代码用于获取模型在训练集上的性能分值。第 2 行代码用于获取模型在测试值上的性能分值。第 3、4 行代码用于输出性能测试结果。本段代码的输出结果如下所示：

```
Train set score: 0.7697699488741149
Test set score: 0.6354638433202129
```

一般情况下，训练集上的分值会高于测试集上的分值，因为训练过程就是基于训练集进行的，但这也不是绝对的。不过，我们通常更关心的是模型在未知数据集中的性能如何。

本案例的结果并不是最优的。如何获取最优的结果已经远远超出本课程的范畴。本案例后面部分我们会给出一个性能更好的结果。相对应地，在实训 10 中我们会给出一个更差的结果。希望通过安排这两个额外的例子，能给部分读者带来一定的启发。

6．使用 Matplotlib 生成房价预测走势曲线

一图胜千言。接下来，我们将房价预测曲线与实际房价曲线做对比显示：

```
import matplotlib.pyplot as plt
plt.figure(figsize=(10, 4))
plt.rcParams['font.sans-serif']='FangSong'
x=range(len(y_test))
plt.plot(x[:100], y_test[:100], color='r', label='实际价格')
plt.plot(x[:100], y_pred[:100], color='g', ls='--', label='预测价格')
plt.legend(fontsize=12, loc=1)
plt.show()
```

第 1 行代码引入了绘图模块。第 2 行代码设置了画板尺寸。第 3 行代码设置了中文字体。第 5、6 行代码分别绘制了实际价格曲线和预测价格曲线。结果如图 10-5 所示。

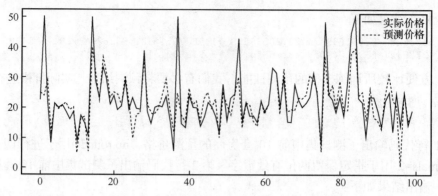

图 10-5　波士顿房价预测曲线与实际曲线对比图

7. 使用 Ridge 建模

在 sklearn.linear_model 模块中，除了前面使用的 LinearRegression（标准线性回归），还有 Ridge（岭回归）、Lasso（套索回归）等模型。Ridge 和 Lasso 回归是在标准线性回归函数中加入正则化项，以降低过拟合现象。接下来的代码使用 Ridge 建模：

```python
from sklearn.model_selection import train_test_split # 引入数据集拆分函数
from sklearn.linear_model import Ridge # 引入 Ridge 模型
data_url="data/10sklearn/boston.csv"
raw_df=pd.read_csv(data_url, sep="\s+", skiprows=22, header=None)
data=np.hstack([raw_df.values[::2, :], raw_df.values[1::2, :2]])
target = raw_df.values[1::2, 2]
X_train, X_test, y_train, y_test = train_test_split(data,
                                                    target,
                                                    test_size=0.25,
                                                    random_state=66)
model=Ridge(alpha=10).fit(X_train, y_train)
train_score=model.score(X_train, y_train)
test_score=model.score(X_test, y_test)
print('train set score:',train_score)
print('test set score', test_score)
```

输出结果为：

```
train set score: 0.7011277226957621
test set score 0.808881354178921
```

10.5　综合案例：聚类问题综合应用实践

10.5.1　案例概述

本案例基于鸢尾花数据集进行聚类分析。鸢尾花数据集包含 150 个样本，每个样本有 4 个特征：萼片（sepal）的长度和宽度、花瓣（petal）的长度和宽度。每个样本都有一个标签，表示鸢尾花的种类：Setosa、Versicolor 或 Virginica。聚类属于无监督学习的一种，聚类算法是根据数据的内在特征，将数据进行分组（即"内聚成类"），而不需要使用标签数据。在本案例中间过程，我们适当引入标签样本进行对比，帮助读者理解。但最终进行聚类分析时，我们其实只使用数据集的特征部分，而没有使用标签部分。

10.5.2 案例详解

1．加载并熟悉数据集

```
from sklearn.datasets import load_iris
iris=load_iris()
print(iris.data[:5])
print(iris.target[:5])
print(iris.feature_names)
print(iris.target,len(iris.target))
print(iris.data[iris.target==0][:5])
print(iris.data[iris.target==1][:5])
print(iris.data[iris.target==2][:5])
```

第 1 行代码引入了 load_iris()函数。第 2 行代码通过 load_iris()函数加载了 iris 数据集。第 3、4 行代码分别查看了前 5 个样本的数据和标签。第 3、4 两行 print()语句的输出结果如下：

```
[[5.1 3.5 1.4 0.2]
 [4.9 3.  1.4 0.2]
 [4.7 3.2 1.3 0.2]
 [4.6 3.1 1.5 0.2]
 [5.  3.6 1.4 0.2]]
[0 0 0 0 0]
```

每个样本都有 4 个特征值，前 5 个样本的标签都是 0。

第 5 行代码查看了特征名称，分别代表第 3 行代码输出的四列数据的物理含义。第 6 行代码输出了所有样本的标签，并通过标签变量统计了样本总数。第 5、6 两行 print()语句的输出结果如下：

```
['sepal length (cm)', 'sepal width (cm)', 'petal length (cm)', 'petal width (cm)']
[0 0 0 0 0 0 0 0 0 0 0 0 0 0 0 0 0 0 0 0 0 0 0 0 0 0 0 0 0 0 0 0 0 0 0
 0 0 0 0 0 0 0 0 0 0 0 1 1 1 1 1 1 1 1 1 1 1 1 1 1 1 1 1 1 1 1 1 1 1 1 1
 1 1 1 1 1 1 1 1 1 1 1 1 1 1 1 1 1 1 1 1 1 1 1 2 2 2 2 2 2 2 2 2
 2 2 2 2 2 2 2 2 2 2 2 2 2 2 2 2 2 2 2 2 2 2 2 2 2 2 2 2 2 2 2
 2 2] 150
```

根据第 5 行代码的输出结果，每个样本的 4 个特征值分别表示"萼片长""萼片宽""花瓣长度""花瓣宽度"。根据第 6 行代码的输出结果，该数据集的标签有 0、1、2 三种，共有 150 个样本。

第 7~9 行代码分别为每一类标签输出了 5 个样本数据。第 7～9 行代码 print()语句的输出结果如图 10-6 所示。读者可以根据输出结果了解不同类别样本的数据特征。例如，根据结果不难发现 target==0 样本的最后一个维度普遍较小（图中均为 0.2）。

```
[[5.1 3.5 1.4 0.2]
 [4.9 3.  1.4 0.2]
 [4.7 3.2 1.3 0.2]
 [4.6 3.1 1.5 0.2]
 [5.  3.6 1.4 0.2]]
```
（a）target==0

```
[[7.  3.2 4.7 1.4]
 [6.4 3.2 4.5 1.5]
 [6.9 3.1 4.9 1.5]
 [5.5 2.3 4.  1.3]
 [6.5 2.8 4.6 1.5]]
```
（b）target==1

```
[[6.3 3.3 6.  2.5]
 [5.8 2.7 5.1 1.9]
 [7.1 3.  5.9 2.1]
 [6.3 2.9 5.6 1.8]
 [6.5 3.  5.8 2.2]]
```
（c）target==2

图 10-6　预处理之前的样本

2．数据预处理

```
from sklearn.preprocessing import MinMaxScaler
Scaler=MinMaxScaler().fit(iris.data)
```

```
irisDataScaler=Scaler.transform(iris.data)
print(irisDataScaler[iris.target==0][:5])
print(irisDataScaler[iris.target==1][:5])
print(irisDataScaler[iris.target==2][:5])
```

第 1 行代码引入了 MinMaxScaler 模块。第 2 行代码以数据集为基础构造了 MinMaxScaler 模型并训练。第 3 行代码利用该模型对 iris.data 进行了预处理。第 4~6 行代码分别为每一类标签输出了 5 个预处理后的样本数据，结果如图 10-7 所示。这 3 组共计 15 个样本，分别与上一步的 15 个样本——对应。

```
[[0.22222222 0.625      0.06779661 0.04166667]
 [0.16666667 0.41666667 0.06779661 0.04166667]
 [0.11111111 0.5        0.05084746 0.04166667]
 [0.08333333 0.45833333 0.08474576 0.04166667]
 [0.19444444 0.66666667 0.06779661 0.04166667]]
```
（a）target==0

```
[[0.75       0.5        0.62711864 0.54166667]
 [0.58333333 0.5        0.59322034 0.58333333]
 [0.72222222 0.45833333 0.66101695 0.58333333]
 [0.33333333 0.125      0.50847458 0.5       ]
 [0.61111111 0.33333333 0.61016949 0.58333333]]
```
（b）target==1

```
[[0.55555556 0.54166667 0.84745763 1.        ]
 [0.41666667 0.29166667 0.69491525 0.75      ]
 [0.77777778 0.41666667 0.83050847 0.83333333]
 [0.55555556 0.375      0.77966102 0.70833333]
 [0.61111111 0.41666667 0.81355932 0.875     ]]
```
（c）target==2

图 10-7   预处理之后的样本

3. 构建并训练模型

先构建 K-means 模型，然后利用 fit()方法将生成的数据规则样本传入训练模型，并输出模型进行查看检验。

```
from sklearn.cluster import k-means
k-means=k-means(n_clusters=3,random_state=23,n_init=10).fit(irisDataScaler)
print("模型: ",kmeans)
```

第 1 行代码引入了 K-means 模块。第 2 行代码构造并训练了 K-means 模型。模型给出的 3 个参数分别如下。

① n_clusters：要形成的簇（clusters）的数量以及要生成的质心的数量。

② random_state：类似于设定随机数种子，用于设定初始化中心。

③ n_init：使用不同质心种子运行 K-means 算法的次数。

第 3 行代码用于输出模型，结果如下：

```
模型:  k-means(n_clusters=3, n_init=10, random_state=23)
```

4. 模型效果验证

```
rs1=k-means.predict([[0.22222222, 0.625,      0.06779661, 0.04166667]])
rs2=k-means.predict([[0.16666667, 0.41666667, 0.06779661, 0.04166667]])
rs3=k-means.predict([[0.11111111, 0.5,        0.05084746, 0.04166667]])
rs4=k-means.predict([[0.08333333, 0.45833333, 0.08474576, 0.04166667]])
rs5=k-means.predict([[0.19444444, 0.66666667, 0.06779661, 0.04166667]])
print(rs1,rs2,rs3,rs4,rs5)
```

第 1~5 行代码的输入参数分别为第 2 步的第 4 行代码输出的 5 个结果。第 6 行代码的输出结果如下：

```
[1] [1] [1] [1] [1]
```

显然，前述的 5 个样本都被正确划分到了同一类别中。

【思考】第 2 步的第 4 行代码提取的 5 个样本的类别标签都是 0，那么这个位置的输出结果怎么变成了 1 呢？这里的 1 和原始数据集标签中的类别 1 是一样的吗?

【思考】如果我们使用第 1 步中的 3 组共计 15 个原始样本作为输入，结果会是怎样的呢？

有兴趣的同学可以将第 4 步第 1~5 行代码的输入参数分别替换为第 2 步的第 5（或 6）行代码输出的 5 个结果，观察输出结果会发现，这次都没有全对：

```
[2] [0] [2] [0] [0]
[2] [0] [2] [2] [2]
```

【思考】上面两行结果错得很有特色，都是 2 和 0。怎么没有 1 呢？读者可以从下一步中的可视化结果中寻找答案。

5. 降维和数据可视化

为了帮助大家直观地感受聚类后的效果，我们可以将聚类结果以图形化的形式显示出来。由于 iris 数据集的样本是 4 维的，无法直接在平面中显示。读者可以自行尝试用上一章的高维数据分析法将高维数据显示到低维空间。

这里我们介绍一种全新的方法——降维。降维的方法有很多，这里可以用 sklearn.manifold 模块中的 TSNE()函数实现。

```
import pandas as pd
from sklearn.manifold import TSNE
import matplotlib.pyplot as plt
tsne=TSNE(n_components=2,init="random",random_state=23).fit(iris.data)
df=pd.DataFrame(tsne.embedding_)
df["labels"]=k-means.labels_
df0=df[df["labels"]==0]
df1=df[df["labels"]==1]
df2=df[df["labels"]==2]
fig=plt.figure(figsize=(6,4)) #figsize=(6,4)
plt.plot(df0[0],df0[1],"rD",df1[0],df1[1],"go",df2[0],df2[1],"b*")
plt.rcParams['axes.unicode_minus']=False
plt.show()
```

第 4 行代码使用 TSNE()对原始数据集进行了降维。第 5 行代码提取了降维结果。第 6 行代码提取了聚类后分配的标签。第 7~9 行代码分别依据聚类后分配的标签将 3 类样本保存到了 3 个不同的变量中。第 10~13 行代码将 3 类数据用不同颜色的形式显示到了二维平面中，其中聚类标签为 0 的用红色表示，聚类标签为 1 的用绿色表示，聚类标签为 2 的用蓝色表示。可视化结果如图 10-8 所示。由图 10-8 不难发现，聚类后的 3 类样本分布较为均匀，类与类之间界限明显，聚类效果好；红色（聚类标签为 0）和蓝色（聚类标签为 2）的样本相邻，部分样本有重叠，而它们都与绿色（聚类标签为 1）的样本相隔甚远。直观上，将红色和蓝色样本分割开来的难度是非常大的，这也是上一步最后一个思考题的答案要点。

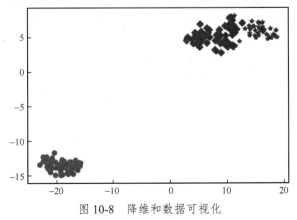

图 10-8　降维和数据可视化

本章小结

本章介绍了机器学习领域中最常用的 Python 工具集 Sklearn，Sklearn 提供了各类常见的机器学习模型；介绍了人工智能基础知识，并以 Sklearn 为基础详细介绍了机器学习的基本流程；另外还设计了 3 个综合案例，系统讲解了如何利用 Sklearn 解决分类问题、回归问题、聚类问题这 3 类最具代表性的机器学习问题。

习题 10

1. 什么是人工智能？简要描述其主要应用领域。
2. 请简要解释什么是机器学习，并列举几个常见的机器学习算法。
3. 传统的机器学习方法可以分为监督学习和无监督学习，其中，（　　　）是学习给定标签的数据集；标签为离散类型的，称为（　　　）问题；标签为连续类型的，称为（　　　）问题。
4. 使用 K-means 算法得到了 3 个聚类中心，分别是[1,2]，[−3,0]，[4,2]。现输入数据 X=[3,1]，则 X 属于第几类？
5. 对一组无标签的数据 X，使用不同的初始化值运行 K-means 算法 50 次，如何评测这 50 次聚类的结果哪个最优？
6. Sklearn 是什么？简要介绍其主要功能和特点。
7. 在 Sklearn 中，如何准备数据用于机器学习任务？
8. 如何评价一个分类模型的性能？
9. 如何评价一个回归模型的性能？
10. 如何评价一个聚类模型的性能？

实训 10

1. 利用 load_breast_cancer()函数加载 Sklearn 自带的乳腺癌数据集，完成乳腺癌分类诊断练习。
2. 利用 fetch_california_housing()函数加载 Sklearn 自带的 california 数据集，完成房价预测练习。并将结果与本书 10.4 节中的波士顿房价数据集结果进行比较，分析性能变化的可能原因。
3. 利用 make_blobs()生成人工数据集，完成聚类问题练习。